电梯职业技术教学与实操培训

电梯电气控制与物联网技术应用

主 编○陈润联　黄赫余

审 校○伍安宁　卢如攀　白崇哲

U0277599

人民邮电出版社

北　京

图书在版编目（CIP）数据

电梯电气控制与物联网技术应用 / 陈润联，黄赫余
主编. -- 北京：人民邮电出版社，2024. -- ISBN 978
-7-115-65004-7

Ⅰ. TU857；TP393.4；TP18

中国国家版本馆 CIP 数据核字第 2024MW0411 号

内 容 提 要

　　本书是"电梯职业技术教学与实操培训"丛书的第二本，主要介绍电梯的电气控制系统和物联网技术在电梯控制中的应用。本书紧抓电梯电气控制系统的应用特点，观点鲜明、条理清晰，原理分析由浅入深，图文并茂，分析举例贴近实际应用，具有较强的实用性和操作性。

　　本书共 8 章，主要内容包括电梯常用电气部件、电梯电气系统组成及构造分析、电梯的供电系统与常用工具仪表、电梯 PLC 控制系统电气原理分析、一体化控制系统电气原理分析、电梯外围控制与物联网技术应用、电梯节能技术与运行管理、电梯控制功能解析。

　　本书不仅可以作为中等职业技术学校、高等职业技术学院电梯相关专业的教材，也可以作为中专、大专院校电工电气类、机电类、机电一体化类专业的教材，还可以作为电梯技术人员、电梯管理人员和智能化技术从业人员的参考书。

　◆ 主　　编　陈润联　黄赫余

　　责任编辑　李永涛

　　责任印制　王　郁　胡　南

　◆ 人民邮电出版社出版发行　　北京市丰台区成寿寺路 11 号

　　邮编　100164　　电子邮件　315@ptpress.com.cn

　　网址　https://www.ptpress.com.cn

　　三河市中晟雅豪印务有限公司印刷

　◆ 开本：787×1092　1/16

　　印张：17.5　　　　　　　　　2024 年 10 月第 1 版

　　字数：449 千字　　　　　　　2024 年 10 月河北第 1 次印刷

定价：99.90 元

读者服务热线：(010)81055410　印装质量热线：(010)81055316
反盗版热线：(010)81055315
广告经营许可证：京东市监广登字 20170147 号

前言

国务院在 2019 年发布的《国家职业教育改革实施方案》中明确指出，要把职业教育摆在教育改革创新和经济社会发展中更加突出的位置，完善职业教育和培训体系，优化学校、专业布局，以促进就业和适应产业发展需求为导向鼓励和支持社会各界特别是企业积极支持职业教育，着力培养高素质劳动者和技术技能人才，培育和传承好工匠精神。

在进行电梯相关专业教学的这些年，编者参考和使用了多种电梯相关专业的教材和其他教学资料，积累了一定的教学经验和实操实训方法。现针对电梯相关专业教学的实际需求，结合职业院校学生技能培训、实操实训的要求和特点，总结、分析和研究电梯职业技能培训的教学特点与教学方法，组织电梯行业专业人员，包括一线教学讲师、企业工程师、职业培训讲师、电梯行业协会专家、电梯相关厂家的研发工程师和维保工程师等共同编写"电梯职业技术教学与实操培训"丛书，作为电梯相关专业的教材。本丛书可供中等职业技术学校、高等职业技术学院、技师学院教学使用，也可供中专、大专院校电梯相关专业及机电相关专业教学使用。本丛书可能存在疏漏和不足之处，编者将尽量完善，使其贴近实际应用，理论联系实际，让读者能学以致用，尽快将学到的知识与技能应用到实际工作中。

本书是"电梯职业技术教学与实操培训"丛书的第二本，第一本《电梯结构与原理》已于 2023 年 6 月出版。本书主要介绍电梯的电气控制系统和物联网技术在电梯控制中的应用。近年来，在国家和各级地方政府的政策支持和市场需求的推动下，物联网技术得到了飞速的发展，物联网技术的应用极大地提高了人们的工作效率和生活质量，为人们的工作和生活带来了很大的便利，物联网技术在电梯中的应用也日益普及。电梯物联网技术的应用有利于电梯的生产、维保和使用单位实现远程监测，打造"智慧电梯"，推进电梯的"按需维保"及"智慧维保"；有利于电梯使用单位及时了解电梯质量安全状况；有利于电梯安全监察部门建设电梯应急处理平台，推进电梯的"智慧救援"，提高电梯困人救援效率，监督维保单位履行维保质量目标承诺，并为建立统一的电梯质量安全评价体系、追溯体系提供技术保障，大力促进电梯的"智慧监管"。

为了规范和统一电梯物联网企业应用平台和监测终端的要求，国家市场监督管理总局和国家标准化管理委员会于 2023 年 5 月 23 日批准发布了国家标准《电梯物联网 企业应用平台基本要求》（GB/T 24476—2023）和《电梯物联网 监测终端技术规范》（GB/T 42616—2023），这两项标准均自 2023 年 12 月 1 日起实施。这说明国家政策和市场需求都在大力推动电梯物联网技术应用的深入和发展。本书将在第 6 章重点介绍物联网技术在电梯控制中的具体应用。

本书共 8 章，各章内容简要介绍如下。

- 第 1 章介绍电梯常用的低压电器、电气符号与电气图纸的构成、电梯用传感器等与电梯相关的电气部件和图纸。
- 第 2 章主要介绍电梯电气系统的组成与部件，电梯机房、轿厢、层站、井道等电梯四大空间的电气部件的组成与分布情况。
- 第 3 章主要介绍我国供电系统的几种形式和电梯适用的供电系统，同时还对安全电压、安全电流、漏电保护、常用电动工具和电工测量仪表以及安全用电等方面的内容进行较为详细的介绍。

- 第 4 章主要介绍电梯拖动技术与电梯控制系统的发展、PLC 控制系统的电气
  原理和相关电气回路、电路的分析等。
- 第 5 章主要介绍一体化控制系统的组成与工作原理、一体化控制系统的
  特点、国内几种主流一体化控制系统产品和一体化控制系统的主要回路
  的分析。
- 第 6 章主要介绍电梯刷卡管理系统的组成和应用、物联网技术在电梯远程监
  控系统中的应用、电梯 AI 识别技术与电动车识别监控、机器人乘梯控制、
  电梯物联网平台在电梯故障预警与 "智慧电梯" 中的应用等内容。
- 第 7 章主要介绍电梯节能的几种方式、电梯能量回馈技术、电梯的运行控制
  与节能管理、电梯的运行管理等方面的内容。
- 第 8 章主要从电梯的标准功能、电梯的选配功能，以及电梯的运行控制功能、
  安全控制功能、应急控制功能、节能控制功能等几个方面对电梯的控制功能
  进行较为全面的解析。

本书每章的末尾有任务总结与梳理、思考与练习等内容，方便读者查看与练习，有利于读者对知识的理解和巩固。

为了方便和丰富教师的教学活动，本书附赠思考与练习题和练习题答案等辅助教学资料，以方便教师参考，有需要的教师可以联系编者免费获得（编者邮箱：jnet321@163.com）。

本书由电气高级工程师陈润联执笔主编，佛山市电梯行业协会会长、高级工程师黄赫余统筹主编，由伍安宁、卢如攀、白崇哲审校。在编写本书的过程中，编者得到了广东讯达电梯有限公司黄文立工程师、佛山市智攀电子科技有限公司技术人员卢如合的大力支持和帮助，佛山市默勒米高电梯技术有限公司和佛山市智攀电子科技有限公司还提供了部分相关的电梯梯控设备用于教学演示和测试，广东富莱机电装备有限公司黄展文工程师协助整理了有关资料，佛山大学的余智豪教授提供了具体的指导和宝贵的意见，在此一并表示衷心的感谢！

由于编者水平有限，书中疏漏和不足之处在所难免，希望读者能对本书提出宝贵的意见和建议，以便更好地修正。联系邮箱：liyongtao@ptpress.com.cn。

陈润联

2024 年 6 月

目录

电梯常用电气部件

第 *1* 章

【学习任务与目标】

- 认识低压电器与低压控制电器。
- 了解低压控制电器的结构和作用。
- 熟悉电梯设备常用的低压电器。
- 熟悉常见的电气符号，掌握电路图的绘制方法，会看图、识图。
- 熟悉电梯用传感器的用途。

【导论】

电梯的电气控制系统控制着电梯的整个运行过程。要使电梯安全、平稳地运行，电气控制系统起着至关重要的作用，特别是需要各个电气部件与机械部件的机电联动和有效配合；而电梯的机电联动控制，离不开各种各样的电气开关和零部件。因此，我们要了解电梯的电气控制系统，应从认识电梯的常用电气部件开始。

1.1 低压电器

1.1.1 常用的低压电器

低压电器一般是指在交流电压 1200V、直流电压 1500V 以下工作的电器。从功能上看，低压电器是一种能根据外界的信号和要求，手动或自动地接通、断开电路，以实现对电路或被控对象的切换、控制、保护、检测、变换和调节的元件或设备。

低压电器是成套电气设备的基本组成元件，可以分为低压配电电器（简称为配电电器）和低压控制电器（简称为控制电器）两大类。在工业、农业、交通、国防以及日常用电领域，大多数采用低压供电，因此电器元件的质量将直接影响到低压供电系统的可靠性。

常见的低压电器有各类开关、熔断器、接触器、起动器、主令电器、电阻器、电磁铁、漏电保护器和继电器等。进行电气线路安装时，用低压电器和导线将电源和负载（如电动机）连接起来，可以实现负载的接通、切断、变速、反向、保护等控制功能。

我们平常说的低压电器除了配电电器外，用得较多的是控制电器，本章主要介绍的也是控制电器。

控制电器主要用来接通、断开低压线路和控制电气设备，包括刀开关、低压断路器、减压起动器、电磁起动器等。

一、控制电器的结构

（1）感测部分：用来感测外界的信号，做出有规律的反应。在自控电器中，感测部分大多由电磁机构组成；在受控电器中，感测部分通常为操作手柄等。

（2）执行部分：用来控制电气设备的运行状态，如触点是根据指令进行电路的接通或切断的。

二、控制电器的作用

控制电器能够依据操作信号或外界现场信号的要求，自动或手动地改变电路的状态、参数，实现对电路或被控对象的控制、保护、测量、调节、指示、转换等。

（1）控制作用。设备的启停、定位、状态转换等都需要用控制电器进行控制，比如接触器控制电机启停，以及电梯的上下移动、快慢速自动切换与自动平层，限位开关给运行设备定位等。

（2）保护作用。电气设备属于高危险设备，控制电器能够根据设备的特点，对设备、环境及人身实行自动保护，如针对电机的过热保护、过电流保护，针对电网的短路保护、漏电保护等。

（3）测量作用。利用仪表及与之配套的电器，对设备、电网中的电参数和非电参数进行测量，如测量电流、电压、功率、转速、温度、湿度等。

（4）调节作用。控制电器根据工艺要求可以对一些电量和非电量进行调整，比如比例阀对油压的调整和控制，调压器对电压的调节以及对房间温湿度的调节等。

（5）指示作用。利用控制电器的控制、保护等功能，检测出设备运行状况与电气电路工作情况，并给出明显的提示供操作人员识别，如绝缘监测、保护掉牌指示等。

（6）转换作用。在用电设备之间转换或对控制电器、控制电路分时投入运行，可以实现功能切换，如励磁装置手动与自动的转换、供电系统的市电与自备电的切换等。

1.1.2 低压电器的分类

低压电器的类别有很多，有不同的分类方式。

一、按用途和控制对象分类

按用途和控制对象不同，低压电器可分为配电电器、控制电器、主令电器、保护电器、执行电器等几类。

（1）配电电器：用于输送和分配电能的电器，包括闸刀开关、转换开关、空气断路器、漏电断路器和熔断器等。作为主开关的3P断路器如图1-1所示。

（2）控制电器：用于各种控制电路和控制系统的电器，包括各种电源开关、接触器、起动器、控制开关、继电器等。各种控制开关如图1-2所示。

（3）主令电器：用于闭合或断开控制电路以发出指令或控制程序的开关电器，包括按钮开关、凸轮开关、行程开关、脚踏开关、接近开关、正反向开关、紧急开关、钮子开关等。

主令电器可以理解为能发出操作指令的开关类手动电器。主令开关属于主令电器的一种。

（4）保护电器：用于保护电路及用电设备的电器，如熔断器、热继电器、避雷器等。

（5）执行电器：用于完成某种动作或传动功能的电器，如电磁铁、电磁离合器等。

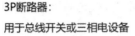
3P断路器：
用于总线开关或三相电设备

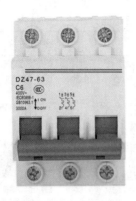

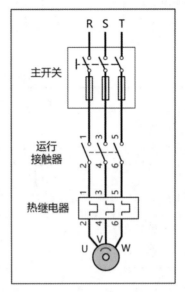

图 1-1

图 1-2

二、按操作方式分类

按操作方式不同，低压电器可分为自动电器和手动电器。

（1）自动电器：通过电器本身参数的变化或外来信号（如电、磁、光、热等）的变化来自动完成接通、分断、启动、反向和停止等动作的电器称为自动电器。常用的自动电器有接触器、继电器等。

（2）手动电器：通过人力的直接操作来完成接通、分断、启动、反向和停止等动作的电器称为手动电器。常用的手动电器有刀开关、转换开关和主令电器等。

三、按工作原理分类

按工作原理不同，低压电器可分为电磁式电器和非电量控制电器。

（1）电磁式电器。电磁式电器是依据电磁感应原理来工作的电器，如交直流接触器、各类电磁式继电器等。

（2）非电量控制电器。非电量控制电器是靠外力或某种非电量的变化而动作的电器，如行程开关、按钮开关、刀开关、热继电器、接近开关等。

1.1.3 电梯设备常用低压电器

电梯设备常用低压电器指供电箱、控制柜、轿厢、井道等电梯设备中用到的一系列低压电器，包括接触器、继电器、变压器、整流器、制动电阻、开关电源等。电梯设备常用低压电器如表 1-1 所示。

表 1-1 电梯设备常用低压电器

设备名称	设备用途	设备图片
断路器	断路器也叫自动开关或者空气开关，其作用是对电源线路、电动机等进行保护，有过电流和欠电压保护功能，当电路发生严重的过载或者短路欠电压等故障时，断路器能自动跳闸切断电路，从而避免事故发生	
闸刀开关	用于接通或分断电源； 带熔断保险丝，有短路和过载保护作用	
漏电断路器	漏电断路器也叫漏电保护开关，除了具有断路器的功能外，还有漏电保护功能，当线路发生漏电、短路等故障时能自动跳闸切断电路，起到防止触电和漏电保护的作用	
接触器	接触器是指利用线圈通过电流产生磁场，使触头闭合以达到控制负载的电器，可分为交流接触器和直流接触器。 接触器不仅能接通和切断电路，而且具有低电压释放保护作用。接触器控制容量大，适用于频繁操作和远距离控制，是自动控制系统中的重要元器件之一。 接触器触点有主触点和辅助触点，主触点用于主回路大电流控制，辅助触点用于小电流协同辅助控制，辅助触点有常开和常闭之分，可根据需求进行选择	

设备名称	设备用途	设备图片
继电器	继电器是一种电控制器件,是当输入量(激励量)的变化达到规定要求时,在电气输出电路中使被控量发生预定的阶跃变化的一种电器,通常应用于自动化的控制电路中。它实际上是用小电流去控制大电流动作的一种"自动开关",故在电路中起着自动调节、安全保护、转换等作用	
钥匙开关与按钮开关、指示灯	钥匙开关由电梯管理人员管理,用钥匙才能控制开关的通断。 按钮开关一般有红、绿、黄、蓝、白等多种颜色,一般规则如下。 红色按钮表示"停止",用在电力行业里面还有"断电""事故"的含义。 绿色按钮与红色按钮含义相反,有"通电""启动"的意思,也允许用黑色、白色或者灰色按钮来表示这个含义。 黄色按钮主要起参与作用,辅助其他按钮实现某种功能。	
	蓝色按钮、黑色按钮、白色按钮、灰色按钮这4种按钮可以用在单一复位的场合。同时有"复位""停止""断电"功能的,使用红色按钮。 白色按钮和灰色按钮用在一钮双用的地方(就是交替按压后改变功能的,比如"启动"/"停止","通电"/"断电")。这时不能用红色按钮,也不能用绿色按钮。 指示灯颜色的用法与按钮的类似	
转换开关	转换开关又称组合开关,是一种切换多回路的电源或负载转换用的开关电器。轴上迭焊多个动触头,轴转动时动触头依次与静触头接通或分断,切换电路,把电路从一组连接改换到另一组连接。 转换开关可作为电路控制开关、测试设备开关、电动机控制开关和主令控制开关等	
相序继电器	相序继电器是由运放器组成的一个相序比较器,可比较电压幅值、频率和相位等。如果条件符合则放大器导通,如果条件不符合则放大器闭合。相序继电器主要用于相序检测或断相保护,当相序正确时,继电器动作获得输出,当相序不正确或交流回路任意一相断线时,继电器闭锁。 相序继电器可广泛用于三相电应用场合,在许多三相电应用场合中,相序的正确是一项必需条件,错误的相序或缺相可能导致设备工作不正常甚至损坏	

续表

设备名称	设备用途	设备图片
热继电器	热继电器是用于电动机或其他电气设备、电气线路的过载保护的保护电器。热继电器的内部有两种不同膨胀系数的双金属片，其工作原理是流入热元件的电流产生热量，使不同膨胀系数的双金属片发生变形，当变形达到一定程度时，就推动连杆动作，使控制电路断开，从而使接触器失电，断开主电路，实现电动机的过载保护	
上行越位开关和下行越位开关	上行越位开关和下行越位开关都是行程开关，是安装于电梯井道顶部和底部的两组终端越位保护开关，可防止电梯因失控使轿厢到达顶层或底层后仍继续行驶而导致的电梯冲顶或蹾底事故的发生，保证电梯在运行于上、下两端站时不超越极限位置，避免发生超限运行的事故。端站开关由强迫减速开关、限位开关和极限开关这 3 个开关及相应的碰板、碰轮和联动机构组成，分为上、下两组，当电梯超越行程位置时动作	
行程开关	行程开关有直动式行程开关和微动式行程开关。右图所示为直动式行程开关，它不是靠手的按压，而是用生产机械运动的部件碰压而产生触点动作来发出控制指令的主令电器。 行程开关的形式多种多样，其主要参数有型式、动作行程、工作电压及触头的电流容量等。 使用有触点的行程开关时应注意以下几点。 （1）应用场合及控制对象选择。 （2）安装环境选择及防护形式，如开启式或保护式。 （3）控制回路的电压和电流。 （4）要了解机械与行程开关的传力与位移的关系，从而选择合适的头部形式	
微动开关	微动开关通常指的是微动式行程开关，用在小功率电流和小力矩传力的场合，其功能和行程开关功能类似	
缓冲器上的行程开关	缓冲器上的行程开关采用的是直动式行程开关，当轿厢或对重下压在缓冲器时动作，切断电梯安全回路	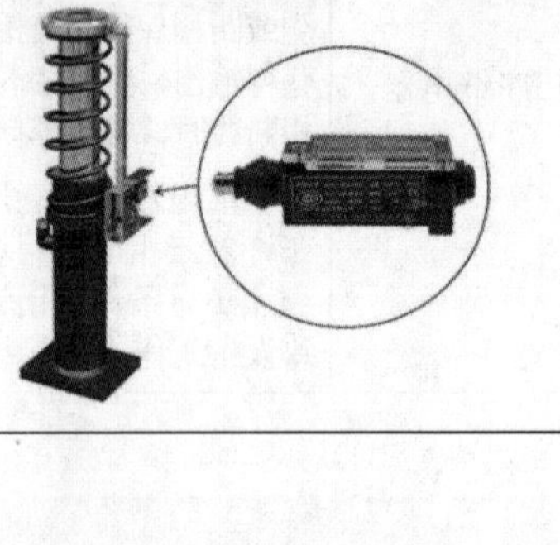

续表

设备名称	设备用途	设备图片
轿厢锁紧开关	轿厢锁紧开关也是直动式行程开关,当轿顶上有人作业时可锁紧轿厢,断开安全回路,保护轿顶作业人员的安全	
轿顶急停按钮	为保证轿顶检修人员进行检修运行,在轿顶检修盒上设置有红色急停按钮,其检修盒上还包含检修/运行开关、急停开关、门机开关、照明开关和供检修用的电源插座等设备	
底坑入口及底坑急停按钮	为保证底坑检修人员进行检修操作,通常在底坑入口处和底坑内都设置有红色急停按钮,检修人员在底坑进行检修操作时必须按下急停按钮	
限速器开关	限速器开关也是一个行程开关,当轿厢运行速度达到或超过限定的速度时,限速器开关动作,切断电梯安全回路	
上行超速保护开关	上行超速保护开关也是一个行程开关,当轿厢上行速度达到或超过限定的速度时,上行超速保护开关动作,切断电梯安全回路并带动夹绳器动作,夹紧曳引钢丝绳	
接近开关（感应开关）	接近开关相当于无触点的行程开关(电子触点)。它可以代替有触点的行程开关来完成行程控制和限位保护,还可用于高频计数、测速、液位控制、零件尺寸检测、加工程序的自动控制等。接近开关可分为有源型和无源型两种。多数无触点行程开关为有源型,主要包括检测元件、放大电路、输出驱动电路 3 部分,一般采用 5～24V 的直流电源供电,输出分为 PNP/NPN 型、常开/常闭（可选）	

设备名称	设备用途	设备图片
电阻器	电阻器,就是电阻的其中一种分类——工业用电阻器件(简称电阻器)。另外一种是电阻元件,用于弱电电子产品。 电阻器通常用于低压电路中的电流调节和交、直流电动机的启动、制动和调速等	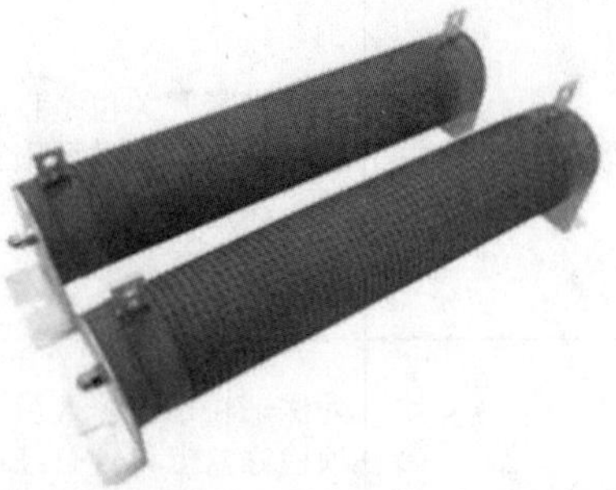
变压器	图中的 BK1 即变压器,它可以将初级输入的电压转换成多种不同的次级电压,供不同的控制电路使用 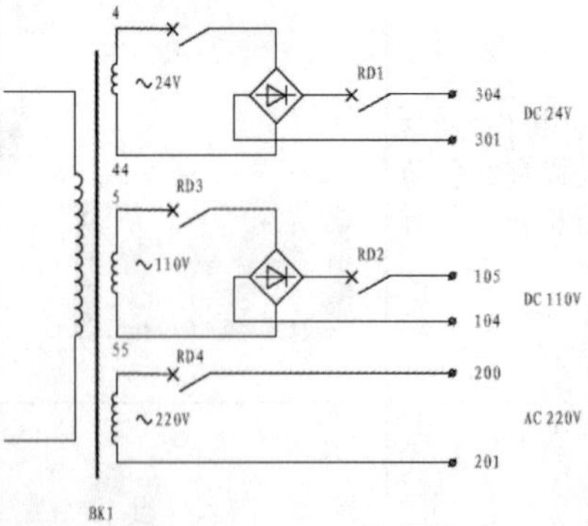	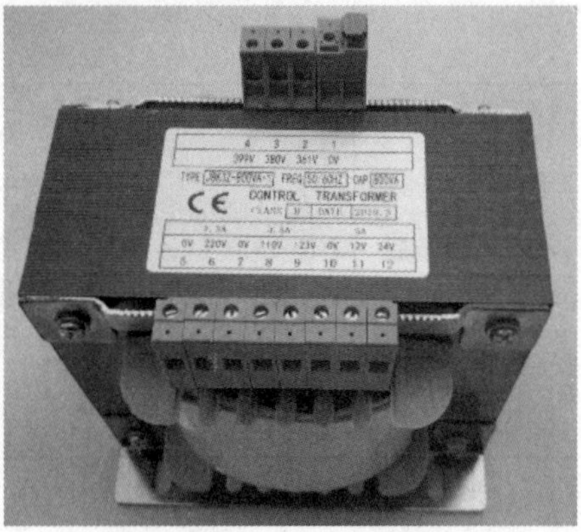
桥式整流器	桥式整流器也叫作整流桥堆,由 4 只整流二极管进行桥式连接,外用绝缘塑料封装而成。桥式整流器是利用二极管的单向导通性进行整流的常用的电器,常用来将交流电转变为直流电。 桥式整流器利用 4 只二极管,两两对接以进行全波整流。桥式整流器对输入正弦波的利用效率比半波整流器件的高 1 倍。桥式整流是交流电转换成直流电的第一个步骤	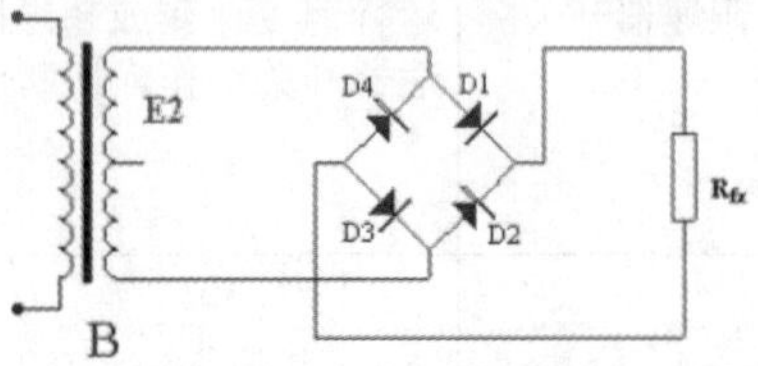 桥式整流电路 
开关电源	开关电源(switching power supply,SPS),又称为交换式电源、开关变换器,是一种高频化的电能转换装置,其功能是将一个位准的电压,透过不同形式的架构转换为用户端所需的电压或电流。开关电源的输入通常是交流电,而输出则是直流电,例如个人计算机、工控设备等的开关电源	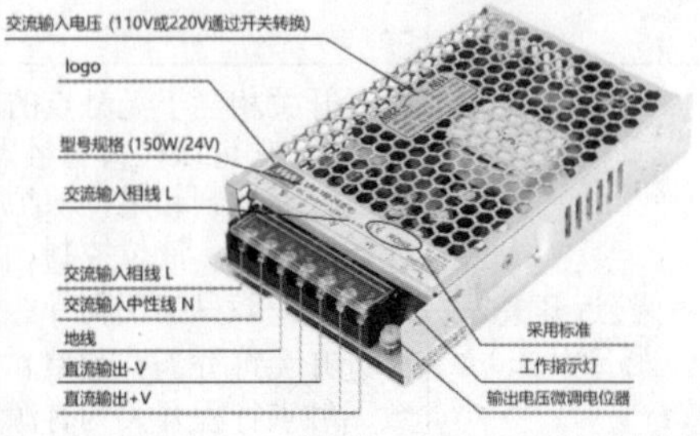

1.2 常用的电气符号与电气图纸

电气图是电路分析的基础,认识并熟练掌握电气符号和标注方法,对电梯的电路分析有着十分重要的意义。

1.2.1 电器和电气的区别

电器和电气,这两个词的读音虽然相同,但含义不同。

电器泛指所有用电的器具。凡是根据外界特定的信号和要求,自动或手动接通或断开电路,断续或连续地改变电路参数,实现对电路的切换、控制、保护、检测及调节的电气设备均称为电器。电器用途广泛,功能多样,种类繁多,其按工作电压不同分为高压电器和低压电器,按动作原理不同分为手动电器和自动电器,按用途不同分为控制电器、主令电器、保护电器、配电电器、执行电器等。家庭常用的一些为生活提供便利的用电设备,如电视机、空调、冰箱、洗衣机等都属于电器。

电气是电能的生产、传输、分配、使用和电工装备制造等学科或工程领域的统称,它是以电能、电气设备和电气技术为手段来创造、维持与改善限定空间和环境的一门科学。电气涵盖电能的转换、利用和研究 3 个方面,包括基础理论、应用技术、设施设备等。

相对来讲,电器的范围要狭窄一些,而电气的更为宽泛。电器是实物词,指具体的物品,比如洗衣机、空调等,侧重于个体,是元器件和设备。而电气是广义词,指一种行业、一种专业,也指一种技术,比如电气自动化专业,包括工厂电气(如变压器、供电线路)、建筑电气等。电气涉及整个系统或者系统集成,不具体指某种产品。

电气包含电器。电器是用于连接和断开电路或调节、控制、保护电气设备的电工用具。电器应用广泛,作用多样,种类繁多。电器依照用途一般分为配电电器、控制电器、主令电器、保障电器、执行电器等;电气是一门科学,是一门技术,是一种领域,是一种行业,同时也是一个专业。

总的来说,电器是具体的用电设备,有实体,有形象,电气中包含电器,或者说电器是电气的一部分内容。

1.2.2 常用的电气符号

电梯设备常用的电气符号有图形符号和文字符号,其应当依据国家标准 GB/T 4728 进行绘制和标注。

下面列出部分常用的电气符号,如表 1-2 所示。

表 1-2 常用的电气符号

图形符号	文字符号	名称说明	备注
▬▬ ▬▬ ▬▬	DC	直流电	
＋	L＋	直流正极	棕色线
－	L－	直流负极	蓝色线

续表

图形符号	文字符号	名称说明	备注
$\sim$ ～50Hz	AC	交流电	50Hz，工频
≡ ～		交直流电	
⏚	PE	接地端	黄绿双色线
		三相电波形图 三相电每相的相位相差120°	
L1　　A L2 或 B L3　　C		交流电源端第一相 交流电源端第二相 交流电源端第三相	黄色线 绿色线 红色线
R（U） S（V） T（W）		交流设备输入（输出）端第一相 交流设备输入（输出）端第二相 交流设备输入（输出）端第三相	黄色线 绿色线 红色线
N PE PEN		交流电源中性线 电源接地保护线 电源中性保护共用线	黑色或蓝色 黄绿双色线 黄绿双色线
QF 单极	QF	单极断路器	
三极	QF	三极断路器	常用于电源输入端的接通和分断
M 3～	M	三相电机	
	FR	热继电器	常用于电机前的过电流及过载保护
	KM	接触器主触点 常应用于主控制电路	

续表

图形符号	文字符号	名称说明	备注
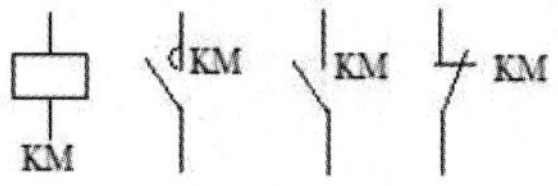	KM	左图所示图形符号从左至右依次为接触器线圈、接触器主触点、辅助常开触点、常闭触点	
	FU	熔断丝 熔断器	
	HL	指示灯	
	DC	直流电源	
	SB	旋钮开关	
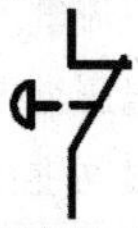	SB	急停开关	
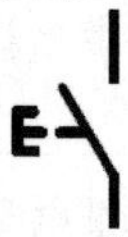	SB	按钮开关（常开）	常用作启动按钮（垂直画法）
	SB	按钮开关（常闭）	常用作停止按钮（水平画法）
	SB	复合按钮开关	
	SQ	行程开关常闭触点	
	SQ	行程开关常开触点	
	SB	行程开关复合触点	
 SW	SW	开关	

续表

图形符号	文字符号	名称说明	备注
QC	QC	主接触器线圈	
QC	QC	主接触器触点	
MD	MD	电动机（俗称马达）	
	SA	组合开关 转换开关	
MSJ	KA	门锁继电器线圈	
	KA	普通继电器线圈 （中间继电器线圈）	电流继电器（KA） 电压继电器（KV） 时间继电器（KT）
	K	常闭触点 （动断触点）	继电器常闭触点 （KA）
	K	常开触点 （动合触点）	继电器常开触点 （KA）
或	X、XP XS	插头和插座 插接器	
	L	电抗器	
	TA	电流互感器	
	TV	电压互感器	
R　　R	R	电阻、抽头电阻	

图形符号	文字符号	名称说明	备注
	RP	可调电阻 电位器	
	C	电容 电解电容	
	L	电感 电感器	
	D	二极管	
	D	发光二极管	
	VT	晶闸管（俗称可控硅）	
	VZ	稳压二极管	
	V	三极管 PNP 型	
	V	三极管 NPN 型	
	SP	接近开关	移动物体与接近开关的感应头接近时，使其输出一个电信号来控制电路的通断
	SP	接近传感器	

续表

图形符号	文字符号	名称说明	备注
	SP	接触传感器	
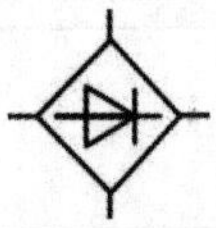		桥式整流器	
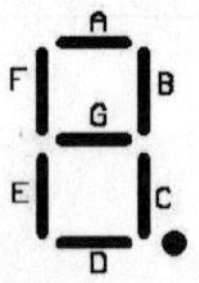	LED	数码管 七段数码管	通过对 A、B、C、D、E、F、G 进行控制来显示不同的字符，如图 1-3 所示

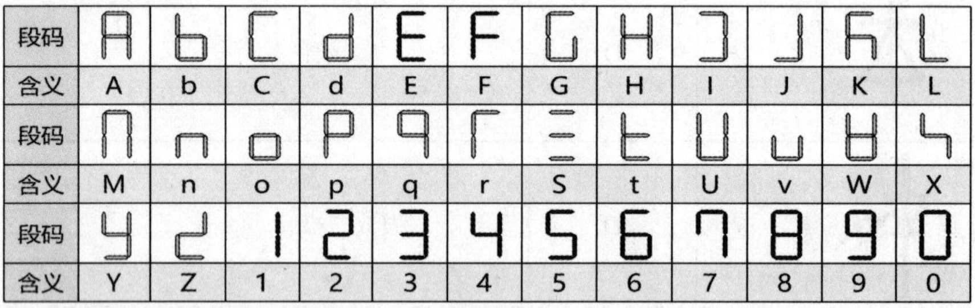

段码	A	b	C	d	E	F	G	H	I	J	K	L
含义	A	b	C	d	E	F	G	H	I	J	K	L
段码	M	n	o	p	q	r	S	t	U	v	W	X
含义	M	n	o	p	q	r	S	t	U	v	W	X
段码	Y	Z	1	2	3	4	5	6	7	8	9	0
含义	Y	Z	1	2	3	4	5	6	7	8	9	0

图 1-3

1.2.3　电气图纸的构成

了解电气图纸的构成，熟悉常见的电气图纸的标注方式，掌握电气图纸的绘制方法，会看图、识图，是电气技术人员应具备的基本功。

一、电气图面的主要构成

电气图面主要由边框线、图框线、标题栏、会签栏等构成，如图 1-4 所示。

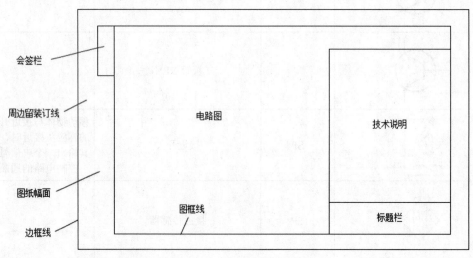

图 1-4

二、图纸的幅面

（1）边框线围成的图面即图纸的幅面。

（2）幅面尺寸一般分为 A0、A1、A2、A3、A4（分别对应 0 号、1 号、2 号、3 号、4 号图纸）等 5 类。

三、标题栏

标题栏是用以确定图样名称、图样编号、张次、更改和有关人员签名等内容的栏目。标题栏一般由更改区、签字区、其他区、名称及代号区等组成。

每张图纸上都应该有标题栏，标题栏的位置通常位于图纸的右下角，标题栏的文字方向应与看图方向一致。

四、会签栏

会签栏在建筑图纸上是用来表明信息的一种标签栏，供各相关专业的设计人员会审图样时签名和标注日期用。会签栏是为完善图纸、施工组织设计、施工方案等重要文件按程序报批的一种常用形式。栏内应填写会签人员的姓名、所代表的专业、日期；一个会签栏不够时，可以另加一个，两个会签栏应该并列。

不需要会签的图纸可以不设置会签栏。

1.2.4 电气图纸的主要内容

电气图纸的主要内容为电路图、技术说明和标题栏，如图 1-5 所示。

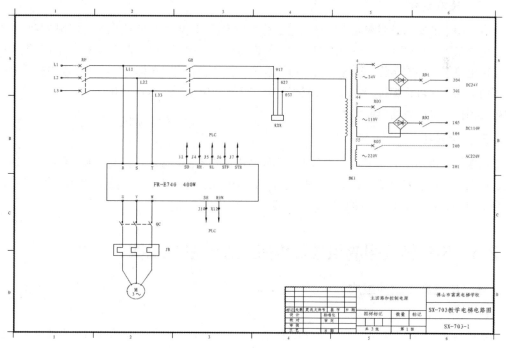

图 1-5

一、电路图

根据工作原理或安装配线要求，将所需的电源、负载及各种电气设备等，按照国家标准规定的绘制方法将电气符号画在图纸上，并标注一些必要的说明，把这些电气设备和电气元件的名称、用途、作用以及安装要求标注清楚，即可构成完整的电路图。

电路的结构形式和所能完成的任务是多种多样的，根据不同的任务需求和器件的作用原理有不同的电路结构。就构成电路的目的来说一般有两个，一是进行电能的传输、分配与转换；二是进行信息的传递、控制和处理。

进行电能的传输、分配与转换的电路通常分为主电路和辅助电路两部分。主电路也称为主回路或一次回路，是电源向负载输送电能的电路，一般包括发电机、变压器、开关、接触器、熔断器和负载等。辅助电路也称为辅助回路或二次回路，指的是实施信号的采集、传递、放大、控制和调节的回路，也是对主电路进行控制、保护、监测、指示的电路，一般包括继电器、仪表、指示灯、控制开关等。通常主电路通过的电流较大，导线较粗，而辅助电路中的电流较小，导线也较细。

提示：按照低压电器的用途和控制对象分类，主回路的开关电器就是配电电器，辅助回路的开关电器就是控制电器。

电路图是电气图的主要构成部分。绘制电气图时，要将电气图所表达的内容、形式、电气元件的状态和其他要素表达清楚。由于电气元件的品种和数量繁多，外形和结构复杂，因此采用国家统一规定的图形符号和文字符号来表示电气元件的不同种类、规格及安装方式。此外，根据电气图的不同用途，绘制侧重点也不同：有的只绘制电路图，以便了解电路的工作过程及特点；有的只绘制装配图，以便了解各电气元件的安装位置及配线方式；对于比较复杂的电路，通常还绘制安装接线图；必要时，还要绘制分开表示的接线图（展开图）、平面布置图等，以供生产部门、安装部门和终端用户使用。

二、技术说明

电气图中的文字说明和元件明细表等总称为技术说明。文字说明用于注明电路的某些要点及安装要求等，通常写在电路图的右上方，若说明较多，通常采用附页来说明。元件明细表用来列出电路中元件的名称、符号、规格和数量等，以表格形式写在标题栏上方，表中的序号按自下而上的顺序进行编排。结构复杂或需要特别注意的电路图技术说明就详细一些，简单明了的电路图技术说明就简洁或者省略。

三、标题栏

标题栏在电路图的右下角，其中注有工程名称、图名、图号，还有设计人、制图人、审核人、批准人的签名和日期等。标题栏是电气图纸的重要技术档案，相当于该图纸的"铭牌"，栏目中的签名者对图中的技术内容要各负其责。

1.2.5 电气施工图的组成及电气绘图的基本规律

一、电气施工图的组成

（1）图纸目录与设计说明。

图纸目录包括工程概况、图纸内容、数量、设计依据以及有关注意事项等。设计说明包括供电电源的来源、供电方式、电压等级、线路敷设方式、防雷接地方式、设备安装说明、工程的主要技术数据、施工注意事项等。

（2）主要材料设备表。

主要材料设备表内容包括工程中所使用的各种设备和材料的名称、规格、型号、数量等，它是编制购置设备、材料计划的重要依据之一。

（3）系统图。

系统图分为变配电工程的供配电系统图、照明工程的照明系统图、弱电及网络电缆系统图等。系统图反映了系统的基本组成、主要电气设备、元件之间的连接情况以及它们的规格、型号、参数等。

（4）平面布置图。

平面布置图是电气施工图中的重要图纸之一，如变配电所电气设备安装平面图、照明平面图、防雷接地平面图等，可用来表示电气设备的编号、名称、型号及安装位置，线路的起始点、敷设部位、敷设方式及所用导线型号、规格、数量、敷设管线的大小等。通过阅读系统图，了解系统基本组成之后，就可以依据平面布置图编制工程预算和施工方案，然后组织施工。

（5）控制原理图。

控制原理图内容包括系统中所用电气设备的电气控制原理、电参量的采集、数据处理、控制，用以指导电气设备的安装和控制系统的调试运行工作。

（6）安装接线图。

安装接线图内容包括电气设备的布置与安装接线方式，在与控制原理图对照阅读后，可进行系统的配线和调试。

（7）安装大样图（详图）。

安装大样图是详细表示电气设备安装方法的图纸，对安装部件的各部位标注有具体的图形和详细尺寸，是进行安装、施工和编制工程材料采购计划时的重要参考资料。

二、电气绘图的基本规律

电气原理图是设备电气的工作原理及各电器元件的作用、相互关系的一种表示方式。充分运用电气原理图的绘图方法和规律，对于分析电气线路的工作原理、排除电路故障具有很大的帮助作用。

电气原理图一般由主电路、控制电路、保护电路、配电电路等几部分组成。电气原理图的一般绘图规律如下。

（1）图纸幅面的选择。

根据所设计电路对象的规模和复杂程度选择合适的幅面，保证幅面布局紧凑、清晰和使用方便。由电气图纸的种类和所确定图纸资料的详细程度来选择图纸幅面，尽量选用较小的幅面，便于图纸的装订和管理，也便于日后的复印和存档。

（2）绘制主电路。

在绘制主电路时，应依据规定的电气图形符号用粗实线画出主要的控制电器、保护电器等用电设备，如断路器、熔断器、变频器、热继电器、电动机等，并依次标明相关的文字符号。电动机运行主电路与控制电路的绘制布局如图 1-6 所示。

（3）绘制控制电路。

控制电路一般由开关、按钮、信号指示灯、接触器、继电器的线圈和各种辅助触点构成。无论简单或复杂的控制电路，一般均由各种典型电路（如延时电路、联锁电路、联控电路等）组合而成，用以控制主电路中受控设备的"启动""运行""停止"等，使主电路中的设备按设计工艺要求来正常工作，如图 1-6 所示。

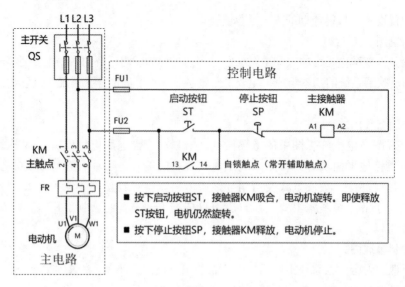

图 1-6

一般来讲，在同一张图纸中，主电路绘制在图纸的左侧，控制电路绘制在图纸的右侧。对于简单的控制电路，只要依据主电路要实现的功能，结合生产工艺要求及设备动作的先、后顺序依次分析，仔细绘制即可。对于复杂的控制电路，要按各部分所完成的功能，分割成若干个局部控制电路，然后与典型电路相对照，找出相同之处，本着先简后繁、先易后难的原则逐个画出每个局部环节，再找到各环节的相互关系；可绘制多张不同的局部图纸，标注编号，便于阅读和管理。

三、电气图表常用的绘图方法

（1）单根导线的表示方法。

单根导线的表示方法如图 1-7 所示。

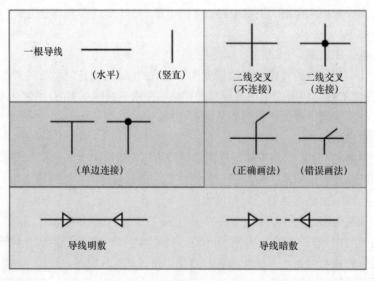

图 1-7

（2）多根导线表示方法。

多根导线的表示方法如图 1-8 所示。

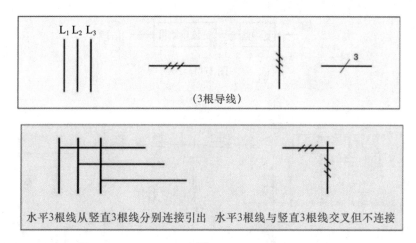

图 1-8

（3）电气元件的基本表示方法。

在电气图中，电气元件的基本表示方法有集中表示法和分开表示法，如图 1-9 所示。电气触点的画法有水平画法和垂直画法两种，如图 1-10 所示。

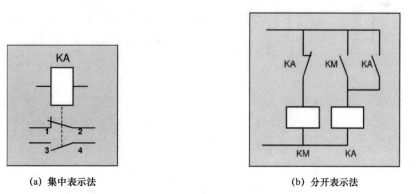

图 1-9

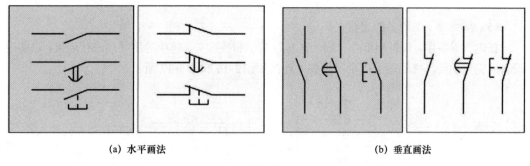

图 1-10

（4）功能信息的电气图表达。

在电气图中，对于功能信息可以用框图、原理图、程序梯形图、时序图、曲线图或多种图形的组合表示出来，如图 1-11～图 1-15 所示。

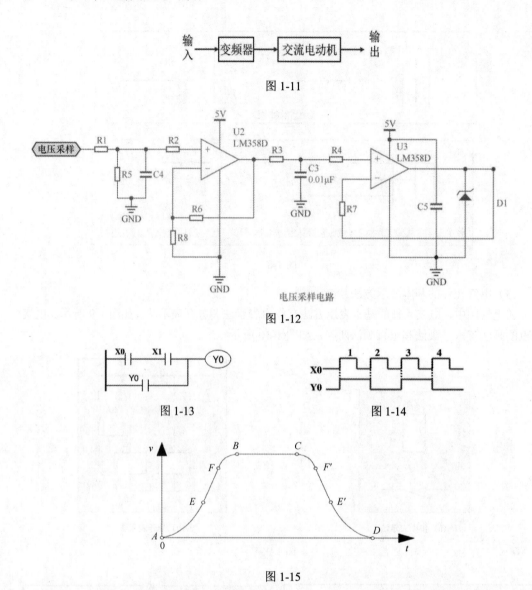

图 1-11

电压采样电路

图 1-12

图 1-13

图 1-14

图 1-15

（5）接线端子与设备的连接。

在电气设备中，设备和部件一般通过接线端子和接插头、插座等用导线进行连接，以实现设备的完整功能。接线端子以及与设备的连接如图 1-16 和图 1-17 所示。

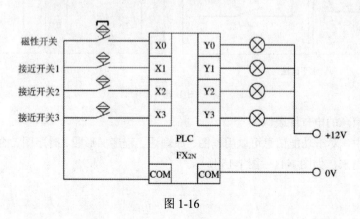

图 1-16

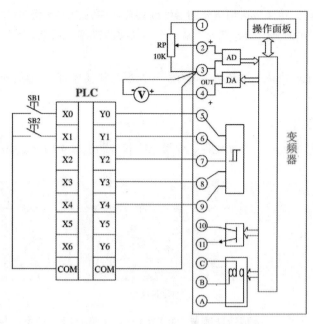

图 1-17

四、电气原理图的看图方法

电气图主要有电气原理图、电气布置图、电气安装接线图等。电气原理图是电气图的一种，是根据控制线图工作原理绘制的，具有结构简单、层次分明的特点，主要用于研究和分析电路的工作原理。

看图的一般方法是先看主电路，后看辅助电路和控制电路，并用辅助电路的回路研究主电路的控制程序和流程。看图的步骤首先是看主电路中有哪几种电气设备，每个电气设备的用途、接线方式、有关要求与相互之间的联系。

以电动机电路为例，应先从种类上看是直流还是交流，是异步还是同步；从绕组上看是星形接线还是三角形接线；从启动方式上看是全压启动还是降压启动；从控制方式上看，是正转还是反转等，再全面了解其他电器组件的相互联系和作用，如电源开关、熔断器、接触器、继电器、反馈电路和保护电路等。

电气布置图主要用来表明各种电气设备在机械设备上和电气控制柜中的实际安装位置，为机械、电气在控制设备的制造、安装、维护、维修提供必要的资料。

电气安装接线图是进行设备安装或成套装置的布线连接的详细说明资料，它提供了各个安装接线图项目之间电气连接的详细信息，包括连接关系、线缆种类和敷设线路的要求等。

1.3　传感器

传感器（transducer/sensor）是一种能感受到被测量，并能将其按一定规律变换成电信号或其他所需形式的信息输出，以满足信息的传输、处理、存储、显示、记录和控制等要求的检测装置。

一、传感器的定义

国家标准 GB/T 7665—2005 对传感器的定义：传感器是能感受规定的被测量并按照一定的

规律（数学函数法则）转换成可用信号的器件或装置，通常由敏感元件和转换元件组成。

"传感器"在韦式词典中的定义为"从一个系统接收功率，通常以另一种形式将功率送到第二个系统中的器件"。

中国物联网校企联盟认为"传感器的存在和发展，让物体有了触觉、味觉和嗅觉等感官，让物体慢慢变得活了起来"。

二、传感器的组成

传感器一般由敏感元件、转换元件、变换电路和辅助电源 4 部分组成，如图 1-18 所示。

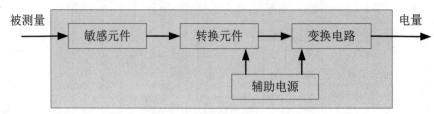

图 1-18

传感器中，敏感元件直接感受被测量，并输出与被测量有确定关系的物理量信号，转换元件将敏感元件输出的物理量信号转换为电信号并送到变换电路，变换电路再对转换元件输出的电信号进行放大调制，输出一个与被测量呈对应关系的电量信号。转换元件和变换电路一般还需要辅助电源供电。

三、传感器的功能

我们常常将传感器的功能与人类的五大感觉相比拟。

（1）光敏传感器——视觉。

（2）声敏传感器——听觉。

（3）气敏传感器——嗅觉。

（4）化学传感器——味觉。

（5）压敏、温敏、流体传感器——触觉。

传感器的存在和发展，让物体有了视觉、听觉、触觉、味觉和嗅觉等感觉，犹如给物体赋予了生命，让物体变得"活"了起来。因此，传感器又被称为"电五官"，是对人类五官的延长。目前，传感器已在众多的领域中得到应用，在电梯电气控制方面也应用了各种不同的传感器。

1.3.1　传感器的种类

一、敏感元件的分类

传感器的关键组成部分是敏感元件，而敏感元件又分为几个大类。

（1）物理类：基于力、热、光、电、磁和声等物理效应。

（2）化学类：基于化学反应的原理。

（3）生物类：基于酶、抗体和激素等分子识别功能。

根据其基本感知功能，敏感元件可分为热敏元件、光敏元件、气敏元件、力敏元件、磁敏元件、湿敏元件、声敏元件、放射线敏感元件、色敏元件和味敏元件等十大类。

二、传感器的种类

从具体的应用上，常见的传感器有以下几类。

（1）电阻式传感器。

电阻式传感器是将被测量，如位移、形变、力、加速度、湿度、温度等物理量转换成电阻阻值的一种器件，主要有电阻应变式、压阻式、热电阻、热敏、气敏、湿敏等电阻式传感器件。其中温度传感器就是常用的一种。

温度传感器的种类很多，经常使用的有热电阻，如 PT100、PT1000、Cu50、Cu100；热电偶，如 B、E、J、K、S 等。温度传感器不但种类繁多，而且组合形式多样，应根据不同的场所选用合适的产品。

测温原理：根据电阻阻值、热电偶的电势随温度发生变化的原理，我们可以得到所需要测量的温度值。

（2）激光传感器。

激光传感器是利用激光技术进行测量的传感器。它由激光器、激光检测器和测量电路组成。激光传感器是新型测量仪表的重要器件，它的优点是能实现无接触远距离测量，具有速度快，精度高，量程大，抗光、抗电干扰能力强等特点。

（3）霍尔传感器。

霍尔传感器是根据霍尔效应制作的一种磁场传感器，广泛地应用于工业自动化、检测及信息处理等方面。霍尔效应是研究半导体材料性能的基础。通过用霍尔效应实验测定的霍尔系数，能够判断半导体材料的导电类型、载流子浓度及载流子迁移率等重要参数。

目前，作为轻便交通工具的电动自行车就是采用霍尔传感器来控制车速的。

（4）光敏传感器。

光敏传感器是非常常见的传感器，它的种类繁多，主要有光电管、光电倍增管、光敏电阻、光敏晶体管、太阳能电池、红外线传感器、紫外线传感器、光纤式光电传感器、色彩传感器、CCD 图像传感器和 CMOS 图像传感器等。它的敏感波长在可见光波长附近，包括红外线波长和紫外线波长。

光敏传感器是产量多、应用广的传感器，它在自动控制和非电量电测量技术中占有非常重要的地位。最简单的光敏传感器是光敏电阻，当光子冲击接合处时就会产生电流。

光敏传感器不局限于对光的探测，它还可以作为探测元件组成其他传感器，对许多非电量进行检测，只要将这些非电量转换为光信号即可，如光电耦合器等还可以实现对输入输出的隔离。

（5）生物传感器。

生物传感器是将生物活性材料（酶、DNA、抗体、抗原、生物膜等）与物理化学换能器有机结合的一种传感器，使用生物传感器是发展生物技术必不可少的一种先进的检测方法与监控方法，也是物质分子水平的快速、微量分析方法。

各种生物传感器有以下共同的结构：包括一种或数种相关生物活性材料及能把生物活性表达的信号转换为电信号的物理换能器或化学换能器（传感器），二者组合在一起，用现代微电子和自动化仪表技术进行生物信号的再加工，构成各种可以使用的生物传感器分析装置、仪器和系统。

（6）智能传感器。

智能传感器是通过模拟人的感官和大脑的协调动作，结合长期以来测试技术的研究和实际经验而提出来的，是一个相对独立的智能单元，它的出现使得对原来的硬件性能的苛刻要求有所降低，依靠软件的帮助可以使传感器的性能大幅度提高。

（7）视觉传感器。

视觉传感器具有从一整幅图像捕获光线的数以千计像素的能力，图像的清晰和细腻程度常用分辨率（单位面积的像素数量）表示。

在捕获图像之后，视觉传感器可将图像与内存中存储的基准图像进行比较，以做出分析。例如，视觉传感器被设定为辨别正确地插有 8 颗螺栓的机器部件，则会拒收只有 7 颗螺栓的部件，或者螺栓未对准的部件，此外，无论该机器部件位于视场中的哪个位置，无论该部件是否在 360 度范围内旋转，视觉传感器都能做出判断。

（8）位移传感器。

位移传感器又称为线性传感器，是把位移转换为电量的传感器。按照组成位移传感器敏感元件的不同，位移传感器可分为电感式位移传感器、电容式位移传感器、光电式位移传感器、超声波式位移传感器、霍尔式位移传感器等。

（9）压力传感器。

压力传感器是工业实践中较为常用的一种传感器，其广泛应用于各种工业自动控制环境，涉及水利水电、铁路交通、智能建筑、生产自控、航空航天、军工、石化、油井、电力、船舶、机床、管道等众多行业。

（10）超声波测距传感器。

超声波测距传感器采用超声波回波测距原理，运用精确的时差测量技术，检测传感器与目标物之间的距离，采用小角度、小盲区超声波传感器，具有测量准确、无接触、防水、防腐蚀、低成本等优点，可应用于液位、物位检测，特有的液位、料位检测方式，可保证在液面有泡沫或大的晃动而不易检测到回波的情况下有稳定的输出，可应用于液位检测、物位检测、料位检测、工业过程控制等。

三、传感器的其他分类

传感器按照不同的用途、工作原理、输出信号类型以及制作它们的材料和工艺等还可以分为不同的类型。

（1）按用途分类。

按用途分类，传感器可分为压力传感器、位置传感器、液位传感器、能耗传感器、速度传感器、加速度传感器、射线辐射传感器、热敏传感器。

（2）按工作原理分类。

按工作原理分类，传感器可分为振动传感器、湿敏传感器、磁敏传感器、气敏传感器、真空度传感器、生物传感器等。

（3）按输出信号分类，传感器可分为以下几种。

① 模拟传感器：将被测量的非电学量转换成模拟量。

② 数字传感器：将被测量的非电学量转换成数字量，包括直接转换和间接转换。

③ 膺数字传感器：将被测量的信号量转换成频率信号或短周期信号，包括直接或间接转换。

膺数字传感器类似数字传感器，接近开关、光电开关等都是数字传感器，因为都可以将信号以脉冲的方式提供给控制器来使用。

膺数字传感器的代表产品为旋转编码器，如增量型旋转编码器，旋转一圈输出固定的脉冲数，如1000脉冲的，转1圈则输出1000个脉冲，通过这个功能可以测量出长度、速度等。旋转编码器在电梯电气控制系统中被广泛使用。

④ 开关传感器：当一个被测量的信号达到某个特定的阈值时，传感器相应地输出一个设定的低电平信号或高电平信号。

（4）按制造材料和工艺分类，传感器可分为以下几种。

① 集成传感器：用标准的生产硅基半导体集成电路的工艺技术制造的传感器，通常还将用于初步处理被测信号的部分电路也集成在同一芯片上。

② 薄膜传感器：通过沉积在介质衬底（基板）上的相应敏感材料的薄膜形成的传感器。使用混合工艺时，同样可将部分电路制造在此同一基板上。

③ 厚膜传感器：利用相应材料的浆料，涂覆在陶瓷基片上制成，基片通常用是 Al_2O_3 制成的，然后进行热处理，使厚膜成形。

④ 陶瓷传感器：采用标准的陶瓷工艺或其某种变种工艺（溶胶、凝胶等）生产的传感器。完成适当的预备性操作之后，将已成形的元件在高温中进行烧结。

厚膜传感器和陶瓷传感器有许多共同特性，在某些方面，可以认为厚膜传感器是陶瓷传感器的另一种形式。

1.3.2 电梯用传感器

电梯用传感器主要有编码器、平层感应器、光电开关、称重传感器等，还有用于其他检测控制的水浸传感器、温湿度传感器、加速度传感器、烟感传感器、温感传感器等。

下面列出常用的部分传感器及其用途，如表1-3所示。

表1-3 常用传感器及其用途

设备名称	用途和说明	设备图片
编码器	编码器是用于检测电梯曳引机实时运行速度及轿厢位置的光电旋转式传感器。它将旋转位移转换成一串数字脉冲信号，这些脉冲信号可用于测量速度与直线位移。编码器把角位移或直线位移（码盘或码尺）转换成电信号，产生的电信号反馈给后台控制系统，由PLC（可编程逻辑控制器）、微机或一体化控制系统等来进行处理。 1. 编码器按照工作原理可分为增量式和绝对式两类。 增量式编码器将位移转换成周期性的电信号，再把这个电信号转变成计数脉冲，用脉冲的个数表示位移的大小。绝对式编码器的每一个位置对应一个确定的数字码，因此它的数值只与测量的起始位置和终止位置有关，而与测量的中间过程无关。	

设备名称	用途和说明	设备图片
编码器	2. 按码盘的刻孔方式不同分类。 （1）增量型：每转过单位的角度就发出一个脉冲信号（也有发正余弦信号，然后对其进行细分，斩波出频率更高的脉冲），通常为A相、B相、Z相输出，A相、B相为相互延迟1/4周期的脉冲输出，根据延迟关系可以区别正反转，而且通过取A相、B相的上升沿和下降沿可以进行2或4倍频；Z相为单圈脉冲，即每圈发出一个脉冲。 （2）绝对值型：对应一圈，每个基准的角度发出一个唯一与该角度对应的二进制数值，通过外部记圈器件可以进行多个位置的记录和测量。 3. 按信号的输出类型分为电压输出、集电极开路输出、推拉互补输出和长线驱动输出。 4. 以编码器机械安装形式分类。 （1）有轴型：又可分为夹紧法兰型、同步法兰型和伺服安装型等。 （2）轴套型：又可分为半空型、全空型和大口径型等。 5. 以编码器工作原理可分为光电式、磁电式和触点电刷式	 编码圆盘 编码脉冲输出A、B相位
光电开关	光电开关（漫反射光电开关）是光电接近开关的简称，是一种集发射器和接收器于一体的传感器，它利用被检测物对光束的遮挡或反射，由同步回路接通电路，从而检测物体的有无。被测物体不限于金属，几乎所有能反射光线（或者对光线有遮挡作用）的物体均可以被检测。光电开关将将输入电流在发射器上转换为光信号射出，接收器再根据接收到的光线的强弱或有无对目标物体进行探测。 光电开关是传感器的一种，它把发射端和接收端之间光的强弱变化转化为电流的变化以达到探测的目的。由于光电开关输出回路和输入回路是电隔离的（即电绝缘），所以它可以在许多场合得到应用。 光电开关发出的光有可见光和不可见光两种，外观上主要有圆形和方形两种。	漫反射光电开关 激光反射传感器

续表

设备名称	用途和说明	设备图片
光电开关	目前采用集成电路技术和 SMT 表面安装工艺制造的新一代光电开关器件，是一种采用脉冲调制的主动式光电探测系统型电子开关，它所使用的冷光源有红外光、红色光、绿色光和蓝色光等，可非接触、无损伤地迅速感知和控制各种固体、液体、透明体、黑体、柔软体和烟雾等物质的状态和动作，具有体积小、功能多、寿命长、精度高、响应速度快、检测距离远以及抗光、电、磁干扰能力强的优点。 光电开关可用于电梯轿厢的称重测量，自动扶梯的乘客接近检测以及梯级缺失检测、速度检测和逆转检测等	

设备名称	用途和说明	设备图片		
平层感应器	平层感应器也叫作平层开关，实际上是一组对射式光电开关，由发射器和接收器组成，结构上两者是相互分离的，在光束被中断的情况下会产生一个开关信号变化。在电梯的应用中利用井道上安装的遮光板检测轿厢的位置。一般电梯上安装有多个平层感应器。 另一种平层感应器采用磁感应式，是由干簧管开关与磁铁组成的，内置单稳态干簧管开关，通过井道上安装的隔磁板遮挡磁路，改变开关状态，从而达到检测的目的。 平层感应器是电梯平层用的，一般装在电梯平层区域，上行停止靠上平层感应器，下行停止靠下平层感应器。因为各电梯厂家设计的不同，装有 2 个平层感应器的一般是上平层下平层检测用，装有 3 个平层感应器的一般是上平层、下平层、开门区检测用，装有 4 个以上平层感应器的一般是再平层检测用，用于检测电梯轿厢在井道运行中的某一位置			
		组成：内置单稳态干簧管开关 工作原理：通过遮挡磁路，改变开关状态，从而达到检测目的 应用场合：轿顶、平层检测（低速电梯）	工作过程	
			遮磁板进入，遮挡磁路，干簧管常开触点（NO）闭合，常闭触点（NC）断开	
			遮磁板退出，磁路释放，干簧管常开触点（NO）断开，常闭触点（NC）闭合	

续表

设备名称	用途和说明	设备图片
称重传感器	电梯称重传感器也叫电梯超载开关。主要用于轿厢的载重检测，防止电梯超载运行。 称重传感器实际上是一种将质量信号转变为可测的电信号输出的装置。 工业上用的称重传感器按转换方法分为光电式、液压式、电磁力式、电容式、磁极变形式、振动式、陀螺仪式、电阻应变式等 8 类，其中电阻应变式使用最广。 在电梯行业中，称重传感器主要有光电式、电磁感应式、电阻应变式等几种。 电磁感应式称重传感器装有霍尔元件，当轿厢接近传感器内的霍尔器件感应到磁钢所产生的磁场，改变磁钢和传感器间的距离使通过霍尔器件的磁场强度发生变化，距离达到一定数值时，控制继电器输出开关信号。当重量达到或超过某个设定的载荷时，就能输出开关信号，阻止设备继续运行。 通过安装 3 个不同设定值的电磁感应式称重传感器，就能检测出电梯的轻载、满载和超载信号	
人体感应开关	人体感应开关又叫热释人体感应开关或红外智能开关。它是基于红外线技术的自动控制产品，人体的温度一般恒定在 36～37℃，会发出特定波长的红外线。当人进入感应范围时，专用传感器探测到人体红外光谱的变化，会自动接通负载，人不离开感应范围，将持续接通；人离开后，延时自动关闭负载。如候梯厅的通道感应灯等	
温湿度传感器	温湿度传感器是一种装有湿敏和热敏元件，能够用来测量温度和湿度的传感器装置。温湿度传感器多以温湿度一体式的探头作为测温元件，将温度和湿度信号采集出来，经处理后转换成与温度和湿度呈线性关系的电流信号或电压信号输出；有的带有现场数值显示，有的不带现场数值显示。 温湿度传感器由于具有体积小、性能稳定等特点，被广泛应用在生产生活的各个领域	

1.3.3　传感器的发展趋势

　　传感器的种类有很多,随着新技术革命的到来,世界进入信息时代。在利用信息的过程中,首先要获取准确可靠的信息,而传感器是获取自然和生产领域中信息的主要工具。在现代工业自动化生产的过程中,要用各种传感器来监视和控制生产过程中的各个参数,使设备工作在正常状态或最佳状态,并使产品的质量达到最好。因此可以说,没有众多功能各异的传感器,就没有现代化生产的基础。

　　传感器在现代工农业测量和自动检测中得到了广泛应用,可测量压力、位移、转速、加速度、速度、方向、高度、厚度、液位、湿度、振动、成分含量等多种参数。

　　人们为了从外界获取信息,必须借助感觉器官,而单靠人们自身的感觉器官,在研究自然现象和规律以及生产活动中是远远不够的。为了获取更多的信息,就需要更多的传感器。传感器是人类五官的延伸,更是“千里眼”“顺风耳”。

　　在基础学科的研究中,传感器更具有突出的地位。现代科学技术的发展已进入了许多新的领域:宏观上要观察上千光年的茫茫宇宙,微观上要观察小到飞米(femtometer, fm, 长度单位, 1fm 相当于 $1×10^{-15}$m)级的粒子世界,纵向上要观察长达数十万年的天体演化,短到毫米级的反应。此外,还出现了对深化物质认识、开拓新能源、新材料等具有重要作用的各种极端技术研究,如超高温、超低温、超高压、超高真空、超强磁场、超弱磁场等。显然,要获取人类感官无法直接获取的大量信息,没有相适应的传感器是不可能的。许多基础科学研究的障碍,首先就在于对信息的获取存在困难,而一些新机理和高灵敏度的检测传感器的出现,往往会推动该领域内的突破。一些传感器的发展,往往是一些边缘学科开发的前提。

　　目前,传感器技术早已渗透到诸如工业生产、宇宙开发、海洋探测、环境保护、资源调查、医学诊断、生物工程甚至文物保护等极其广泛的领域,可以毫不夸张地说,从茫茫的太空到浩瀚的海洋,一直到各种复杂的工程系统,几乎每一个现代化项目,都离不开各种各样的传感器。在现代生活中,自动驾驶、导航、机器人应用等方面,也离不开大量的传感器。

　　我国传感器产业正处于由传统型传感器向新型传感器发展的关键阶段,体现了新型传感器向微型化、多功能化、数字化、智能化、系统化和网络化方向发展的总趋势。

　　传感器技术历经了多年的发展,在技术上大体可以分为以下 3 代。

- 第一代传感器:结构型传感器,它利用结构参量变化来感受和转化信号。
- 第二代传感器:20 世纪 70 年代发展起来的固体型传感器,这种传感器由半导体、电介质、磁性材料等固体元件构成,利用材料的某些特性制成。如利用热电效应、霍尔效应、光敏效应,分别制成热电偶传感器、霍尔传感器和光敏传感器。
- 第三代传感器:目前发展起来的智能型传感器,是现代微型计算机(微机)技术、电子控制与检测技术相结合的产物,具有一定的人工智能功能。

　　资料显示,目前我国传感器产品约有 6000 种,而国外已达 20000 多种,我国传感器远远满足不了国内市场的需求,其中数字化、智能化、微型化等高新技术产品更是严重短缺,而需求量巨大。因此,传感器有着很好的发展前景。传感器技术在发展经济、推动社会进步方面具有十分重要的作用,世界各国十分重视传感器领域的发展。相信在不久的将来,传感器技术将会出现一个新的飞跃。

🔧 知识延伸：电的术语解释

- 电子（electron）：在原子中，围绕在原子核外面带负电荷的粒子称为电子。
- 电路（electrics circuit）：由电源、用电器、导线等连接组成的电流通道，分为闭合电路和开合电路。不经负载的闭合电路被称为短路。电子元器件在电路中的连接方法有串联和并联两种基本形式。
- 电压（voltage）：或称电势差，是驱使电子流经导线的一种潜能，若把电荷从一点移到另一点必须对电场做功就称两点之间存在电压。
- 电流（current）：电荷的移动量，通常以安培（Ampere）为度量单位。任何移动中的带电粒子都可以形成电流。
- 电荷（electric charge）：电子负荷的量，电场之源。当正电荷发生净移动时，在其移动方向上即构成电流。
- 电阻（electric resistance）：限制电路中电流的量，亦称为电流的阻力。
- 阻抗（impedance）：交流电路中对电流限制能力（类似于电阻用于直流电路）的一种度量。定义为电压除以电流。
- 电功率（electric power）：定义为单位时间内所做之功。因导线不积存电荷，故在一闭合电路中有多少电荷通过电池必有相同量之电荷通过电阻。
- 电场（electric field）：正电荷或负电荷周围产生电作用的区域，电场方向由高电势指向低电势。
- 电容（capacitance）：加电压至金属平行板上，电荷会分布于其上，而其所表现的比例常数值，也是存储电荷能力的度量。
- 电感（inductance）：线圈由变化磁场对另一个线圈（互感，M）或自身（自感，L）产生电压能力的度量。
- 电源（power source）：干电池与家用的 110V/220V 交流电源是常见的电源。
- 电压源（voltage source）：可以维持定值大小的电压且不受负载变动的影响的来源。
- 电流源（current source）：可以维持定值大小的电流且不受负载变动的影响的来源。
- 充电（charging）：给蓄电池等设备补充电量的过程。
- 变压/整流（rectification/commutation）：把交流电（不断改变方向的电流）变为直流电，只允许电流朝一个方向流动。电灯和电机使用交流电，但大多数电子设备需用直流电。
- 导体（conductor）：能够让电流通过的材料。
- 接地（ground connection/grounding/earthing）：把电气设备的某一部位与大地做良好的电气连接。
- 电击（electric shock）：经由导体接触到某程度的电压源，人体只要接触 1mA 电流就会有触电之感觉，5mA 以上就会有肌肉痉挛现象，在严格控制下可用于医疗，但未受控制下将会造成生命危险。
- 半导体（semiconductor）：指常温下导电性能介于导体与绝缘体之间的材料。
- 绝缘体（Insulator）：不容易导电的物体。

绝缘体和导体没有绝对的界限。绝缘体在某些条件下可以转化为导体。绝缘体又称为电介质，它们的电阻率极高。绝缘体的相对物质就是导体和半导体。

【任务总结与梳理】

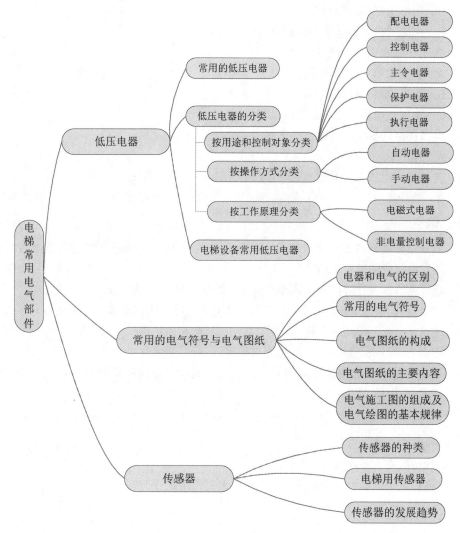

【思考与练习】

一、判断题（正确的填√，错误的填×）

（1）（   ）低压电器可以分为配电电器和控制电器两大类，是成套电气设备的基本组成元件。

（2）（   ）在工业、农业、交通、国防以及日常用电领域中，大多数采用高压供电。

（3）（   ）图纸的幅面尺寸一般分为 A1、A2、A3、A4。

（4）（   ）在电气图中，电气元件的基本表示方法有集中表示法和分开表示法。

二、单选题

（1）低压电器一般是指在交流电压（   ）、直流电压 1500V 以下工作的电器。

    A．220V   B．380V   C．1000V   D．1200V

（2）主令电器是指用于（   ）控制电路，以发出指令或控制程序的开关电器。

    A．正向或反向   B．手动或自动   C．闭合或断开

（3）按操作方式不同，低压电器可分为（　　）。

    A．自动电器和手动电器

    B．配电电器和控制电器

    C．电磁式电器和非电量控制电器

（4）按工作原理不同，低压电器可分为（　　）。

    A．自动电器和手动电器

    B．配电电器和控制电器

    C．电磁式电器和非电量控制电器

（5）电气图纸的幅面尺寸不包括下列的（　　）。

    A．A0   B．A3   C．A4   D．A6

（6）传感器的组成关键是敏感元件，敏感元件不包括下列的（　　）。

    A．物理类   B．化学类   C．生物类   D．机械类

三、填空题

（1）低压电器能够依据操作信号或外界现场信号的要求，自动或手动地改变电路的状态、参数，实现对电路或被控对象的（　　）、（　　）、（　　）、（　　）、（　　）、（　　）等作用。

（2）通过电器本身参数的变化或外来信号（如电、磁、光、热等）的变化来（　　）接通、分断、启动、反向和停止等动作的电器称为自动电器。常用的自动电器有接触器、继电器等。

（3）通过（　　）来完成接通、分断、启动、反向和停止等动作的电器称为手动电器。常用的手动电器有刀开关、转换开关和主令电器等。

（4）我们常常将传感器的功能与人类的五大感觉相比拟：视觉——（　　），听觉——（　　），嗅觉——（　　），味觉——（　　），触觉——（　　）。

（5）光电开关属于（　　），因为都可以将信号以脉冲的方式提供给控制器来使用。

四、简答题

1. 电气图纸的主要内容有哪些？

2. 电梯称重传感器也叫电梯超载开关，其主要作用是什么？

第 2 章

电梯电气系统组成及构造分析

【学习任务与目标】

- 认识电梯电气系统的组成。
- 了解电梯四大空间的电气部件的组成。
- 熟悉电梯控制柜的构造和电气部件的组成。
- 熟悉轿厢电气部件的构造和组成。
- 熟悉层站电气部件的构造和相关输入设备。
- 熟悉井道电气部件的构造和安装位置。

【导论】

电梯从总的结构上分为机械系统和电气系统两大部分,电梯是一个机电一体化程度高的产品;电梯的电气系统在电梯的运行过程中起着运行控制的关键作用。我们只有对电梯的电气系统有一个全面的了解,掌握电气系统的构造和组成,才能更好地掌握电梯的运行特点和控制方式,同时才会对电梯电气系统的安装和调试更加了解。

2.1 电梯电气系统的组成与部件

电梯电气系统的组成包括电力拖动系统和电气控制系统两部分,其中电力拖动系统的部件主要安装在机房,而电气控制系统的部件则分布于电梯运行的四大空间,我们必须了解各个电气部件的作用、构造和安装位置,才能更好地了解整个电梯电气系统的工作原理,才能更好地对整个电气系统的工作过程进行分析。

2.1.1 电梯电力拖动系统的组成与分类

一、电梯电力拖动系统的组成

电梯电力拖动系统包括供电系统、曳引机、速度反馈装置、电动机调速控制系统等。

供电系统是为电梯提供动力及对其进行分配的装置;曳引机是电梯的运行主机;速度反馈装置则为电动机调速控制系统提供电梯运行速度信号,一般采用速度脉冲发生器(编码器)作为速度反馈装置,编码器通常安装在曳引机的主轴或曳引轮轴上;电动机调速控制系统则根据编码器提供的信号,通过电气控制系统的逻辑分析,由控制器对变频器发出指令并对曳引机进行速度控制。通过控制电动机的"启动→调速→位置反馈/速度反馈→速度控制→制动→平层→待机→指令登记→启动"等一系列动作，完成对电梯运行速度的闭环控制。

　　电梯供电系统由电源箱提供动力电源，每一台电梯必须单独配置一个电源箱，并标注与电梯主机相对应的编号，电源箱内有电源总开关和分支开关，如图 2-1 所示。

　　电力拖动系统的组成与部件结构如图 2-2 所示。

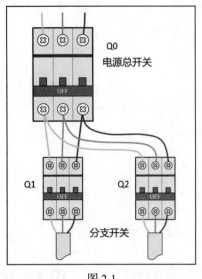

图 2-1　　　　　　　　　　　　　　图 2-2

　　需要注意的是，在供电系统的工作过程中，供电系统合闸、关闸的操作顺序为：在合闸上电时，先合电源总开关，再合下级分支开关；在关闸断电时则相反，先断开下级分支开关，再断开供电系统的电源总开关。

二、电梯电力拖动系统的分类

根据电梯所使用的曳引机的不同，电力拖动系统主要分为以下几类。

（1）可控硅励磁的发电机-电动机拖动系统。

（2）可控硅直接供电的可控硅-电动机拖动系统。

（3）交流单速电动机拖动系统。

（4）交流双速（变极调试）电动机拖动系统。

（5）交流调压调速（ACVV）电动机拖动系统。

（6）交流变压变频调速（VVVF）电动机拖动系统。

（7）永磁同步曳引机变压变频调速拖动系统。

采用不同的电力拖动系统和不同的电气控制系统，则电梯的运行效率和控制方式会大不相同，电梯的整体性能和乘坐的舒适感也有很大的差异。有关电梯电力拖动系统在《电梯结构与原理》一书中已有介绍，这里不赘述。

　　一般来讲，电梯的电力拖动系统决定着电梯的运行控制方式和节能效果，而电梯的电气控制系统则决定了电梯的自动化程度、乘坐的舒适感和电梯的运行效率等整体性能。

2.1.2 电梯电气控制系统的分类与布线

一、电梯电气控制系统的分类

电梯电气控制系统的分类方式有很多种，有按电梯操作控制方式分类的（轿内手柄控制、按钮控制、信号控制、集选控制、并联控制、群控等），也有按电梯电气控制方式分类的和按电梯电力拖动系统的类别分类的等。现根据电梯电气控制系统的发展历程，按电梯电气控制方式将其分为以下几类。

（1）早期的继电器控制系统。

（2）PLC+变频器控制系统。

（3）微机控制+变频器控制系统。

（4）一体化控制系统。

在电梯的机械系统和电气系统两大部分中，机械系统一般是较为确定的，而电气系统往往是较为灵活的，可选择的范围较大，因为当一部电梯的用途、载重量和额定速度确定以后，机械系统的零部件就基本确定了，而电气系统的拖动方式和控制方式还具有很大的选择空间，可以分别选择不同的电力拖动系统和不同的电气控制系统。一些老旧电梯的改造，也主要是升级、改造电力拖动系统和电气控制系统，机械系统则可以基本不变。

二、电梯电气控制系统的布线

为了连接电梯电气控制系统的各个空间部件，完成电梯运行的控制功能，电梯电气控制系统还需要用多种布线把分布于电梯四大空间的众多电气部件按照布线接线标准连接起来，如图 2-3 所示。

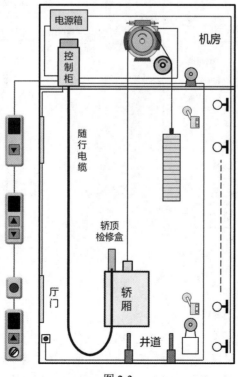

图 2-3

电梯电气控制系统的布线以控制柜为中心，分别连接厅门（层门）的电气开关、层站呼梯盒，到机房的曳引机、限速器，再到井道的限速器张紧轮、缓冲器、各种急停开关、检修盒和端站开关，并通过随行电缆连接到轿顶检修盒和轿顶控制板，用以控制轿厢操纵箱、轿门门机、光幕、平层感应器、载荷检测设备、轿厢照明设备和通风设备等。

井道照明设备则通过机房电源箱供电，并可由机房和井道底坑的双联开关分别控制。

2.1.3　电梯四大空间和八大系统的组成和电梯电气系统的部件

本小节主要介绍电梯运行的四大空间和八大系统的组成和电梯电气系统的部件。

一、电梯四大空间和八大系统的组成

电梯四大空间（轿厢空间、层站空间、机房空间、井道空间）和八大系统（曳引系统、轿厢系统、门系统、导向系统、重量平衡系统、电力拖动系统、电气控制系统、安全保护系统）的组成和结构关系如图 2-4 所示。

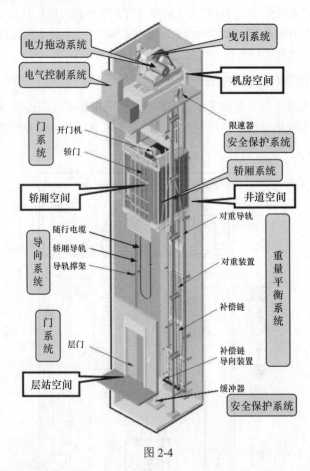

图 2-4

二、电梯电气系统的部件

电梯电气系统的部件众多，几十个以上的电气部件广泛分布于电梯运行的各个空间，包括安装在机房的电源箱、曳引机、编码器、控制柜、超速保护装置、限速器开关等；安装在轿厢的轿内操纵箱、门机控制器、光幕及光幕控制器、应急电源、五方通话设备、轿顶检修盒以及其他轿顶设备；安装在层站的呼梯盒、指层灯箱、到站钟、层站显示装置等；其他的大多数电

气部件则分散安装于狭长的电梯井道上,包括平层感应器、终端减速开关、限位开关、极限开关、随行电缆、底坑检修盒、安全钳开关、限速器张紧轮开关、缓冲器开关、层门联动开关和各类安全防护开关和按钮等。这些电气部件和各种不同的电气开关构成了电梯的安全回路、门锁回路、控制电路、保护电路等,环环相扣,保障了电梯的安全运行。

2.2 电梯机房的电气部件

有机房电梯的电气部件主要有电源箱、控制柜、曳引机组件、限速器及限速器开关、夹绳器(部分电梯有)及夹绳器电气开关等。而无机房电梯则采用新型、节能、环保、小型化的永磁同步曳引机和无机房专用控制柜,将原来放置在机房中的电源箱、控制柜、曳引机组件、限速器等安装在井道或嵌入层站的墙壁中,这样就可以节省建筑空间和建造机房的成本。

本节主要介绍电梯机房的电气部件。

2.2.1 有机房电梯的控制柜和无机房电梯的控制柜的构造

电梯机房的电源箱和电力拖动系统的组成与部件结构如图 2-1 和图 2-2 所示。而有机房电梯的控制柜和无机房电梯的控制柜由于安装位置的不同,其外观结构和电气部件的布置也不同。

一、有机房电梯的控制柜

有机房电梯的控制柜安装于电梯机房中,机房应有足够的高度与容积,以允许操作人员有足够的工作空间,能轻松地对有关设备进行操作,尤其是对电气设备进行操作。

有机房电梯的控制柜如图 2-5 所示。

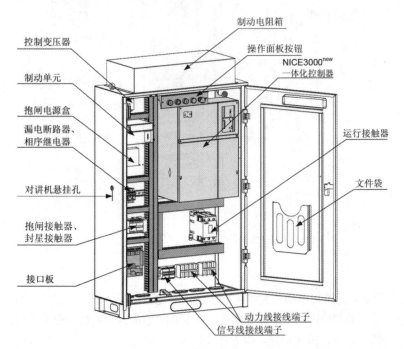

图 2-5

有机房电梯的控制柜的安装位置要求。

（1）机房工作区域的净高不应小于 2m，在控制柜（控制屏）的前面应有一块水平区域，其面积深度从控制柜的外表面测量时不应小于 0.70m，宽度不小于 0.50m，以利于对控制柜部件进行维修和检查。

（2）电梯控制柜的安装应根据机房的实际尺寸来确定，布置合理，方便维护，安装位置应尽量远离门、窗，其与门、窗的正面距离不宜小于 0.60m。

（3）电梯控制柜的维修侧与墙壁的距离不宜小于 0.60m，其封闭侧不宜小于 50mm。

（4）双面维修的电梯控制柜成排安装，当其宽度超过 5m 时，两端应留有出入通道，通道宽度不宜小于 0.60m。

（5）电梯控制柜与机械设备的安全距离不宜小于 0.50m。

（6）控制柜安装后的垂直度偏差应不大于 3/1000°。

二、无机房电梯的控制柜

无机房电梯的控制柜通常安装于站层顶层的厅门旁边，并嵌入在墙壁中，平时用锁锁住，由符合要求的检修人员进行管理和维护；有的控制柜则直接安装在井道内。无机房电梯的控制柜如图 2-6 所示。

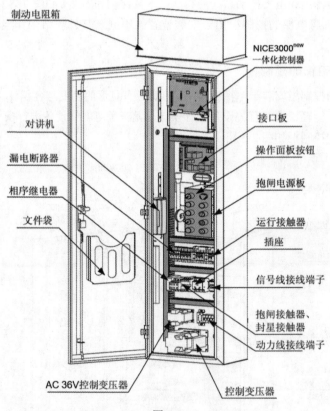

图 2-6

由图 2-6 可知，无机房电梯的控制柜大多采用节能、小型化的控制部件，结构窄而长，通常安装在嵌入层站的墙壁中；如果是分体式的控制柜，则可将主柜放置在井道内，操作柜安装在顶层的厅门侧，可节省建筑空间，也方便检修人员的维护。

2.2.2 控制柜电气部件的构造与组成

控制柜是整个电梯控制系统的核心部件，用于实现电梯启动、速度控制、信号处理、平层、制动控制等电梯运行的主要功能。电梯 PLC 控制柜电气部件的构造与组成如图 2-7 所示。

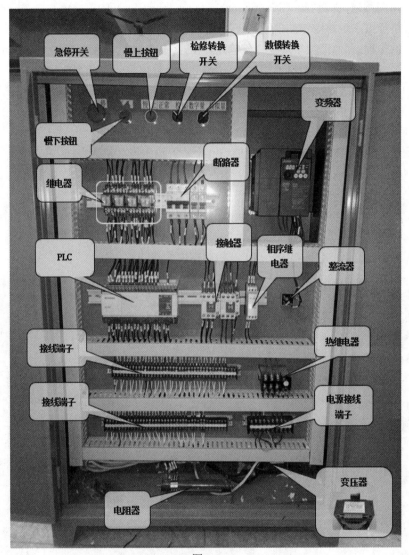

图 2-7

由图 2-7 可知，控制柜中有继电器、断路器、接触器、变压器、整流器、相序继电器、热继电器、电阻器等各种低压电器，有 PLC、变频器、接线端子等主要控制设备和输入输出接线端子，也有急停开关、慢上慢下按钮、检修转换开关、数模转换开关等主令电器。

下面主要介绍 PLC、变频器、相序继电器和热继电器。

2.2.3 PLC

在图 2-7 所示的电梯 PLC 控制柜电气部件的构造与组成中，PLC 是控制柜中的核心部件，它在电气控制系统中具有逻辑控制、时序控制、模拟控制、输出控制等多种功能；PLC 可通过接收输入端的状态信息,经过判断和运算输出发送多种形式的电气或电子信号到变频器及其他部件,并使用它们来控制或监督电梯的运行。

知识延伸: 三菱 PLC 简介

PLC 是可编程逻辑控制器（programmable logic controller）的英文缩写,是一种具有微处理器、可以进行数字运算操作的电子系统,用于存储程序、执行逻辑运算、顺序控制、定时、计数与执行操作等,并通过数字或模拟量输入输出,控制各种机械系统与电气系统的运行过程,通常分为电源、CPU（中央处理单器）、存储器、输入输出单元等几个部分。

最初的 PLC 只有电路逻辑控制的功能,用于代替继电器的控制装置,后来随着不断发展,PLC 不仅包括逻辑控制功能,还有时序控制、模拟控制、数据收集与存储、分析、运算等能力,也有函数、数字通信等许多新功能。

应用较广的三菱 FX1N-60MR-001 具有 60 个输入输出点（输入点 36 个,输出点 24 个）,采用 AC 220V 电源供电,DC 24V 低电平输入有效（光电耦合绝缘）,继电器开关量输出,可满足一般电梯控制的需要。

三菱 FX1N-60MR-001 体积小、功能强,结构灵活,具有对输入输出、逻辑控制以及通信/链接功能的可扩展性,适用范围广。

图 2-8 所示为三菱 FX1N-60MR-001 在控制柜中的接线。

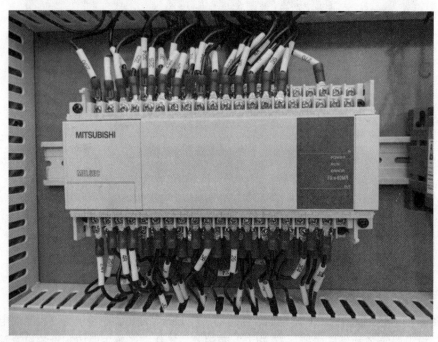

图 2-8

三菱 FX1N-60MR-001 共有 60 个输入输出点,其中输入点 36 个,分别为 X0～X7、X10～X17、X20～X27、X30～X37、X40～X43,当某一输入点与公共点 COM 接通时（低电平输入有效）,该点的对应 LED 会亮起,表示输入有效。

24 个输出点分别为 Y0～Y7、Y10～Y17、Y20～Y27,输出点有 1 个、2 个或 4 个 COM 公共端子输出型,继电器开关量输出控制,可以分组连接成不同的输出形式（如可以分别驱动直流负载和交流负载）;当某一点有效输出时,该点对应的 LED 会亮起,表示输出有效。

通过观察输入输出点对应的 LED 的点亮和熄灭，就可以知道该点的输入输出状况，维保检修十分方便。在本书的第 4 章"电梯 PLC 控制系统电气原理分析"中，有对 PLC 的应用特点和硬件结构的专门介绍，详细内容可参见该章。

2.2.4 变频器

变频器（variable-frequency drive，VFD）是应用变频技术与微电子技术，通过改变电机工作电源频率来控制交流电动机的电力控制设备。

变频器采用交-直-交的工作方式，依靠内部的 IGBT（绝缘栅双极型晶体管）大功率复合半导体器件的开断来调整输出电源的电压和频率，根据电机的实际需要来提供可变的电源电压和频率，以控制电机的运行，进而达到节能、调速的目的。另外，变频器还有很多的保护功能，如过电流保护、过电压保护、过载保护等。随着工业自动化程度的不断提高，变频器得到了非常广泛的应用，在电梯电气控制系统中，采用变频器控制技术可以使控制系统输出平滑变化的电梯速度曲线，使电梯实现无级调速运行。

一、变频器的组成

变频器主要由整流（交流变直流）、上电缓冲、滤波储能、制动单元、逆变（直流变交流）驱动、控制单元等相关的功能电路和操作面板等控制部件组成，如图 2-9 所示。

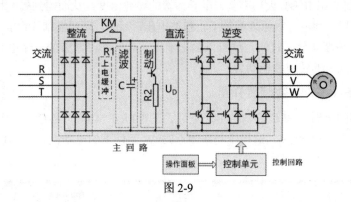

图 2-9

从图 2-9 中可见，变频器由主回路和控制回路组成。其中，主回路由整流器（整流模块）、滤波器（滤波电容）和逆变器（大功率晶体管模块）3 个主要部件组成；控制回路则由控制单元、操作面板和附属电路组成。

二、变频器的工作原理

根据交流异步电动机的调速原理，电动机的转速可由式（2-1）表示：

$$电动机转速 \ n = \frac{60f}{p}(1-s) = n_1(1-s) \tag{2-1}$$

式（2-1）中：f——电源频率，p——磁极对数，s——转差率，n_1——定子磁场转速（常称为同步转速）。

由式（2-1）可知，定子旋转磁场的转速（同步转速）是根据电源频率 f 和电动机的磁极对数 p 来确定的，电动机的转速 n 与电源频率 f 成正比，改变电动机的工作频率，就可以改变电动机的转速。

将供电系统中频率不变的交流电通过整流变换成直流电,再将变换后的直流电通过逆变变换成电压、频率都可调节的交流电来驱动电动机工作，通过改变电动机的工作频率，就可以达到改变电动机转速的目的。变频器的工作原理如图 2-10 所示。

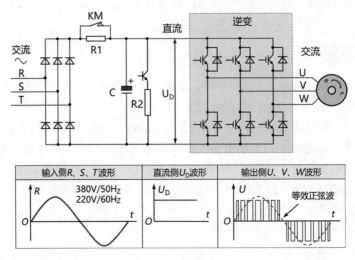

图 2-10

在图 2-10 中，整流电路把交流电变换成直流电，通过滤波储能于电容 C，逆变器通过 PWM（脉宽调制）控制 6 组 IGBT 大功率复合半导体管的导通角度，从而得到幅度相同、脉宽不同的输出电压，利用平均值等效原理等效于正弦波电压；因此，只要控制 6 组 IGBT 大功率复合半导体管的导通角度和导通时间，就可以输出电压和频率都可调节的交流电来驱动电动机工作，从而调节电动机的转速和驱动力。

三、三菱 FR-E740 变频器介绍

在本章介绍的电梯的 PLC 控制柜中，采用了三菱 FR-E740-0.75K-CHT 型变频器，该变频器额定电压等级为三相 400V，适用于功率为 0.75kW 及以下的电动机。图 2-11 所示为变频器典型主机连接。

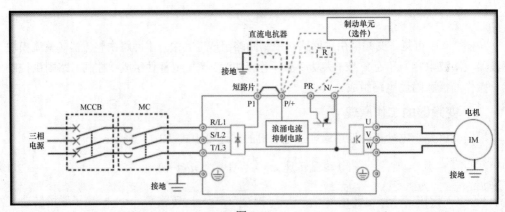

图 2-11

图 2-11 中，交流电源输入端连接的首先是三相断路器（MCCB），接着是运行控制的主接触器（MC），再连接到变频器主电路的电源输入端。

FR-E740 变频器是一种小型的高性能变频器，可以通过自带的操作面板进行相应的操作设置。FR-E700 变频器的操作面板如图 2-12 所示，其上半部分为面板显示器，下半部分为 M 旋

钮和各种按键。FR-E740 变频器在控制柜中的接线和在主电路中的接线分别如图 2-13 和图 2-14 所示。

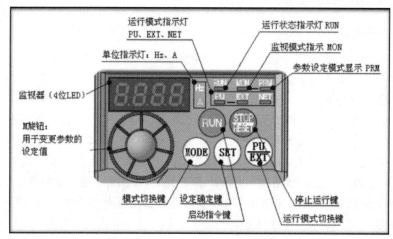

图 2-12

图 2-13

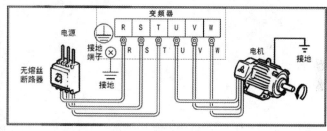

图 2-14

在进行主电路接线时，应确保电源输入端连接至 R/L1、S/L2、T/L3，输出端 U、V、W 连接电机，不能接错，否则会损坏变频器。

四、变频器的运行模式

变频器的运行模式通常有 3 种，以三菱变频器为例，分别是 PU 模式、EXT 模式和 NET 模式，可以通过变频器的操作面板进行选择和设置。

（1）PU 模式：点动运行模式，就是变频器在停机状态时，接到点动运转指令（如操作键盘点动键、定义为点动的多功能端子信号接通、通信命令为点动）后按点动频率和点动加减速时间运行；或用操作面板启停和调速。

变频器在正式投入运行前应试运行。试运行可采用点动方式，此时电动机应旋转平稳，无不正常的振动和噪声。

（2）EXT 模式：变频器的外部运行模式，变频器启停由外部接线端子来控制，利用外部的开关、电位器等元器件将外部操作信号输入变频器，控制变频器的运转。

（3）NET 模式：控制网络（net）运行模式，通过网络控制变频器的运转。

2.2.5 相序继电器和热继电器

一、相序继电器

相序继电器主要用于三相供电电路中的相序检测和断相保护、错相保护。

在三相电应用的许多场合，相序的正确有时是一项必需的条件，错误的相序或缺相有可能导致设备工作不正常甚至损坏。一般情况下，电动机工作的接线顺序是有规定的，如果某种原因导致断相和相序发生错乱，电动机将无法正常工作甚至损坏。当三相供电电路中的相序发生断相和错相时，相序继电器安全触点会断开。

相序继电器是由运放器组成的一个相序比较器，比较输入电压的幅值、频率高低和相位。如果条件符合，放大器导通；要是有单个条件不符合放大器闭合。相序继电器用于三相供电系统的相序检测或断相保护中，当相序正确时，继电器动作获得输出导通，当相序不正确时或交流回路任一相断路时，继电器闭锁断开。

相序继电器的外形和在安全回路中的连接如图 2-15 所示。

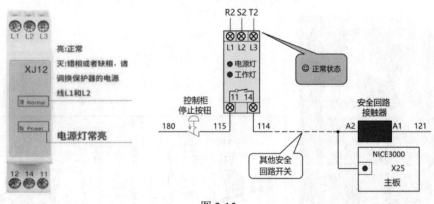

图 2-15

在图 2-15 中，相序继电器输出端常开触点串联接入电梯的安全回路中，当相序正确时，继电器动作吸合，触点导通，电梯安全回路接通获得输出；当相序不正确或交流回路的任意一相断路或错相时，继电器不吸合，触点断开，电梯安全回路断开，电梯抱闸制动、停止运行，有效地保护了电梯的运行安全。

二、热继电器

热继电器由发热元件、双金属片、触点及一套传动和调整机构组成。发热元件是一段阻值不大的电阻丝，串接在被保护电动机的主电路中。双金属片由两种具有不同热膨胀系数的金属片碾压而成。双金属片下层的热膨胀系数大，上层的热膨胀系数小。当电动机过载时，通过发热元件的电流超过整定电流，双金属片受热向上弯曲脱离扣板，使常闭触点断开。由于热继电器的常闭触点是接在电动机的控制电路中的，它的断开会使得与其相接的接触器线圈断电，从而使接触器的主触点断开，电动机的主电路断电，实现过载保护。

热继电器主要用来对异步电动机进行过载保护，由于双金属片在受热弯曲过程中，热量的传递需要较长的时间，因此，热继电器不能用作短路保护，而只能用作过载保护。热继电器的电路符号为 FR，其外形结构有接线式和插接式，如图 2-16 和图 2-17 所示。

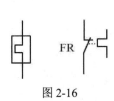

图 2-16   图 2-17

（1）热继电器的电流调整标准值。

● 根据负载性质，热继电器电流应该调到额定电流的 1.1～1.2 倍。

● 对电阻性负载，热继电器电流应该调到额定电流的 1.1 倍，感性负载电机使用的热继电器电流应该调到额定电流的 1.2 倍。

热继电器动作后，双金属片经过一段时间的冷却，按下复位按钮即可复位。

（2）热继电器的正确使用和日常维护。

● 热继电器动作后的复位需要一定的时间，自动复位应在 5min 内完成，手动复位要在 2min 后才能按下复位按钮。

● 当发生短路故障后，要检查热元件和双金属片是否变形，如果有不正常情况，应及时调整，但不能将元件拆下。

● 使用中的热继电器每周应检查一次，具体内容：热继电器有无过热、异味及放电现象，各部件螺丝有无松动，脱落及接触不良，表面有无破损及清洁与否。

● 使用中的热继电器每年应检修一次，具体内容：清扫卫生，查修零部件，测试绝缘电阻应大于 1MΩ，通电校验。经校验过的热继电器，除了接线螺钉之外，其他调整螺钉不要随便改变。

● 更换热继电器时，新安装的热继电器必须与原来的规格一致且符合要求。

● 定期检查各接线点有无松动，在检修过程中绝不能折弯双金属片。

2.3 电梯轿厢的电气部件

电梯轿厢是乘客接触最多的运行空间，轿厢的电气部件主要有操纵箱、轿内对讲机、紧急按钮、轿厢检修盒、轿厢位置显示设备、安全触板和光幕、应急照明灯等，在轿顶还安装有轿顶检修盒、轿顶板、光幕控制器、门机及门机控制器、通风设备、五方对讲机、到站钟、语音报站装置、轿厢应急电源、轿厢安全装置、监控摄像头等多种电气部件。下面选取部分内容介绍。

2.3.1 轿内操纵箱

轿内操纵箱是电梯运行应用最多的电气操作装置，一般安装在轿厢的内壁，有些电梯安装在轿厢的扶手上。轿内操纵箱的作用是提供乘客进入轿厢后操作电梯上下运行以及到达所需楼层的相关指令。

轿内操纵箱内的呼梯操作也叫作内呼（层站呼梯盒的呼梯操作叫作外呼），在操纵箱的下部还有一个供检修人员使用的轿厢检修盒，平时由锁匙锁住，其可以控制轿厢的灯光、风扇、正常行驶和检修行驶转换开关、有司机/无司机转换开关、直驶和应急运行转换开关、运行和停止开关等。

操纵箱（操纵盒）面板功能及说明如图 2-18 所示。

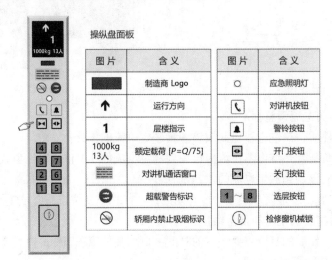

操纵盘面板

图 片	含 义	图 片	含 义
▬	制造商 Logo	○	应急照明灯
↑	运行方向	☎	对讲机按钮
1	层楼指示	🔔	警铃按钮
1000kg 13人	额定载荷 [P=Q/75]	◄►	开门按钮
☰	对讲机通话窗口	►◄	关门按钮
⊖	超载警告标识	1～8	选层按钮
🚭	轿厢内禁止吸烟标识	🔓	检修窗机械锁

图 2-18

2.3.2 轿厢检修盒和轿顶检修盒

轿顶检修盒（及轿顶板）用于与控制柜的电源和信号连接，以及与操纵箱、门机、光幕控制、门锁开关、轿厢载荷检测开关、平层感应器、轿厢照明、对讲等多种电气设备的连接和控制，是功能仅次于控制柜的电梯电气控制部件。

轿顶检修盒是专供检修人员在轿顶上操作电梯进行检修运行用的。它包括检修/正常转换开关、红色急停按钮、慢上按钮、慢下按钮和黄色的公共按钮，还有电源插座和轿顶照明灯。

在轿顶检修、轿厢检修和机房检修操作中，轿顶检修运行具有最高的优先级别，也就是说，在轿顶、轿厢和机房都处于检修状态时，电梯只响应轿顶检修的操作指令。

图 2-19 和图 2-20 所示分别为轿厢检修盒和轿顶检修盒，图 2-21 所示为轿顶检修盒的布线和电缆说明。

图 2-19

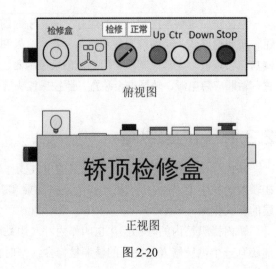

图 2-20

电缆明细表

序号	电缆名称	端点1	端点2
1	随行电缆	控制柜	轿顶检修盒
2	操纵盘电缆	轿顶检修盒	操纵盘
3	光幕电缆	轿顶检修盒	光幕
4	门机电缆	轿顶检修盒	门电机
5	平层开关电缆	轿顶检修盒	平层开关
6	载荷开关电缆	轿顶检修盒	超/满载开关
7	照明/风扇电缆	轿顶检修盒	照明灯/风扇
8	轿门锁电缆	轿顶检修盒	轿门锁开关
9	门机开关电缆	轿顶检修盒	门机减速开关

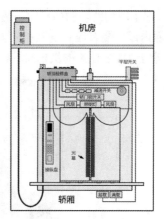

图 2-21

2.3.3 轿厢门机控制和光幕控制

在国家标准中,对电梯的开关门速度和开关门时间都有一定的控制要求,还有开关门减速、开关门限位确认要求等。现在通常采用性能优异的变频门机,能较好地满足电梯开关门速度和开关门时间的要求。而安全触板和光幕控制器等,则是通过轿顶检修盒连接控制的。

图 2-22 所示为轿顶检修盒与门机控制,图 2-23 所示为光幕及光幕控制器。

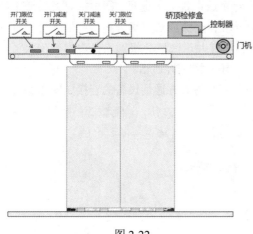

图 2-22

图 2-23

在图 2-22 所示的轿顶检修盒与门机控制中,在轿厢门的门头板上装有 4 个感应接近开关,分别是开门限位开关、开门减速开关、关门减速开关、关门限位开关。当轿厢门打开时,门挂板分别触发开门减速开关和开门限位开关;当轿厢门关闭时,门挂板分别触发关门减速开关和关门限位开关。4 个感应接近开关分别给出开关门减速信号和开关门限位信号,以确认轿厢门的开门和关门状态。

2.3.4 电梯应急照明与五方通话设备

一、电梯应急照明

不论何种原因造成电梯停电(包括因安全回路断开导致的电梯停止运行和人为切断电梯的

供电主电源），都不应切断轿厢的照明、通风设备和报警装置的供电电路。

同时，轿厢内还应装有应急电源和应急照明灯，保障轿厢在停电后能满足通风设备和应急照明设备（不小于 1W×1h）的供电需求。电梯应急电源和应急照明灯如图 2-24 所示。

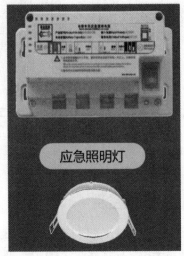

图 2-24

二、电梯的五方通话设备

电梯的五方通话设备用于电梯的五方对讲或电梯五方通话，即电梯对讲系统中的管理中心监控室主机、电梯轿厢分机、电梯轿顶分机、电梯顶部机房分机、电梯井道底坑分机五方之间进行的通话。一般电梯顶部机房分机和电梯井道底坑分机通常是电梯维保人员维保电梯时使用，所以有的时候不需要这两方，就叫作电梯三方通话。

电梯五方通话设备如图 2-25 所示，应急照明与五方通话设备的连接如图 2-26 所示。

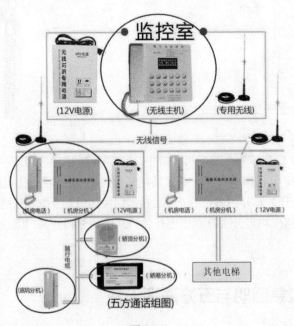

图 2-25

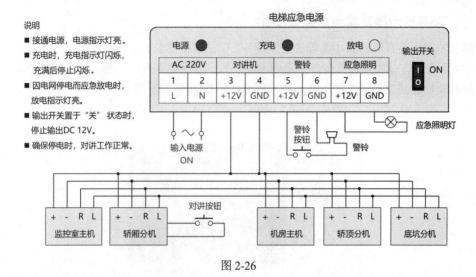

图 2-26

2.3.5 其他轿厢电气设备

一、电动车/电瓶车检测识别监控系统

在电瓶车逐步增多和消防安全日益重要的今天,电瓶车自燃和电池爆炸起火的情况时有发生。为了保障人民生命财产的安全,许多公共场所和住宅小区都严禁电瓶车进入电梯,部分电梯更是安装了电瓶车识别监控系统,一旦检测到电瓶车进入电梯,智能警戒摄像头则发出警告信号,同时联动电梯门控系统不关门,使电梯处于开门状态,电梯停止运行,直到电瓶车退出电梯轿厢,可消除电瓶车进入轿厢的安全隐患,如图 2-27 和图 2-28 所示。

图 2-27

图 2-28

性能优异的电瓶车识别系统还可以通过算法和对比,智能判别轮椅、自行车、婴儿车等小车免于报警,使轮椅、自行车、婴儿车等能正常进入电梯,既方便了人们的出行,也免于出现误报的情况。

二、液晶显示器及其他多媒体设备

部分轿厢还装有液晶显示器等多媒体设备，以播放信息公告、通知、新闻信息、广告等内容，一方面可以方便物业进行管理信息的发布，另一方面乘客可以了解、关注更多的信息，也可以缓解电梯加减速而带来的不适。轿厢液晶显示器如图 2-29 所示。

图 2-29

三、人脸识别及密码刷卡系统

人脸识别及密码刷卡系统有的安装在轿厢内，有的安装在轿厢外作为层门外呼控制设备，特别是加装的电梯或开放式管理的小区等住宅电梯，轿外人脸识别及密码刷卡系统可以兼作门禁设备使用。轿内人脸识别及密码刷卡系统则适用于酒店、公寓等轻管理的电梯设备，可以识别常住用户和访客人员。电梯刷卡系统和人脸识别及密码刷卡系统分别如图 2-30 和图 2-31 所示。

图 2-30

图 2-31

四、扶手式操纵盘、残疾人操纵盘、盲文按键等电气设备

除了前面介绍的轿厢电气部件，部分轿厢还装有扶手式操纵盘、残疾人操纵盘、盲文按键等电气设备和特殊按键，以方便和服务有需要的乘客。其中扶手式操纵盘和残疾人操纵盘、盲文按键等如图 2-32 至图 2-34 所示。

图 2-32

图 2-33   图 2-34

2.4 电梯层站的电气部件

2.4.1 常见的电梯层站电气部件

电梯层站电气部件的构造则较为简单，常见的电梯层站电气部件主要有呼梯盒、楼层显示器、到站提示灯、锁梯开关和消防开关盒等。部分层站候梯厅还有刷卡机、人脸识别系统、数字楼层呼梯盒、DSC（目的楼层群控系统）等智能输入设备装置。

电梯呼梯盒的召唤按钮（分为上行召唤按钮和下行召唤按钮）是带显示灯的微动按钮开关，内部有 4 根线与外呼显示板相连。显示板和召唤按钮根据客户的喜好有多种不同的款式。外呼显示板、召唤按钮引脚定义和召唤按钮如图 2-35 所示。到站提示灯如图 2-36 所示。

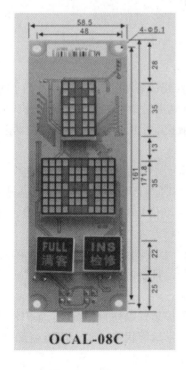

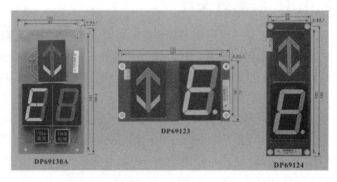

图 2-35

图 2-36

2.4.2 层站呼梯盒

对于不同的层站和应用需求，层站呼梯盒的结构和功能有所不同，有只带普通呼梯功能的，也有带消防开关功能或者锁梯功能的，要根据不同层站的使用功能而设置，如图 2-37 和图 2-38 所示。

图 2-37

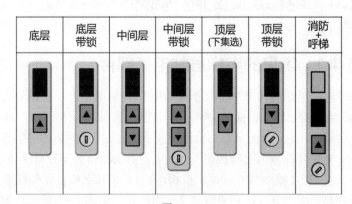

图 2-38

2.4.3 消防开关盒

消防功能是乘客电梯必须具有的功能。消防开关盒通常安装在基站呼梯盒的上方，为了防止误操作而引起的报警，在消防开关盒的表面会有一层薄的透明玻璃（或者其他透明易碎材料）。当出现火警时，可用硬物击碎表面的透明玻璃，按下或拨动里面的红色消防开关，发出火警报警信号，电梯进入消防状态。

电梯进入消防状态后，电梯不再应答轿内指令信号和层站外召唤信号，正在上行的电梯也紧急停车，对于速度≥1.0m/s 的电梯要先减速再停车，且停车时不允许开门，电梯返回基站，释放轿内人员；正在下行的电梯，中途不再应答任何层站外召唤信号，也不执行轿内指令，直接返回基站。

对于消防电梯，待电梯返回基站进入消防运行状态以后，其控制系统应能做到以下两点。

- 电梯只应答轿内指令信号，而不应答层站外召唤信号，且轿内指令的执行都是"一次性的"。
- 门的自动开关功能消失，进入点动运行状态。除门保护装置以外的各类安全保护装置仍起作用。当消防开关复位后，电梯应能立即转入正常运行状态，这是消防运行的基本特征。

电梯的消防功能与消防电梯在定义上存在显著区别。消防功能，作为乘客电梯不可或缺的一部分，当启动后，电梯将自动切换至消防模式。在此模式下，电梯会立即执行火灾紧急返回程序，确保迅速返回至基站位置。到达基站后，电梯门将自动打开，释放轿厢内的人员，随后关闭电梯门并停止运行。

相较之下，消防电梯在防火和安全保护方面有着更为严格和特殊的要求。因此，在火灾等紧急情况下，消防电梯能够继续为消防员提供关键的救援服务。为确保救援工作的顺利进行，消防电梯的轿内操作仅限于消防员进行。

消防开关盒根据应用安装需求也有不同的构造，如图 2-39 所示。

图 2-39

2.4.4 DSC 及设备

随着科技的进步和个性化、智能化设备的应用，以乘客到达目的楼层为目标的 DSC 可以帮助乘客更加快捷地到达目的楼层。DSC 可与刷卡、密码系统等结合组成电梯门禁系统，采用人脸识别、指纹识别、物联网通信等手段，加强电梯的智能化、信息化管理。

DSC 的候梯厅刷卡和数字楼层输入设备及数字按键呼梯盒等智能输入设备如图 2-40 所示。

候梯厅刷卡和数字楼层输入设备   数字按键呼梯盒

图 2-40

2.5 电梯井道的电气部件

电梯井道通常有水泥混凝土结构和钢结构两种。一般在新大楼的建设中，大楼的内部就预留有钢筋水泥混凝土结构的井道。如果是观光电梯，则采用钢结构加透明玻璃的结构形式；如果是旧楼加装的电梯，则水泥混凝土结构和钢结构都有采用，视原有大楼的现场环境、建筑风格、采光情况而定，通常采用钢结构井道的多一些，因为结构简单，建造方便。

电梯井道的电气部件众多，安装也比较分散，根据不同的应用要求被安装在井道的各个部位。电梯井道的电气部件有平层感应器、井道照明装置、底坑急停开关、底坑检修盒、安全钳开关、缓冲器开关、限速器张紧轮开关、端站开关、随行电缆等。熟悉井道电气部件的构造、作用和安装位置,对掌握电梯运行的原理十分重要。

2.5.1 平层感应器

平层感应器是电梯运行的关键部件之一,它可以检测电梯在井道中的准确位置,使电梯停在正确的楼层。平层感应器一般有光电感应式及干簧管磁感应式两种,平层感应器的安装形式和外形如图 2-41 和图 2-42 所示。

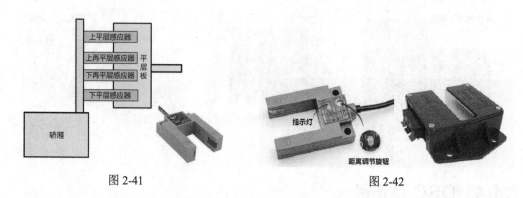

图 2-41   图 2-42

平层感应器的工作原理如下。

平层感应器一般安装在轿厢顶的侧面,与安装在电梯井道上的平层板(也叫门区桥板、遮光板或隔磁板)配合使用。平层板安装在井道主导轨的每一层站平层位置附近。当电梯减速过程中轿厢进入平层区时,平层板插入平层感应器 U 形缺口,遮挡光电感应式或隔开干簧管磁感应式平层感应器,接通或切断有关控制电路(有常开输出或常闭输出),起到平层检测、控制轿厢自动平层和停车开门的作用。

电梯安装的平层感应器一般有 2 个、3 个或 4 个,不同厂家设计不同,2 个的一般是上平层、下平层检测用,3 个的一般是上平层、下平层和开门区检测用,4 个以上的一般是上平层、下平层、上下再平层检测用。

再平层功能:若某种原因使轿厢超出开门区范围(平层板不能完全遮挡平层感应器),控制系统接收不到全部平层感应器信号,控制系统则自动反向低速运行,直至在平层板外的平层感应器重新进入平层板为止。

2.5.2 井道照明装置与随行电缆

根据国家标准的要求,井道底坑应安装永久性的检修电气井道照明装置,这是为了保证在维修期间,即使层门全部关闭,井道也能被照亮。井道照明装置必须采用底坑和机房的双联控制开关控制,照明灯的安装距离也有相应的规定,要求在距井道最高点与最低点 0.5m 处各装一盏灯,中间每盏灯之间的间隔不大于 7m。在所有的门关闭时,在轿顶面以上和底坑地面以上 1m 处的照度均至少为 50lx。开关的位置在机房内靠近入口的适当高度和进入底坑后容易接近的地方,井道照明装置应不受电梯电源主开关的控制。井道照明装置双控开关如图 2-43 所示。

随行电缆是连接电梯控制柜与轿厢轿顶板的电缆,绝大部分都位于井道中,要求具有一定的强度、韧性和抗干扰能力,是电梯运行的必备电气部件,如图 2-44 所示。

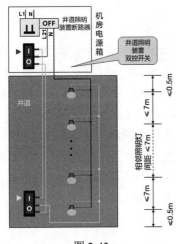

图 2-43

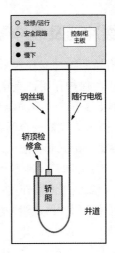

图 2-44

随行电缆是一组多线芯的组合电缆，用于控制柜与轿厢轿顶板间的信号传输，同时为轿厢设备提供电源。随行电缆有圆形和扁形两种，相对于圆形的随行电缆，扁形的随行电缆更容易弯曲，也易于消除扭力，便于电梯的上下运行，其结构如图 2-45 所示。

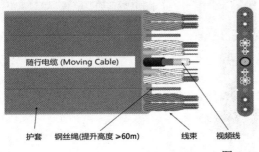
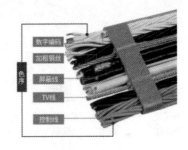

图 2-45

2.5.3 底坑急停开关与底坑检修盒

底坑是电梯维保人员进行设备检修和维护经常用到的地方，底坑电气部件包括底坑急停开关、底坑检修盒、缓冲器及缓冲器开关、限速器张紧轮开关等。

在底坑内通常有两个急停开关，一个位于底坑的出入口，另一个位于底坑检修盒内。底坑检修盒上还安装有五方通话对讲子机、底坑照明灯和电源插座，以方便专业人员在底坑进行检修操作。图 2-46 和图 2-47 所示分别为底坑入口急停开关与底坑检修盒。

图 2-46

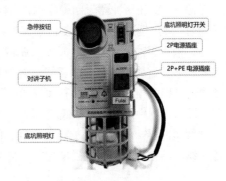

图 2-47

2.5.4 缓冲器及缓冲器开关

缓冲器有轿厢缓冲器和对重缓冲器，均安装于底坑的井道行程底部，当轿厢蹲底或对重蹲底时起缓冲保护作用，是电梯安全保护系统的最后一道防线。

在缓冲器上装有一个缓冲器开关（电气安全开关），当轿厢或对重向下压迫缓冲器时，触发缓冲器开关动作，切断安全回路电源，使电梯制动器抱闸制动，电梯停止运行。

缓冲器从结构形式和材质上可分为弹簧缓冲器、聚氨酯缓冲器和液压缓冲器（也叫油压缓冲器）3 种。其中，弹簧缓冲器和聚氨酯缓冲器属于蓄能型缓冲器，只适用于额定速度≤1m/s 的电梯，可以不安装缓冲器开关；而液压缓冲器是耗能型缓冲器，适用于任何速度的电梯，应安装缓冲器开关。缓冲器及缓冲器开关分别如图 2-48 和图 2-49 所示。

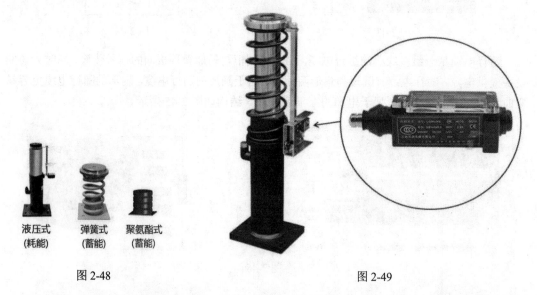

液压式　　弹簧式　　聚氨酯式
（耗能）　　（蓄能）　　（蓄能）

图 2-48　　　　　　　　　　　　　　　　图 2-49

弹簧缓冲器在受到轿厢或对重冲击后，弹簧会被压缩变形，电梯下坠的动能转化为弹簧压缩的弹性势能，这种势能的释放会促使电梯产生回弹，如此反复使电梯多次回弹，直至弹性势能全部消耗，电梯才完全停止。弹簧的弹性势能释放有一个过程，缓冲不平稳，并且要求弹簧的行程要足够，弹簧的强度也必须足以承受最大的压缩力。

液压缓冲器在受到轿厢或对重的冲击后，柱塞会向下运动，压缩液压缸内的液压油通过环形节流孔喷向柱塞腔。由于流动面积突然缩小，形成涡流，液体内的质点互相撞击摩擦，产生热量，电梯的动能转化为液压油的热能，将电梯的冲击能量消耗掉，从而保证电梯能安全、可靠地减速停车。液压缓冲器无回弹作用，电梯在缓冲过程中接近匀减速运动。当轿厢或对重离开缓冲器时，液压缓冲器柱塞在复位弹簧的作用下恢复到正常的工作状态，液压油则重新回流到油缸内。液压缓冲器恢复的时间要求在轿厢或对重离开缓冲器时 120s 内。

聚氨酯缓冲器属于非线性的蓄能式缓冲器，利用聚氨酯材料的微孔气泡结构来吸收缓冲冲击，在冲击过程中相当于一个带有多气囊阻尼的弹簧。聚氨酯缓冲器重量轻，安装简单，缓冲效果好，缓冲过程中无噪声，在低速电梯中得到较多的应用。但是聚氨酯缓冲器容易干裂、老化，与弹簧缓冲器一样只适用于额定速度≤1m/s 的电梯。

液压缓冲器与聚氨酯缓冲器的比较如图 2-50 所示。

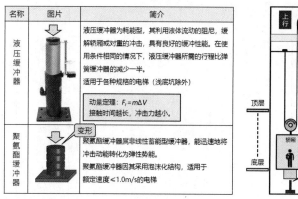
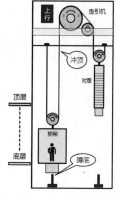

图 2-50

2.5.5 限速器张紧轮与张紧轮开关

限速器张紧轮是安装于井道底坑的限速器钢丝绳张紧装置,为保证限速器因超速动作时能够可靠地触发安全钳,钢丝绳应处于张紧状态。张紧轮及所附带的重陀使钢丝绳保持张紧状态,使钢丝绳与限速器绳轮间有足够的摩擦力。图 2-51 和图 2-52 所示为限速器和张紧轮的安装。

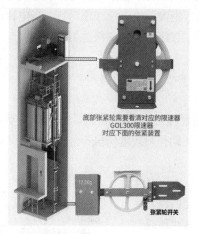

图 2-51

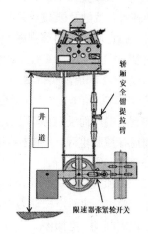

图 2-52

限速器张紧轮装有张紧轮开关,当限速器钢丝绳断裂或过分伸长时,限速器就不能起作用或者发生误动作。为了防止上述情况的发生,影响限速器的功能,在限速器张紧轮上装有一个张紧轮安全电气开关。在钢丝绳断裂或过分伸长时,张紧轮开关动作,切断电梯的安全回路,使电梯停止运行,避免危险事故的发生。

2.5.6 端站开关

端站保护开关(简称端站开关)是为防止电梯因失控越程行驶导致冲顶或蹲底事故的发生而设立的行程保护开关,它安装于电梯井道顶部和底部的两端,分为上端站开关(如图 2-53 所示)和下端站开关(如图 2-54 所示)两部分,上下两组,每组 3 个。由上而下安装的顺序分别为上极限开关、上限位开关、上强减开关、下强减开关、下限位开关、下极限开关,如图 2-55 所示。

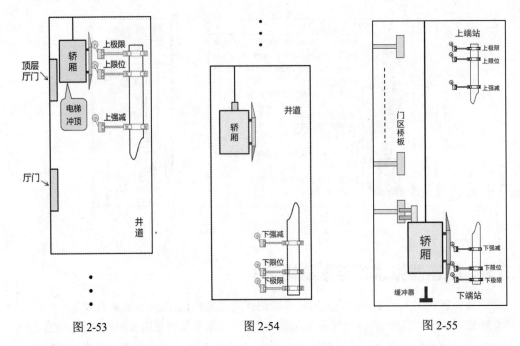

图 2-53　　　　　　　　　　图 2-54　　　　　　　　　　图 2-55

强减开关一般设置在电梯正常换速点后的相应位置,当电梯运行到最高层或最低层换速点不能正常换速时,就触及强减开关动作,切断快车运行电源,使电梯减速运行,当电梯的额定速度不同时,强迫减速(简称强减)可分为 1 级强减、2 级强减和 3 级强减:

额定速度 $v \leqslant 1.75$ m/s,实行 1 级强减;

额定速度 $v \geqslant 2.0$ m/s,实行 2 级强减;

额定速度 $v \geqslant 3.0$ m/s,实行 3 级强减。

当电梯到达端站而没有停车平层,继续超越端站行程 30~50mm 时,限位开关动作,切断电梯同向运行控制电源,使电梯停止运行。限位开关动作后,电梯虽不能同向运行,但可以向相反的安全方向慢速运行。

当强减开关和限位开关均不起作用时,电梯不能停止而继续运行,超越端站行程约 150mm 时,极限开关动作,切断电梯动力电源,断开电梯安全回路,使电梯制动器抱闸制动,电梯停止运行,以防止发生电梯冲顶或蹾底事故。

极限开关是电梯安全回路的电气开关,极限开关动作后,电梯上下均不能运行,必须由电梯专业人员解除故障后,电梯才能恢复运行。

极限开关的动作,必须在对重或轿厢触及缓冲器之前起作用,以避免故障的扩大和危险情况的发生。

限位开关和极限开关的触点必须符合相关电气安全触点的要求。

上端站开关在井道中的安装位置如图 2-56 所示。从下往上看,分别对应安装上强减开关、上限位开关和上极限开关,上强减开关与上限位开关间隔的距离相对较远,因为要对电梯提前减速,上限位开关和上极限开关间隔的距离较近,两个开关碰触点的距离为 100~120mm。

上极限开关:
　　在行程超端站≤150mm 时动作。
上限位开关:
　　在行程超端站 30~50mm 时动作。

图 2-56

【任务总结与梳理】

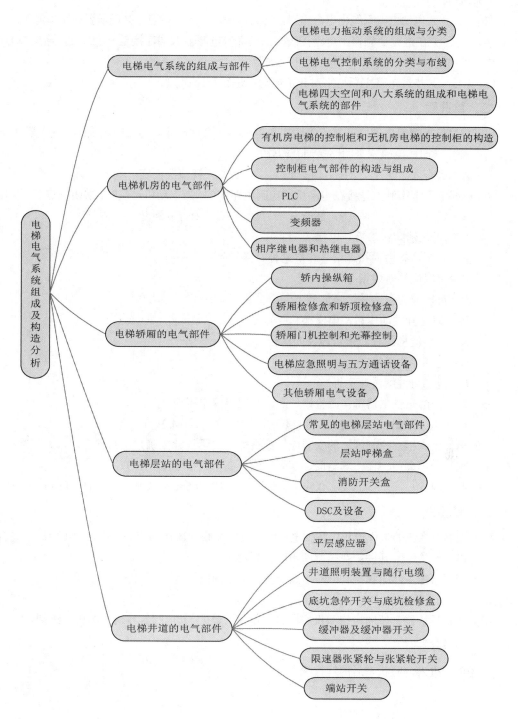

【思考与练习】

一、判断题（正确的填√，错误的填×）

（1）（　　）电梯从总的结构上分为机械系统和电气系统两大部分，其中机械系统的组成又包括电力拖动系统和电气控制系统两大部分。

（2）（　　）电梯电力拖动系统的组成包括供电系统、曳引机、速度反馈装置、电动机调速控制系统等。

（3）（　　）电梯供电系统由电源箱提供动力电源，多台电梯可以共同配置一个电源箱。

（4）（　　）在进行变频器主电路接线时，应确保电源输入端连接至 R、S、T，输出端 U、V、W 连接电机，不能接错，否则会损坏变频器。

（5）（　　）热继电器主要用来对异步电动机进行短路保护。

二、单选题

（1）相序继电器输出端常开触点串联接入电梯的安全回路中，当相序正确时，继电器动作（　　），触点导通，电梯安全回路接通获得输出。

  A．吸合   B．不吸合   C．视情况而定

（2）热继电器常闭触点是接在电动机的控制电路中的，当电动机过载时，常闭触点（　　）。

  A．闭合   B．断开   C．闭合或断开

（3）电梯进入消防状态后，电梯（　　）。

  A．不再应答轿内指令信号和层站外召唤信号

  B．可以应答轿内指令信号

  C．可以应答层站外召唤信号

（4）端站限位开关动作后，电梯（　　）。

  A．不能同向运行，但可以反向运行

  B．电梯停止运行

  C．电梯可继续慢速运行

（5）使用中的热继电器每年应检修一次，测试绝缘电阻应（　　）。

  A．≥0.25MΩ   B．≥0.5MΩ   C．≥1MΩ

（6）电梯控制柜（控制屏）的安装应根据机房的实际尺寸来确定，布置合理，方便维护，安装位置应尽量远离门、窗，其与门、窗的正面距离不宜小于（　　）。

  A．0.4m   B．0.5m   C．0.6m   D．1.0m

三、填空题

（1）在供电系统的工作过程中，供电系统合闸、关闸的操作顺序为：在合闸上电时，先合（　　），再合（　　）开关；在关闸断电时则相反。

（2）变频器由主回路和控制回路组成。其中，主回路由（　　）、（　　）和（　　）3个主要部件组成。

（3）在轿顶检修、轿厢检修和机房检修操作中，（　　）运行具有最高的优先级别。

四、简答题

简述电梯进入消防状态后的运行状态。

第 3 章

电梯的供电系统与常用工具仪表

【学习任务与目标】

- 了解电力系统中低压与中高压、强电与弱电的区别。
- 熟悉三相电的星形和三角形两种接法。
- 了解供电系统的 5 种接地保护方式。
- 掌握电梯对供电系统的要求。
- 了解特低电压和安全电压的概念和适用场所。
- 熟知电流强度对人体的影响和漏电保护器的原理与选用要求。
- 掌握常用电动工具和测量仪表的使用方法与注意事项。
- 熟悉安全用电的基本常识和电气安全标志。
- 了解常见的触电原因及安全预防措施，掌握安全用电操作规程。

【导论】

安全、稳定、可靠的供电系统是保障电梯安全运行的动力来源。一般来说，供电是指发电→变电→输电→变电→多次变电→配电→用电的整个电力过程，供电系统由发电厂、高压及低压配电线路、变（配）电所和用电设备组成。我们这里所说的电梯供电，通常来讲是电梯作为用电设备的用电过程，包括电梯供电的电源要求、供电线路和保护接线、用电安全以及常用供电、用电设备的检测维护等几个方面。

此外，掌握常用电动工具及测量仪表的原理和使用方法，掌握安全防护与安全用电知识，也是电梯工程技术人员的基本技能。

3.1 供电系统简述

供电系统作为产生电能并供应和输送给用电设备的系统，由电源系统和输配电系统组成。该系统是发电厂、电力网及电能用户共同构成的有机整体，涵盖了发电、输电、变电、配电及用电等多个环节。其核心任务是将发电厂产生的电能经过高效传输与分配，安全、稳定、高质量地供应给指定区域内的电力用户。

供电系统不仅包含电网、变电站、电缆、配电等基础设施，还涵盖了为用户提供电力供应的设施、设备和服务，以及必要的监控设备和技术支持。它致力于按照既定标准和规范，将电力系统中的电能有效传递给用户，同时确保电网整体运行的安全性、稳定性和可靠性。

为确保供电系统充分发挥其功能与作用，需满足以下基本要求。

（1）充分满足用户需求。

供电系统应具备充足的备用容量，实现快速控制，并在紧急情况下具备选择性切除部分负荷的能力，以保障重要负荷的供电和全系统的安全性。同时，供电系统应关注供电质量指标，如全网频率、各供电点电压等，并不断提升电压和电流波形、三相不对称度和电压闪变等质量指标，以满足用户日益提高的供电质量要求。

（2）确保安全可靠性。

供电系统应具备较强的抗干扰和应对事故的能力，通过合理的备用和网架结构、继电保护装置和安全自动装置等，确保在干扰或事故发生时仍能维持供电。同时，应尽量避免事故扩大和大面积停电，迅速消除事故后果，恢复正常供电。

（3）追求经济性。

供电系统应以最小化发电（供电）成本或燃料消耗为目标，优化并列发电机组间供电分配，降低线损，根据负荷变化进行开、停机操作，以节约燃料消耗。在水电、火电混合系统中，应充分发挥水电能力，有效利用水资源，降低发电成本。

（4）注重环保和生态。

供电系统应严格控制温室气体和有害物质的排放，合理控制冷却水的温度和速度，防止核辐射污染，降低输电线的高压电磁场、变压器噪声等对环境的影响。同时，应致力于能源的可持续利用和发展，保护环境与生态。

随着科技的进步，供电系统正逐步向智能化方向发展。智能供电系统能够更好地应对故障、提升供电可靠性和稳定性，优化供电质量，实现能源的高效利用。同时，不同地区、环境和市场条件下的供电系统可能会采用不同的技术、设备和政策，以适应各自的需求和限制，实现最优质的供电服务。

3.1.1　输电、变电和配电

由输电、变电、配电设备及相应的辅助系统组成的连接发电与用电的统一整体称为电力网。

输电是指电能的传输，通过输电，把相距甚远（可达数千千米）的发电厂和电力负荷中心联系起来，使电能的开发和利用超越地域的限制。

变电是指通过一定的设备将电压由低等级转变为高等级（升压）或由高等级转变为低等级（降压）的过程。

配电是由多种配电设备和配电设施所组成的变换电压等级和直接向终端用户分配电能、进行电力配送的过程。图 3-1 所示为居民小区和工厂企业的变电站配电房。

高压电输送到目的地后，为了满足不同用户的需要，又需将其降压到10500V、6300V、400V（即380/220V）等几个等级。

图 3-1

3.1.2 低压、中压、高压、超高压和特高压

为了满足电力供电系统的安全可靠性和经济性要求，以及减少线损的影响，在输电、变电和配电过程中，需要分别采用不同的电压等级，电压等级通常以千伏（kV）计。

电力系统中各种不同的电力设备均有各自的额定电压，构成电力系统的电压等级。输电电压和配电电压的界限不是固定不变的，有时会随电网覆盖的区域和容量大小而变化。我国规定的电压等级如下。

（1）特高压输电电压（UHV）：1000 kV 交流电压和±800kV 直流电压。

（2）超高压输电电压（EHV）：330kV、500kV。

（3）高压输电电压（HV）：220kV。

（4）高压配电电压（HV）：35～110kV。

（5）中压配电电压（MV）：1～35 kV。

（6）低压配电电压（LV）：1 kV 以下（380V/220 V）。

我国已颁布的《城市电力网规划设计导则》中规定：35kV、63kV、110kV 为高压配电电压；10kV/20kV 为中压配电电压；220V/380V 为低压配电电压。在某些地区，220kV 高压输电网尚未形成前，110kV（甚至 35kV）也可作为输电电压。

通常，就我国目前大多数电网来说，高压输电电压是指 35～220kV 的电压。

3.1.3 强电与弱电

强电与弱电属于电气工程行业的常用术语，国家标准中并没有明文规定的叫法，强电、弱电仅仅是一种约定俗成的叫法。下面简单讲述一下强电与弱电之间的区别。

强电一般负责电能的传输，主要作用就是提供动力。比如说照明涉及能量的转换，电流一般以安为单位；弱电传输的是信息（信号），主要作用就是传输信号和进行信息交换，比如网络电视，电流一般以毫安为单位。弱电一般用直流，不超过 24V，也就是在人体安全电压 36V 以下。

直接供电给用户的线路称为配电线路，如用户使用的电压为 220V（我国家庭标准电压为交流 220V），频率一般是 50Hz，称为工频，即工业用电的频率，380V/220V 的配电线路则称为低压配电线路，也就是电工行业中常说的强电。家庭用电中强电一般是指 220V 单相电，工业用电中强电一般是指 380V 三相电和 220V 单相电，如一般的电灯、插座等电压为 220V。家用电器中的照明灯具、电热水器、取暖器、冰箱、电视机、空调、音响设备等均为强电电气设备。

家庭和工商业中各种数据的采集、控制、管理及通信的控制或网络系统等线路，称为智能化线路（也就是电气工程行业中所说的弱电）。弱电一般是指直流电路或音频、视频线路、网络线路、电话线路，直流电压一般在 24V 以内。因为它需要传输信息，所以弱电的频率往往是高频或特高频，一般以千赫（kHz）、兆赫（MHz）计算。家用电器中的电话、计算机、电视机、Wi-Fi 路由器、监控摄像机等均为弱电电气设备。

强电和弱电既有联系又有区别。一般来说强电的处理对象是电力能源，其特点是电压高、电流大、功率大、频率低，主要考虑的问题是减少损耗、提高效率；弱电的处理对象主要是信息，即信息的传送和控制，其特点是电压低、电流小、功率小、频率高，主要考虑的是信息传送的效果问题，如信息传送的保真度、速度、广度、可靠性。一般来说，弱电工程包括电视工程、通信

工程、消防工程、保安工程、网络工程、影像工程等以及为上述工程服务的综合布线工程。

弱电与强电相对独立但又相辅相成。在家居环境中，二者的联系愈发紧密。例如，现今的电灯除了发光发热外，还融入了变色、遥控开关以及语音控制等先进功能。这些功能的实现均依赖于信号的传输，而这些信号正属于弱电范畴。此外，路由器作为现代家庭不可或缺的设备，能够传输网络信号，也体现了强电与弱电的完美结合。因此，在日常生活中，强电与弱电的联系日益增多，应用范围也愈发广泛。

3.2 三相电的接线方式

3.2.1 三相电和单相电的区别

三相电是 3 个相位差互为 120°的对称正弦交流电的组合。它是由三相发电机 3 组对称绕组产生的，每一绕组连同其外部回路称一相，分别记以 A、B、C（或 L1、L2、L3），它们的组合称三相制，相线与相线之间的电压是线电压，线电压为 380V；相线与中性线之间的电压称为相电压，相电压是 220V。这个 220V 就是单相电，一般用于居民用电和照明用电，或者用于小型的机械用电，而 380V 的三相电一般用于工业用电和动力供电。

通常的三相电有 4 根线，包括 3 根相线（也叫线端，民用电中称为火线，标记为 L1、L2、L3）、一根中性线（民用电中称为零线，标记为 N），在实际应用中，通常还需要连接一根起保护作用的地线（标记为 PE），组成三相五线制的供电形式；将任何一根相线与中性线单独连接出来使用就是我们通常说的市电，即 220V 单相电。单相电有两线连接（L，N）和三线保护连接（L，N，PE）两种形式。为了三相电的平衡，单相用电时建议最好三相都连接相应的负载。

三相电在电力传输上节省了材料，同时，三相供电可以提供更加合理的动力能源，在作为电动机能源方面，三相电能产生旋转磁场，只要直接把三相电接到电动机上，电动机就可以运转。如果是单相电动机，还需要在电动机上加一个启动电容才能使电动机运转。而且，三相电可以同时实现对单相负载的供电。因此，三相电获得了广泛的应用。

3.2.2 交流电的表达形式

交流电的波形表示为一个 50Hz 的正弦波，交流电的大小随着时间的变化而变化，瞬时值的大小在零和正负峰值之间变化，不能反映交流电的做功能力，于是引入有效值的概念，其最大值 E_m 与有效值 E 的关系为

$$E_m = \sqrt{2}E \qquad\qquad (3\text{-}1)$$

即
$$E = E_m / \sqrt{2} \qquad\qquad (3\text{-}2)$$

有效值又称为方均根值，是一种用以计量交流电有效值大小的值。

提示：将波形中所有最大值先平方，再平均，然后开方，即可得出波形的有效值。

交流电的有效值定义：交流电通过某电阻，在一周期内所产生的热量与直流电通过该电阻在同样时间内产生的热量相等，此直流电的量值则是该交流电的有效值。

我们日常说的三相 380V、单相 220V 交流电，都是指交流电的有效值。

单相电及三相电的波形和数学表达式分别如图 3-2 和图 3-3 所示。

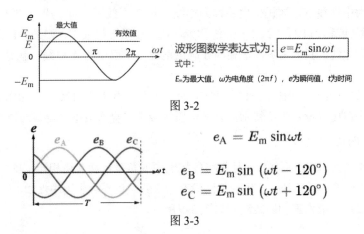

波形图数学表达式为: $e=E_m\sin\omega t$

式中:

E_m为最大值，ω为电角度（2πf），e为瞬间值，t为时间

图 3-2

$$e_A = E_m \sin\omega t$$

$$e_B = E_m \sin\ (\omega t - 120^\circ)$$

$$e_C = E_m \sin\ (\omega t + 120^\circ)$$

图 3-3

3.2.3 三相电的两种接线方式

三相电在电源端和负载端有星形和三角形两种接法。两种接法都会有 3 条三相的输电线及 3 个电源（或负载），但电源的接线方式不同。

日常用电系统中的三相四线制中电压为 380V/220V，即线电压为 380V。相电压则随接线方式的不同而异：若使用星形接法，相电压为 220V；若使用三角形接法，相电压为 380V。

一、星形接法

三相电的星形接法（也叫作 Y 形接法）是指将各相电源或负载的一端都接在一点上（称为中性点），而它们的另一端作为引出线，分别为三相电的 3 条相线。对于星形接法，可以将中性点引出作为中性线，形成三相四线制，也可不引出，形成三相三线制。但是，无论是否有中性线，都应该添加地线，连接成为三相五线制或三相四线制。

对于星形接法的三相电，当三相负载平衡时，中性点上的电流为零，即使连接中性线，其中性线上也没有电流通过；三相负载不平衡时，应当连接中性线，否则各相负载将分压不等。

工业上用的三相电，有的直接来自三相交流发电机，但大多数来自供电系统的三相变压器，对于负载来说，它们都是三相电源，多采用三相四线制，添加地线后连接成为三相五线制。一般供电端的三相五线制的接线标记为 L1，L2，L3，N，PE，设备端的三相五线制的接线标记为 R，S，T，N，PE，如图 3-4 所示。

星形接法

项目	电压
线电压U_L	R-S、 S-T、 R-T
	380V ±7%
相电压U_P	R-N、 S-N、 T-N
	220V（+7%，-10%）

$U_L=\sqrt{3}U_P,\ I_L=I_P$

注：电压偏差数据来自 GB/T 12325—2008《电能质量 供电电压偏差》

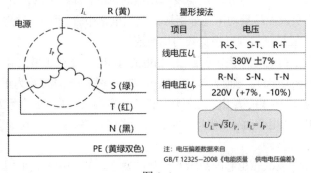

图 3-4

在采用三相四线制供电时，三相电源的 3 个线圈采用星形接法，即把 3 个线圈的末端连接

在一起，成为 3 个线圈的公用点，通常称它为中性点或零点。供电时，引出 4 根线：从中性点引出的导线称为中性线 N，居民供电中称为零线；从 3 个线圈的首端引出的 3 根导线称为 A 线、B 线、C 线（或称为 L1、L2、L3），统称为相线。在星形接线中，如果中性点与大地相连，则中性线也称为地线。我们常见的三相四线制供电设备中引出的 4 根线，就是 3 根相线 1 根地线。

我国低压供电标准为 50Hz、380V/220V，而日本及西欧某些国家采用 60Hz、110V 的供电标准，在使用进口电气设备时要特别注意，电压等级不符会造成电气设备的损坏。

二、三角形接法

三角形接法（也叫作△形接法）是指将各相电源或负载依次首尾相连，并将每个相连的点引出，作为三相电的 3 条相线。三角形接法没有中性点，也不可引出中性线，因此只有三相三线制。添加地线后，成为三相四线制，如图 3-5 所示。

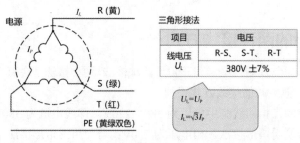

项目	电压
线电压 U_L	R-S、 S-T、 R-T
	380V ±7%

$$U_L = U_P$$
$$I_L = \sqrt{3} I_P$$

图 3-5

三、三相电压与相序

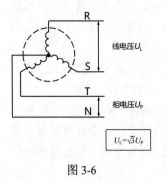

$$U_L = \sqrt{3} U_P$$

图 3-6

每根相线与中性线间的电压叫作相电压，用 U_P 表示；相线间的电压叫作线电压，用 U_L 表示。因为三相电源的 3 个线圈产生的交流电压相位相差 120°，3 个线圈采用星形连接时，线电压等于相电压的 $\sqrt{3}$ 倍（$U_L = \sqrt{3} U_P$）。我们通常讲的电压 220V、380V，就是采用三相四线制供电时的相电压和线电压，如图 3-6 所示。

图中，相电压 U_P=220V，线电压 $U_L = \sqrt{3} U_P = \sqrt{3} \times 220V = 381V$（≈380V）。工程上三相电源的电压通常指的是线电压。如三相四线制电源电压 380V，指的是线电压 380V。

在日常生活中，我们接触的电灯、电视机、电冰箱、电风扇等家用电器及单相电动机等，都属于单相负载。在采用三相四线制供电时，多个单相负载应尽量均衡地分别接到三相电路中去，而不应把它们集中在三相电路中的某一根相线上，应尽量做到三相负载的均衡连接。

在图 3-3 所示的三相电的波形中可见，三相电的每相依次达到正最大值（或相应零值）的顺序称为相序（phase sequence），顺时针按 A→B→C 的次序循环的相序称为正序，按 A→C→B 的次序循环的相序称为负序。相序是由发电机转子的旋转方向决定的，通常都采用正序。三相发电机在并网发电时或用三相电驱动三相电动机时，必须考虑相序的问题，否则会引起重大事故（相序不同时电动机会发生逆转）。

为了防止相序错误或缺相引起的故障和事故的发生，在三相电动机电路中，应接入相序继电器以监测三相电的相序。同时，为防止接线错误，配电线路中规定了各相线的颜色，A 相线用黄色表示，B 相线用绿色表示，C 相线用红色表示。

3.3 供电系统及其接地保护方式

根据低压配电系统接地保护方式的不同，供电系统可分为 IT 系统、TT 系统和 TN 系统 3 种，其中 TN 系统又分为 TN-S、TN-C、TN-C-S 这 3 种表现形式。

因此，根据供电系统配电连接方式的不同，我国的供电系统一共有 5 种，分别是 IT、TT、TN-S、TN-C、TN-C-S 供电系统。它们都有各自的优点和缺点，在生活中我们要根据实际情况来灵活选用。

3.3.1 供电系统的保护接地和保护接零

供电系统的表示形式如图 3-7 所示。

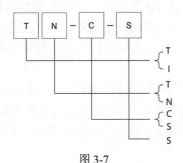

图 3-7

第一个字母：T 代表供电系统电源中性点直接接地；

　　　　　　I 代表供电系统电源中性点经高阻抗接地或与大地绝缘隔离（不接地）。

第二个字母：T 代表用电设备的外露金属部分和其他导电的金属外壳直接接地；

　　　　　　N 代表用电设备的外露金属接到电网提供的接地保护中性线上。

第三个字母：C 代表中性线 N 和保护线 PE 合并在一起，成为 PEN 线；

　　　　　　S 代表中性线 N 和保护线 PE 始终分开。

第四个字母：S 代表中性线 N 和保护线 PE 始终分开。

由此可见，第一个字母代表电源供电端的接地形式（分为电源中性点直接接地和经高阻抗接地或不接地），第二个字母代表用电设备端的接地保护形式（分为用电设备的外露金属外壳直接接地保护和接到电网提供的保护中性线上）。因此，通常把 IT 系统和 TT 系统的保护连接方式称为保护接地，TN 系统的保护连接方式称为保护接零。

保护接零和保护接地都是防止间接接触电击的安全保护措施，特别是 TN 系统的保护接零有利于明确区分不接地配电网中的保护接地，有利于区分中性线和中性线，还有利于区分工作中性线（N）和保护中性线（PE），因此得到广泛的应用，利用 TN 系统构成的 TN-C 三相四线制供电系统和 TN-S、TN-C-S 三相五线制供电系统，是低压配电的主要供电系统。

下面分别介绍几种供电系统的特征和适用场合。

3.3.2 IT 系统

IT 系统的电源中性点不接地（对地绝缘）或经高阻抗接地，而用电设备的金属外壳直接接地，如图 3-8 所示（三相三线制系统保护接地）。

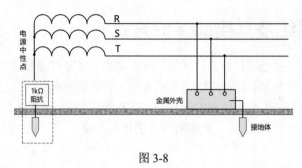

图 3-8

（1）优点。

在所有的供电系统中，IT系统是十分安全可靠的。由于IT系统电源端不接地，当设备发生漏电时，流向大地的电流非常小，不会破坏电源电压平衡，所以比电源中性点接地的系统安全。IT系统即使发生漏电，用电设备依然能正常使用；人即使触摸到漏电设备也不会发生触电。IT系统在供电距离不是很长时，供电的可靠性高、安全性好，一般适用于需要严格连续供电（或不能轻易停电）的场所，如消防、电力炼钢、医院的手术室、地下矿井通风设备、缆车等。

（2）缺点。

这种供电方式只适用于小范围供电，如果供电距离很长，供电线路对大地的分布电容就会对供电线路产生影响。在负载发生短路故障或漏电使设备外壳带电时，漏电流经大地形成回路，漏电保护设备不一定动作，这是危险的，只有在供电距离不长时才比较安全。

3.3.3 TT系统

TT系统的电源中性点直接接地，电源端引出4根线（3根相线和1根中性线）给设备供电，然后在用电设备附近做一个接地装置并引出地线，把设备外壳接在地线上，这个用电设备的金属外壳直接接地（与电源系统的接地不相关），如图3-9所示（三相四线制系统保护接地）。

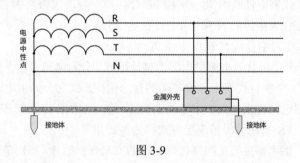

图 3-9

（1）优点。

当电气设备的金属外壳带电（相线碰壳或设备绝缘损坏而漏电）时，由于有接地保护，只有少部分电流通过人体，可以大大减少触电的危险性；新增加的接地保护线和工作中性线 N 分开，使接地保护线与工作中性线没有电的联系，设备正常运行时，工作中性线可以有电流，而接地保护线没有电流。

（2）缺点。

当漏电流比较小时，即使有熔断器也不一定能熔断，低压断路器（自动开关）不一定能跳闸，造成漏电设备的外壳对地电压高于安全电压，属于危险电压，所以还需要漏电保护器保护，所有的用电设备都必须加装漏电保护开关；TT系统的接地装置耗用钢材多，而且难以回收，施工过程费工、费时、费料。

TT 系统适用于供电距离很远、三相不平衡、负荷特别分散、接地保护点分散的地方。

3.3.4 TN-S 系统

TN-S 系统的电源中性点直接接地，保护地线 PE 线与电源中性点 N 线单独由供电系统提供，用电设备的中性点与 TN-S 系统的 N 线相连，设备金属外壳与 PE 线相连（即保护接零）。该系统的 N 线和 PE 线始终是分开的，如图 3-10 所示。

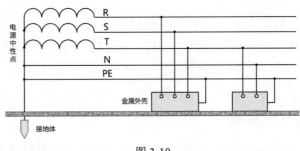

图 3-10

（1）优点。

TN-S 系统采用三相五线制，它的 PE 线没有电流通过，因此不会对接在 PE 线上的其他设备产生电磁干扰，此外，N 线断开也不会影响 PE 线的保护作用，所以适用于数据处理和精密电子仪器设备的供电，也可用于爆炸危险环境中。

在除 IT 系统以外的 4 种供电系统中，TN-S 系统最为安全可靠，应用最为广泛。电梯供电系统和民用建筑、家用电器等均采用 TN-S 系统，用 TN-S 系统供电既方便又安全。

（2）缺点。

该系统由于保护线和中性线始终分开，比三相四线制系统多了 1 根导线，需要 5 根导线，系统造价略贵，当供电电缆很长时，成本就会大大增加。

3.3.5 TN-C 系统

TN-C 系统的电源中性点直接接地，保护地线 PE 线与电源中性线 N 线合并成为 PEN 线，地线和中性线合二为一，PEN 线既作为保护中性线又作为工作中性线，用电设备的金属外壳和中性点与 PEN 线相连。TN-C 系统采用 4 根导线传输，比三相五线制节省了 1 根导线，如图 3-11 所示（三相四线制保护接零）。

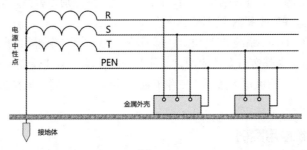

图 3-11

（1）优点。

TN-C 系统中保护地线与中性线合并为 PEN 线，该系统的 N 线和 PE 线始终是合一的，只需要 4 根导线传输，具有简单、经济的优点；当发生接地短路故障时，故障电流大，可使电流保护装置快速动作，切断电源。

（2）缺点。

TN-C 系统对于单相负荷及三相不平衡负荷的线路，PEN 线总有电流流过，其产生的压降使所接设备的金属外壳对地有一定的电压，对电子设备会产生干扰影响，对敏感性电子设备不利，而且，当三相负载不平衡或保护中性线断开时会使所有用电设备的金属外壳都带上危险电压，电击危险大。

因此，TN-C 系统只适用于三相平衡并且无易燃、易爆物的场合。一般工厂及小区都达不到三相平衡的要求，所以很少采用这种供电系统。通常只用于用电线路简单、用电设备较少、安装条件较好、火灾危险性不大的一般供电场所，不可用于有爆炸危险的环境中。

3.3.6 TN-C-S 系统

TN-C-S 系统（三相四线与三相五线混合系统）的电源中性点直接接地，从变压器到用户配电箱为四线制，中性线和保护地线是合一的 PEN 线；从配电箱到用户中性线和保护地线是分开的中性线 N 和保护地线 PE。即前端是 4 根线，后端是 5 根线的三相五线制供电系统，也就是前端是 TN-C 系统、后端是 TN-S 系统组成的 TN-C-S 系统，如图 3-12 所示。

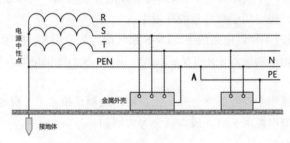

图 3-12

在变压器到总配电箱这一段采用 4 根线（3 根相线和 1 根 PEN 线），然后在总配电箱内把 PEN 线接地，最后分出中性线 N 和地线 PE。因为变压器到总配电箱这一段比较长的距离采用 4 根线，比 5 根线节约了不少成本。

在图 3-12 中，TN-C-S 系统的 PEN 线自 A 点（总配电箱）起分开为保护线（PE）和中性线（N）。分开以后 N 线应对地绝缘。为防止 PE 线与 N 线混淆，应分别给 PE 线和 PEN 线涂上黄绿相间的色标，N 线涂以蓝色色标（其他 3 条相线 L1、L2、L3 的颜色分别为黄色、绿色、红色）。

此外，自分开后，PE 线和 N 线不能再次合并。

TN-C-S 系统兼有 TN-C 系统和 TN-S 系统的特点，是一个广泛采用的配电系统，无论在工矿企业还是在民用建筑中都有较多的应用，其线路结构简单，又能保证一定的安全。

PE 线与 N 线分开后的供电系统属于三相五线制系统，可以用于电梯供电系统和普通民用系统。

TN-C-S 系统应用案例

当供电入户线是三相四线制的 TN-C 系统时，没有地线，那么我们可以采用增加地线的方法组成 TN-C-S 系统。具体做法：如果房子是框架式结构，那么我们可以在靠近地面的地基/框架钢筋上引出导线作为接地体（因为钢筋混凝土是良好的接地体）。然后把入户线的 PEN 线接在框架钢筋上，再分出中性线 N 和地线 PE，这样就组成了三相五线制的 TN-C-S 系统，如图 3-13 所示。

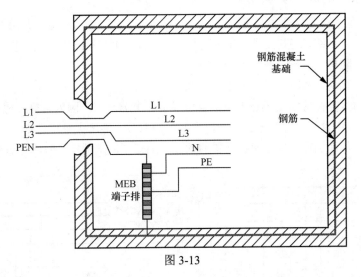

图 3-13

一定要注意：入户线进来的 PEN 线兼有中性线和保护线的作用，不允许断开。

另外，当房子是砖混结构或框架式结构时，如果没有引出框架钢筋上的导线，也可以自做接地体，具体做法可参考有关做接地体的方法。

3.3.7 重复接地和多点接地

重复接地就是在中性点直接接地的系统中，在保护中性导体上的一处或多处通过接地装置与大地再次连接的接地。

在低压三相四线制中性点直接接地线路中，重复接地是提高 TN 系统安全性能的重要措施。

一、重复接地的主要作用

（1）减轻中性线断开或接触不良时电击的危害性。

（2）当发生接地短路时可降低漏电设备的对地电压。

（3）缩短漏电故障持续时间。

（4）改善架空线路的防雷性能。

二、重复接地的要求

（1）独立的安全保护接地电阻应小于等于 4Ω。

（2）重复接地电阻一般不大于 10Ω，气候潮湿的南方地区要求不大于 4Ω。

（3）重复接地的主导线应与中性线的截面积相同，不小于相线截面积二分之一。

（4）除在配电室或总配电箱处进行重复接地外，线路中间和终端处也要进行重复接地，一般重复接地不少于 3 处，如主干线超过 1km，还必须增加一处重复接地。中性线上每隔 1km 进行一次接地。对于接地点超过 30m 的配电线路，接入用户处的中性线仍应重复接地（多点接地）。

电缆或架空线路引至车间或大型建筑物处、配电线路的最远端和每 1km 处，以及高低压线路同杆架设时，共同敷设的两端应重复接地。

线路上的重复接地宜采用集中埋设的接地体，车间内宜采用环形重复接地或网络重复接地。一个配电系统可敷设多处重复接地，并尽量均匀分布，以使各点电位相等。

三、TN 系统的保护接零原理

TN 系统的保护接零如图 3-14 所示，当电气设备发生碰壳或接地短路故障时，短路电流经中性线而形成闭合回路，使其变成单相短路故障，较大的单相短路电流使保护装置动作，切断事故电源，消除隐患，保护人身的安全。

短路保护装置切断故障时间一般不超过 0.1s。

线路设备的重复接地如图 3-15 所示，当设备有重复接地时，因为重复接地电阻 R_S 和工作接地电阻 R_N 构成中性线的并联分支，所以当发生短路时，能增大单相短路电流，而且线路越长效果越显著，从而加速了漏电保护装置的动作，缩短了漏电的持续时间，确保人身的安全。

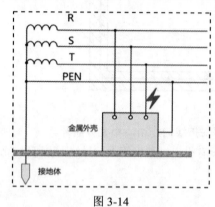

图 3-14

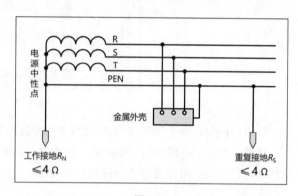

图 3-15

四、重复接地和多点接地的优点

重复接地和多点接地有助于降低接地电阻，降低中性线上的压降损耗，减轻中性线断开或接触不良时电击产生的危害性。中性线重复接地还能降低漏电设备的对地电压，缩短故障持续时间，减轻故障电器发生触电事故的危险性，还可以减轻相线、中性线反接时的危险性。因此，中性线重复接地在供电网络中具有相当重要的作用。

五、重复接地的连接方式

重复接地的连接应该采用多点连接和并联连接的方式，不能采用串联的连接方式，以防止连接点的接触不良或连接线的断开，从而不能达到应有的保护效果，有发生触电电击的危险，如图 3-16 和图 3-17 所示。

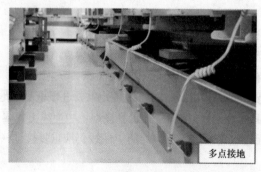

图 3-16

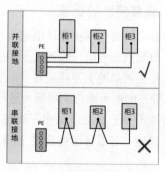

图 3-17

3.3.8　电梯适用的供电系统

在我国的供电系统中，三相五线制供电系统的应用最为广泛。大多数的商业用电设备和民用建筑、家用电器等均采用 TN-S 和 TN-C-S 三相五线制供电系统，电梯供电系统也要求采用符合安全保护要求的 TN-S 和 TN-C-S 系统电源。

三相五线制的 TN-S 系统和 TN-C-S 系统均可作为电梯适用的供电系统。供电系统小结如表 3-1 所示。

表 3-1　供电系统小结

供电系统	系统特点				电梯适用
	电源中性线接地方式	中性线 N	线　制	电气设备接地方式	
IT	不接地或高阻抗接地	不引出	三相三线	各自的保护线 PE 接地	×
TT	直接接地	引出	三相四线	各自的保护线 PE 接地	×
TN-S	直接接地	引出	三相五线	公共保护线 PE 接地	√
TN-C	直接接地	引出	三相四线	公共保护线 PEN 接地	×
TN-C-S	直接接地	引出	三相四线/三相五线	公共保护线 PEN 接地 公共保护线 PE 接地	√

此外，不管采用哪种供电系统，应做到以下几点。

（1）保护接地线应采用截面积不小于 4mm² 的黄绿双色线连接。

（2）所有电线管、电线槽应采用专用的接地线或接地导体板（等电位铜排）连接成一体，并用截面积不小于 4mm² 的黄绿双色线接地（如图 3-16 所示）。

（3）电梯轿厢的接地线可采用随行电缆的钢芯作为接地线，也可以采用不小于 4mm² 的电缆芯线作为接地线。

📑 知识延伸：接地的种类和接地的定义

接地的种类归纳如下。

① 防雷接地：为把雷电迅速引入大地，以防止雷电危害为目的的接地。

防雷装置与电气设备的工作接地合用一个总的接地网时，接地电阻应符合其最小值要求。

② 交流工作接地：将电力系统中的某一点，直接或经特殊设备与大地进行金属连接。

工作接地主要指的是变压器中性点或中性线（N 线）接地。工作接地系统线就是电力系统中的 N 线。N 线必须用铜芯绝缘线。在配电中存在辅助等电位接线端子，等电位接线端子一般在箱柜内。必须注意，该接线端子不能外露；不能与其他接地系统（如直流接地、屏蔽接地、防静电接地等）混接；也不能与 PE 线连接。

③ 安全保护接地：将电气设备不带电的金属部分与接地体之间进行良好的金属连接。即将大楼内的用电设备以及设备附近的一些金属构件与 PE 线连接起来，但严禁将 PE 线与 N 线连接起来。

④ 直流接地：为了使各个电子设备的准确性好、稳定性高，除了需要一个稳定的供电电源外，还必须具备一个稳定的基准电位，可采用较大截面积的绝缘铜芯线作为引线，一端直接与基准电位连接，另一端供电子设备直流接地。

⑤ 屏蔽接地：为了防止外来的电磁场干扰，对电子设备的金属外壳体及设备内外的屏蔽线或所穿金属管进行的接地（弱电系统的接地）。

⑥ 防静电接地：为了防止智能化大楼内电子计算机机房干燥环境产生的静电对电子设备的干扰而进行的接地。

⑦ 功率接地：在电子设备中，为了防止各种频率的干扰电压通过交直流电源线侵入，影响低电平信号的工作而装有交直流滤波器，滤波器的接地称功率接地。

工作接地、重复接地、保护接地、保护接零等接地的定义归纳如下。

① 工作接地的定义：由于电气系统的需要，对电源中性点与接地装置进行金属连接。

② 重复接地的定义：在工作接地以外，在专用保护线 PE 线上一处或多处再次与接地装置相连接。

③ 保护接地的定义：对用电设备与带电体相绝缘的金属外壳和接地装置进行金属连接。

④ 保护接零的定义：在 TN 系统中受电设备的外露可导电部分通过保护线 PE 线与电源中性点连接，而与接地点无直接联系。

3.4 安全电压、特低电压和安全电流

关于安全电压的划分，很多人首先会认为"安全电压是 36V"。其实，"安全电压是 36V"这个说法是不全面的，也是不规范的。

在国家标准 GB 55024—2022《建筑电气与智能化通用规范》（2022-03-10 发布，2022-10-01 实施，中华人民共和国住房和城乡建设部、国家市场监督管理总局联合发布）中，对特低电压配电系统的规定是：特低电压配电系统的电压不应超过交流 50V 或直流 120V。

我们发现，"安全电压"这个名词不见了，变成了"特低电压"，那是不是不叫安全电压了，或者说安全电压=特低电压？

3.4.1 安全电压和特低电压

什么是安全电压？什么是特低电压？

一、安全电压的定义

原国家标准 GB 3805—83《安全电压》中对安全电压的定义：为防止触电事故而采用的由特定电源供电的电压系列。这个电压系列的上限值，在任何情况下，两导体间或任一导体与地之间均不得超过交流（50～500Hz）有效值 50V。

注：①除采用独立电源外，安全电压的供电电源的输入电路与输出电路必须实行电路上的隔离；②工作在安全电压下的电路，必须与其他电气系统和任何无关的可导电部分实行电气上的隔离；③直流电的上限值待以后补充制定。

该标准中的"安全电压"相当于国际电工委员会出版物中的"安全特低电压"（safety extralow voltage）。

同时，该标准还划分了安全电压的等级，安全电压额定值的等级为 42V，36V，24V，12V，6V。

当电气设备采用超过 24V 的安全电压时，必须采取防止直接接触带电体的保护措施。

二、特低电压的定义

在 GB 50054—2011《低压配电设计规范》中，对低压配电的设计还细分为特低电压、安全特低电压以及安全特低电压系统、保护特低电压系统、功能特低电压系统等。

在国家标准 GB 50054—2011《低压配电设计规范》中，对特低电压及其系统有如下的定义。

（1）特低电压（ELV）：相间电压或相对地电压不超过交流方均根值 50V 的电压。

（2）安全特低电压（SELV）：只作为不接地系统的安全特低电压。

（3）SELV 系统（SELV system）：在正常条件下不接地，且电压不能超过特低电压的电气系统。

（4）保护特低电压（PELV）：只作为保护接地系统的安全特低电压。

（5）PELV 系统（PELV system）：在正常条件下接地，且电压不能超过特低电压的电气系统。

（6）功能特低电压（FELV）：与安全电压相符，但是由于功能上的原因（非电击防护目的），电源或回路配置不完全符合特低电压要求，采用特低电压，但不能满足或没有必要满足 SELV 和 PELV 的所有条件。

（7）FELV 系统（FELV system）：非安全目的而为运行需要的电压不超过特低电压的电气系统。

3.4.2 安全电压的使用

一、安全电压的等级和使用

安全电压不是指某一个电压，而是指一个特低电压的范围，这个特低电压配电系统的电压不应超过交流 50V 或直流 120V，根据不同的使用环境和等级，安全电压额定值的等级可分为42V，36V，24V，12V，6V 等。

需要注意的是，安全电压并非绝对安全，也有发生在 36V 等电压工作下触电死亡的事故。这是因为人体电阻因人而异，并受到现场环境、操作条件等诸多因素的影响。如果操作现场空间狭窄、温热潮湿或人在金属容器内工作，或者在矿井、管道内工作，绝缘防护条件差、触电后难以摆脱带电体，即使使用 36V 安全电压，仍有触电致死的可能性。

因此，使用安全电压时也应视现场环境的不同而采用相应的安全电压等级。对于潮湿而且触电危险性较大的环境（如金属容器、管道内施焊检修），安全电压规定为 12V，这样，触电时通过人体的电流，可被限制在较小范围内，可在一定的程度上保障人身安全。

在国家标准 GB 51348—2019《民用建筑电气设计标准》中就有如下规定。

游泳池的用电设备，在 0 区和 1 区内的固定连接的游泳池清洗设备，游泳池专用的供水泵或其他特殊电气设备安装在游泳池近旁的房间或位于 1 区和 2 区以外某些场所内，人体通过入孔或门可以触及的电气设备应采用不超过交流 12V 或直流 30V 的 SELV 供电，其安全电源应设在 0 区和 1 区以外的地方，当在 2 区内装设 SELV 的电源时，电源设备前的供电回路应采用额定剩余动作电流不超过 30mA 的剩余电流动作保护器。

安全电压根据使用条件的不同分为多个不同的等级，以适用于不同的特殊场所，如表 3-2 所示。

表 3-2　不同应用场所下的安全电压

安全电压 （交流 50Hz 有效值）	适用场所
≤42V	在有危险的场所使用的手持式电动工具（使用安全电压的Ⅲ类工具）
≤36V	隧道、矿井、人防工程等有电击危险环境使用的行灯；有高温、导电灰尘或室外灯具距地面低于 3m，室内离地面高度低于 2.4m 照明灯具的场所
≤24V	工作空间狭窄且操作者易大面积接触带电体的场所，如锅炉、金属容器内；在潮湿和易触及带电场所的照明
≤12V	存在高度触电危险的环境及特别潮湿的场所，导电良好的地面，人体需要长期触及器具上带电体的场所
≤6V	水下作业等有水的特殊场所

对于安全电压的使用还进行了如下规定。

当电气设备采用了超过 24V 的特低电压时，必须采取防止直接接触带电体的保护措施。同时，安全电压设备的插销座不得带有接零或接地的插头或插孔。

虽然，对于人体而言，通过的电流才是更为关键的因素。但是，通常流经人体电流的大小是无法事先计算出来的，由于人体电阻较大（通常为 800～2000Ω），低电压一定不会在人体产生强电流，因此，为了确定安全条件，往往不采用安全电流，而是采用安全电压来进行估算：一般情况下，也就是环境干燥而触电危险性较大的情况下，通常把 36V 定为人体安全电压。而足够低的电压一定是安全的，这样流经人体的电流也足够小。

二、安全电压须满足的条件

安全电压除了满足特低电压不应超过交流50V或直流120V以外，还应满足另外两个条件。

（1）除采用独立电源外，安全电压的供电电源的输入电路与输出电路必须实行电路上的隔离（安全电压由安全隔离变压器供电）。

（2）工作在安全电压下的电路，必须与其他电气系统和任何无关的可导电部分实行电气上的隔离。安全电压电路与大地隔离，不允许进行保护接地或保护接零。

在图 3-18 所示的 3 个供电电路中，只有图 3-18（c）中的 U_2 是满足条件的安全电压。

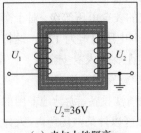 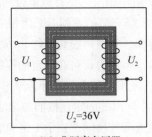 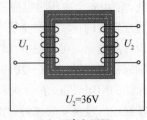

（a）未与大地隔离　　　（b）非隔离变压器　　　（c）隔离变压器

图 3-18

3.4.3　安全电流与漏电流

相对于电压的影响，电击对人体的危害程度，主要取决于通过人体电流的强度和通电时间。

通过人体的电流强度越大，致命危险的程度就越大；通电持续时间越长，人死亡的可能性就越大。

一、电流强度对人体的影响

对于人体而言，通过的电流才是更为关键的因素。高电压不一定会杀死人（就像防暴警察用的高压电棍），但是强电流一定会致人死亡。那为什么不直接写安全电流呢？因为电网的标准里只有电压才是恒定不变的，在额定电压下，电阻越大，通过的电流越小。

能引起人体感觉到的最小电流称为感知电流，交流值约为 1mA，直流值约为 5mA；人触电后能自己摆脱的最大电流称为摆脱电流，交流值约为 10mA，直流值约为 50mA，这个电流属于安全电流；在较短的时间内危及生命的电流称为致命电流，交流值约为 50mA，直流值约为 90mA。100mA 的交流电流通过人体 1s，足以致命。

电流强度对人体的影响如表 3-3 所示。

表 3-3　电流强度对人体的影响（交流电源）

电流（mA）	通电时间	人体的反应	说　明
0.5～5（含）	持续	手指开始感觉发麻，有灼热和刺痛感	1mA 称为感知电流
5～10（含）	几分钟	感觉疼痛，但尚能摆脱电源，灼热感增加	10mA 称为摆脱电流
10～30（含）	几分钟	感觉剧痛，迅速麻痹，不能摆脱电源，呼吸困难，手的肌肉开始痉挛	30mA 为家用漏电保护开关的动作电流
30～50（含）	几秒～几分钟	心房开始震颤，手的肌肉强烈痉挛，呼吸困难，开始昏迷	50mA 称为致命电流
50～100（含）	几秒内	心脏停搏或心房停止跳动，呼吸麻痹	通过 50mA 以上的电流就有生命危险，能引起心脏停搏、心房停止跳动，直至死亡
100 以上	1s 内	1s 或在极短的时间内可致人死亡	

二、漏电动作电流与额定剩余不动作电流

根据欧姆定律（$I=U/R$）可以得知，流经人体电流的大小与外加电压和人体电阻有关。人体电阻除人的自身电阻外，还应加上人体以外的衣服、鞋、手套等的电阻，因此，有效的绝缘防护是保障人体安全的有效措施。

影响人体本身电阻的因素有很多，包括男女老少体质的不同、现场的环境因素不同。如皮肤潮湿、出汗、皮肤角质外层破损，或现场带有导电性粉尘的环境，以及衣服、鞋、袜的潮湿、油污等情况，均能加大与带电体的接触面积和压力，使人体电阻减小。

人体电阻是影响触电后人体受到伤害程度的重要物理因素。人体电阻由体内电阻和皮肤电阻组成，体内电阻基本稳定，约为 500Ω。接触电压为 220V 时，皮肤干燥的人体电阻的平均值是 1900Ω；接触电压为 380V 时，人体电阻降为 1200Ω。经过对大量实验数据的分析研究确定，人体电阻的平均值一般为 1700Ω，因而在计算和分析时，通常取值 1700Ω。

以人体电阻 R_r=1700Ω，接地电阻 R_o=4Ω 计算：当电压 U 为交流 220V 时，通过人体的电流 $I_r=U/(R_r+R_o)\approx0.129A$（129mA），如图 3-19 所示。129mA 的人体电流足以致人死亡。

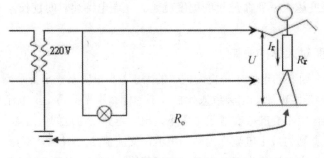

图 3-19

当电压 U 为交流 50V 有效值时，通过人体的电流 $I_r=U/(R_r+R_o)\approx0.0293A$（29.3mA），因此，根据特低电压配电系统的电压不应超过交流 50V 有效值来计算，通常取 30mA 作为家用漏电保护开关的动作电流。

大部分家用漏电保护器的电流规格也选择 30mA。漏电保护器的作用是在电线线路出现漏电时，可以快速识别并自动跳闸（通常在 0.1s 内），避免漏电触电事故的发生，也能保护供电电路及其他用电设备的安全。

从表 3-3 所示的电流强度对人体的影响来看，越低的漏电保护电流肯定是越安全的，那把漏电保护电流定为 10mA 甚至更低不是更安全吗？但在我们使用的交流电环境中，供电线路中和用电设备本身都存在感应电容和绝缘电阻等，它们会产生微小的漏电流。如果漏电动作电流设计得太小，造成电网经常跳闸，那设备就无法使用了，因此，30mA 是能够保证不频繁跳闸又保障安全用电的漏电动作电流。漏电保护器的额定动作电流和动作时间标示如图 3-20 所示。

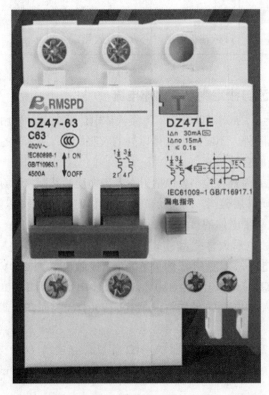

图 3-20

$I\Delta n$ 30mA：额定剩余动作电流，也就是漏电动作电流，达到这个漏电流时漏电保护器动作。

$I\Delta n_0$ 15mA：额定剩余不动作电流，小于这个漏电流时漏电保护器不动作。

$t \leqslant 0.1\text{s}$：动作时间，当出现故障漏电（包括人体触电）达到漏电动作电流时，跳闸断电。

对于不同的用电设备和不同的使用环境，漏电保护器可分为 6 mA、10 mA、30 mA、50 mA、100 mA 等多种额定漏电流规格，应根据不同的使用情况选用不同的漏电保护设备，漏电流太大的灵敏度过低，漏电流太小的则可能会频繁跳闸产生误动作。

3.4.4 漏电保护器与剩余电流动作保护器

在学习中，经常看到漏电开关、漏电保护器、剩余电流动作保护器等不同的叫法，那么，漏电保护器与剩余电流动作保护器有区别吗？还是同一个设备的不同叫法？接下来介绍其定义及区别。

一、漏电保护器与剩余电流动作保护器的定义及区别

（1）定义。

漏电保护器：简称漏电开关，又叫漏电断路器，主要用于设备发生漏电故障以及人身触电进行保护，具有过载保护和短路保护功能，可用来保护线路或电动机的过载和短路，亦可在正常情况下用于线路的不频繁转换、启动。

剩余电流动作保护器（residual current operated protective devices，RCD）：在正常运行条件下能接通、承载和分断电流，以及在规定条件下当剩余电流达到规定值时，能断开被保护电路，或输出机械触点开闭信号或发出报警信号的机械电器或组合电器，简称剩余电流保护器。

由此可见，漏电保护器与剩余电流动作保护器都是一种安全保护电器，被广泛地使用在低压电网中，当设备发生漏电或触电，达到保护器所限定的动作电流时，就立即在限定的时间内动作，自动断开电源进行保护，用来防止人身触电、电气火灾及因接地故障引起的人身伤害及电气设备损坏事故的发生。

（2）区别。

通常可以把漏电保护器与剩余电流动作保护器看作同一个设备的不同叫法。但是，从工作原理上来讲，两者又有部分的区别。

早期的漏电保护器是通过检测电路中的接地故障电压来进行保护的,称为电压动作型漏电保护装置,可检测设备金属外壳与大地之间的故障电压,当故障电压达到预定的危险极限值时,电压线圈推动锁扣机构使主开关触头断开,切除故障电压进行保护。根据其工作原理,电压动作型漏电保护装置只能控制单台用电设备,遇到感应雷击时,电压线圈易烧毁,不能用于直接接触保护和实行分级保护。

而剩余电流动作保护器是电流动作型漏电保护装置,通过检测电路中的接地故障电流来进行保护。电压动作型漏电保护装置由于固有的缺点,已逐渐被电流动作型保护装置所取代。电流动作型漏电保护装置采用电流互感器检测故障电流,当互感器的一次回路产生一个故障电流时,二次回路即产生一个感应电压,当感应电压达到一定值时,装置动作。电流动作型漏电保护装置动作较为可靠,并可作为直接接触的补充保护,也可实行分级保护。

二、漏电保护器的组成结构和工作原理

漏电保护器主要由检测元件、放大环节、执行机构 3 部分组成。

● 检测元件（剩余电流互感器）：由零序互感器组成，可检测漏电流，并发出信号。

- 放大环节（放大部件可采用机械装置或电子装置）：将微弱漏电信号放大，按装置不同，构成电磁式保护器或电子式保护器。
- 执行机构（机械开关电器或报警装置）：收到信号后，主开关由闭合位置转换到断开位置，从而切断电源，是被保护电路脱离电网的跳闸部件。

漏电保护器的结构原理如图 3-21 所示。

其工作原理如下。

图 3-21 中，漏电保护器的电源输入端经过电流互感器 TA 原边线圈接入用电设备 R_L，副边线圈则接到"舌簧继电器" SN 的线圈上，在正常情况下，电源的输入电流和输出电流大小是相等的，副边线圈上感应的电流变化为零，漏电保护器不动作。

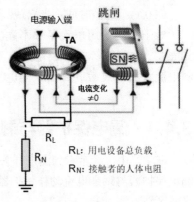

图 3-21

R_L：用电设备总负载
R_N：接触者的人体电阻

当设备发生故障漏电或有人接触时，就会有一部分电流经过人体电阻 R_N 流入地下，从而使漏电保护器检测的电流总和不为零，也就是说副边线圈上感应的电流变化≠0，当漏电流达到漏电保护器的动作电流时，漏电保护器就会动作，关闭电源，从而达到漏电保护的目的。

这个漏电流被称作"剩余"电流，这一原理也被称作"剩余电流"原理。剩余电流动作保护器的名称由此而来。

漏电保护器要保护人，首先它要"意识"到有人触了电。那么漏电保护器是怎样知道人触电了呢？从图 3-21 中可以看出，如果没有触电，电源的两根线里的电流在任何时刻都是一样大的，方向相反。因此 TA 的原边线圈里的磁通完全消失，副边线圈没有输出。如果有人触电，相当于相线上有电阻 R_N 分流了部分电流，这样就使副边线圈上感应有电流输出，这个输出达到动作值就能够使得脱扣线圈动作吸合，推动脱扣机构动作，使主开关断开电路或使报警装置发出报警信号（在某些特殊的、不能马上停电的应用场合要求只发出报警信号而不执行强制断电，如不允许停转的电动机、用于消防设备的电源等，这类漏电保护器属于漏电报警式的漏电保护装置）。

三、漏电保护器的分类

漏电保护器可以按其保护功能、结构特征、安装方式、运行方式、极数和线数、动作灵敏度、漏电保护方式等分成多种类别，这里主要按其保护功能和用途分类，一般可分为漏电保护继电器、漏电保护开关和漏电保护插座 3 种。

（1）漏电保护继电器。

漏电保护继电器是指具有对漏电流进行检测和判断的功能，而不具有切断和接通主回路功能的漏电保护器。漏电保护继电器由零序互感器、脱扣器和输出信号的辅助接点组成，它可与大电流的自动开关配合，作为低压电网的总保护装置或主干路的漏电、接地或绝缘监视保护装置。

当主回路有漏电流时，辅助接点和主回路开关的分离脱扣器串联成一个回路，因此辅助接点接通分离脱扣器而断开断路器、交流接触器等，使其掉闸，切断主回路。辅助接点也可以接通声、光信号装置，发出漏电报警信号，反映线路的绝缘状况。

（2）漏电保护开关。

漏电保护开关是指既有与其他断路器一样可将主电路接通或断开的功能，而且具有对漏电流进行检测和判断的功能，当主回路中发生漏电或绝缘破坏时，可根据判断结果将主电路接通或断开的开关元件。它与熔断器、热继电器配合可构成功能完善的低压开关元件。

目前这种形式的漏电保护器的应用最为广泛，市场上的漏电保护器大多数是这种漏电保护开关，它根据功能的不同有多种类别，部分同时具有短路保护、过载保护、漏电保护、过电压保护、欠电压保护等多种功能。

（3）漏电保护插座。

漏电保护插座是指具有对漏电流进行检测和判断并能切断回路的电源插座，其额定电流一般为 20A 以下，漏电动作电流为 6~30mA，灵敏度较高，常用于手持式电动工具和移动式电气设备的保护及家庭、学校等民用场所，可以实现一对一的设备保护，如图 3-22 所示。

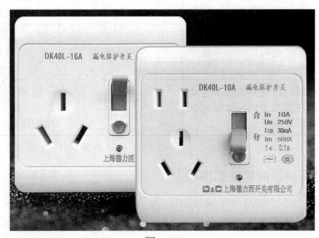

图 3-22

四、漏电保护器的安装场所与选用要求

（1）必须安装漏电保护器的设备和场所有以下几种。
- 属于Ⅰ类的移动式电气设备及手持式电动工具。
- 生产用的电气设备。
- 施工工地的电气机械设备。
- 安装在户外的电气装置。
- 临时用电的电气设备。
- 机关、学校、宾馆、饭店、企事业单位和住宅等建筑物内的插座回路。
- 游泳池、喷水池、浴池的电气设备。
- 安装在水中的供电线路和设备。
- 医院中可能直接接触人体的电气医用设备。
- 其他需要安装漏电保护器的场所。

（2）漏电保护器的选用要求。

选用漏电保护器时，要依照与线路条件相适应的额定电压、额定电流、分断能力等性能指标。漏电保护器的类型也要与供电线路、供电方式、系统接地类型和用电设备的特征相适应；当采用多级供电的配电设备时，上一级的漏电保护动作电流不应小于下一级的漏电保护动作电流值。用于全网保护时，动作电流应不小于实测漏电流的 2 倍。

具体要求如表 3-4 所示。

表 3-4 漏电保护器的选用要求

应用环境	额定动作电流（mA）	备注
用于直接或间接接触电击防护的一般场所 大部分的家庭应用场所	30	高灵敏度快速切断
用于用电设备较多、容量较大的场合 被保护线路较短，用电量不大的第二级漏电保护器	50～75	中灵敏度
用于浴室、泳池、隧道等作业条件较差的、环境潮湿的应用场所	10～15	高灵敏度快速切断
用于触电后可能导致二次事故的场所	6	高灵敏度快速切断
对于中间及分配电箱的漏电保护。这一级的漏电保护器可作为间接保护，也可以作为末级保护器的补充保护	100～200	中灵敏度
用于总配电箱的漏电保护，在电网进线端总隔离开关的负荷侧设置。主要用于以消除触电事故为目的的间接保护和防止漏电火灾	100～300 300～1000	一般采用报警型，如果采用切断型，则该区段的整个供电系统的停电会造成较大的影响

五、使用漏电保护器时的注意事项

（1）漏电保护器既能起保护人身安全的作用，还能监督低压系统或设备的对地绝缘状况。但安装了漏电保护器后也不可以麻痹大意，应仍以预防为主（安装漏电保护器仅是基本保护措施中的一种附加保护）。认真做好安全用电的管理、宣传和教育工作，落实好有关各项安全技术措施，才是实现安全用电的根本保证。

（2）漏电保护器在人体发生单相触电事故时，才能起到保护作用。如果人体对地处于绝缘状态，一旦触及了两根相线或一根相线与一根中性线，保护器就不会动作，即此时它起不到保护作用。

（3）漏电保护器安装点以后的线路应是对地绝缘的。若对地绝缘性降低，漏电流超过某一定值（通常为 15mA 左右），保护器便会动作并切断电源。所以要求线路的对地绝缘性必须良好，否则将会经常发生误动作，影响正常用电。

（4）低压电网实行分级保护时，上级保护应选用延时型漏电保护器，其分断时间应比下级保护器的动作时间增加 0.1～0.2s。

（5）安装在总保护和末级保护之间的漏电保护器，其额定剩余动作电流应介于上、下级漏电保护器的额定剩余动作电流之间，且其级差通常应达 1.2～2.5 倍。

（6）总保护的额定剩余动作电流最大值不应超过 100mA（非阴雨季节）及 300mA（阴雨季节）；家用漏电保护器应实现直接接触保护，其动作电流不应大于 30mA；移动式电力设备及临时用电设备的漏电保护器的动作电流为 30mA。

（7）低压电网总保护采用电流型漏电保护器时，变压器中性点应直接接地；电网的中性线不得重复接地，并应保持与相线一样的良好绝缘；漏电保护器安装点后的中性线与相线，均不得与其他回路共用。

此外，漏电保护器的使用除应遵守常规的电气设备安装规程外，还应注意以下几点。

（1）安装漏电保护器时，必须严格区分中性线和保护线。使用三极四线式和四极四线式漏电保护器时，中性线应接入漏电保护器。经过漏电保护器的中性线不得作为保护线。

（2）标有电源侧和负荷侧的漏电保护器不得接反。如果接反，会导致电子式漏电保护器的脱扣线圈无法随电源切断而断电，以致长时间通电而烧毁。

（3）安装漏电保护器时不得拆除或放弃原有的安全防护措施，漏电保护器只能作为电气安全防护系统中的附加保护措施。

3.5 常用电动工具

电动工具是一种以小型电动机或电磁铁作为动力来源，通过传动机构驱动工作头进行作业的小型工具。常用的电动工具分为单相串励电动工具、三相工频电动工具、三相中频电动工具以及电池式电动工具等几大类，其中，单相串励电动机既可在直流电源上使用，又可在交流电源上使用，所以又叫通用电动机或交直流两用串励电动机。单相串励电动机体积小、转速高、起动转矩大、转速可调，加之交、直流两用，所以在电动工具中应用最为广泛，常用的单相电钻就是这种电动机。

3.5.1 电动工具的分类

电动工具品种众多，功能齐全，携带方便，使用简单，在各行业都得到了广泛的应用，并已进入大众家庭。

电动工具分为手持式和可移动式两种，大众家庭中使用的一般都是手持式电动工具。手持式电动工具使用更为灵活、方便，很多手持式电动工具已成为生产、生活必备的工具，如手电钻、电动螺丝刀、冲击电钻等，如图 3-23 所示。

图 3-23

按照电动工具的功能和用途，可以将其分为 9 类。

（1）金属切削类电动工具。

金属切削类电动工具主要包含电钻、磁座钻、电绞刀、电动刀、电剪刀、电冲剪、电动往复锯、电动锯管机、电动攻丝机、电动型材切机、电动斜切割机、电动焊缝坡口机、多功能电动工具等。

（2）砂磨类电动工具。

砂磨类电动工具包含直向砂轮机、角向磨光机、软轴砂轮机、模具电磨机、平板砂光机、带式砂光机、直式抛光机、盘式抛光机等。

（3）装配类电动工具。

装配类电动工具包含电动扳手、定转矩电动扳手、电动旋具、电动胀管机、电动拉铆枪等。

（4）建筑道路类电动工具。

建筑道路类电动工其中包含混凝土振动器、电锤、锤钻、冲击电钻、电镐、电动地板抛光机、电动石材切割机、铆胀螺栓扳手、湿式磨光机、电动钢盘切割机、电动套丝机、电动弯管机、电动工程钻机、电动铲刮机、电动砖墙铣沟机等。

（5）矿山类电动工具。

矿山类电动工具包含电动凿岩机、岩石电钻等。

（6）铁道类电动工具。

铁道类电动工具包含铁道电扳手、枕木电钻、枕木电镐等。

（7）农牧业电动工具。

农牧业电动工具包含电动剪刀机、电动采茶机、电动喷洒机、电动修蹄机、电动粮食抽样机等。

（8）林木类电动工具。

林木类电动工具包含电动带锯机、电刨、电插、木工多用工具、电动修枝机、电动截枝机、电动开槽机、电链锯、电动曲线锯、电木铣、木工刀磨砂轮机、电圆锯、电木钻等。

（9）其他类电动工具。

其他类电动工具包含塑料电焊枪、电动裁布机、电动气泵、电动管道清洗机、电动卷边机、石膏电锯、电动雕刻机、电动除锈机、石膏电剪、电动地毯剪、电动牙钻、电动胸骨锯、电动骨钻等。

3.5.2　Ⅰ类、Ⅱ类、Ⅲ类电动工具

除了上面的 9 类电动工具以外，电动工具按照触电保护措施的不同可分为Ⅰ类、Ⅱ类、Ⅲ类。

（1）Ⅰ类电动工具。

在防止触电保护方面不仅依靠基本绝缘，而且包含一个附加的安全预防措施。其方法是将可触及的、可导电的零件与已安装在固定线路中的保护导线连接起来，使可触及的、可导电的零件在基本绝缘损坏的事故中不成为带电体。

Ⅰ类电动工具电源部分具有绝缘性能，适用于干燥场所。

对于装有不可重复接地的电源插头的工具，工具内的接地端子必须与软电缆或软线中的用作保护接地的芯线连接起来。

简单来讲，Ⅰ类电动工具即普通电动工具，其额定电压超过 50V 安全电压，通常是交流 220V，是三线插头，有保护地线。

（2）Ⅱ类电动工具。

工具本身具有双重绝缘或加强绝缘，不采取保护接地等措施；Ⅱ类电动工具不仅电源部分具有绝缘性能，外壳也是绝缘体，即具有双重绝缘性能，工具铭牌上有"回"字标记，适用于比较潮湿的作业场所。

双重绝缘结构是指双重绝缘或加强绝缘或两者综合的绝缘形式。

双重绝缘除基本绝缘外，还有一层独立的附加绝缘。当基本绝缘损坏时，由附加绝缘使操作者与带电体隔开而不至于触电。

加强绝缘是对基本绝缘性能的加强和改善,使其具有与双重绝缘相当的介质强度和机械强度,从而有相当的安全保护效能。

简单来讲,Ⅱ类电动工具的额定电压也超过 50V 安全电压,通常是交流 220V,是二线插头,没有保护地线。

(3)Ⅲ类电动工具。

由安全特低电压电源供电,工具内部不产生比安全特低电压高的电压;Ⅲ类电动工具即安全电压工具,其额定电压不超过 50V,防止触电的保护依靠由安全电压供电和在工具内部的基本绝缘,适用于特别潮湿的作业场所和在金属容器内作业。

简单来讲,Ⅲ类电动工具的触电保护采用可靠的基本绝缘、电源对地绝缘和选用 50V 以下的特低电压的"三重保护",使工具有较高的使用安全性能。

Ⅲ类电动工具由直流电池供电或用安全隔离变压器降压后的安全特低电压电源供电,以防止触电,在Ⅰ类、Ⅱ类、Ⅲ类手持式电动工具中安全性能最高。

Ⅱ类和Ⅲ类电动工具都具有电气安全可靠性,不允许进行保护接地或保护接零。

手持式电动工具便于携带,使用方便,可直接用手操作而无须使用其他辅助装置,比如施工中常用的电钻、曲线锯、斜切锯、电扳手、电焊钳等。

手持式电动工具的安全隐患主要存在于电器方面,易发生触电事故,主要有以下几个方面的原因。

- 未设置保护接零和两级漏电保护器,或保护失效。
- 电动工具绝缘层破损漏电。
- 电源线破损和接头损坏,随意接线和电源开关箱不符合要求。
- 违反操作规定或未按规定穿戴个人绝缘保护安全用品。

手持式电动工具是携带式电动工具,挪动性大、振动较大,又常常在人手紧握中使用,触电的危险性大,因此在管理、使用、检查、维护上应给予特别重视。

3.6 常用电工测量仪表

3.6.1 万用表

万用表又称为多用表或三用表,一般以测量电压、电流和电阻为主要目的。万用表按显示方式分为指针万用表和数字万用表。万用表是电力电子等系统部门不可缺少的测量仪表,是常用的电气测量工具之一。

数字万用表是一种多功能、多量程的测量仪表,一般的数字万用表可测量直流电流、直流电压、交流电流、交流电压、电阻和音频电平等,有的还可以测量交流频率、电容量、电感量及半导体的一些参数(如三极管放大倍数 β)等。

目前常用的数字万用表大多由专用双积分型模数转换器集成电路、外围电路、数字显示器构成,具有读数方便等优点。

数字万用表的测量过程是先由转换电路将被测量转换成直流电压模拟量,由模数转换器将电压模拟量变换成数字量,最后把测量结果用数字直接显示在显示器上。

低档的数字万用表可测量电压、电流、电阻,手动转换量程;中档的还可测量电容、二极管参数、三极管放大倍数等，有蜂鸣器指示通断；高档的能自动转换量程，还可测量频率、温度等参数，有数据保持功能。

下面以 VC890D 型数字万用表为例，简单介绍万用表的使用及注意事项。

一、VC890D 型数字万用表简介

VC890D 型数字万用表如图 3-24 所示。

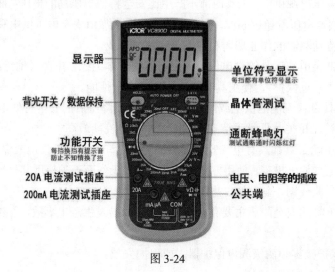

图 3-24

VC890D 型数字万用表具有 32 个功能量程挡，3 位半 LCD 显示，最大显示值为 1999，适用频率范围为 40~200Hz；具有全量程过载保护、自动电源关断、电池电量不足指示等功能。

在进行测量时，首先，打开电源开关，检查电池电量，如果电池电压不足，将在显示器上显示更换电池标记，这时应先更换 9V 电池。（电池电压不足会严重影响测量精度甚至不能测量。）

（1）直流电压测量。

将黑表笔插入 COM 插孔，红表笔插入 V/Ω 插孔；将功能开关旋置于直流电压量程挡（V⎓）量程范围内，选择适当的量程挡，将测试表笔连接到待测电路中，显示器上显示出测量值，红表笔所接端的极性同时显示于显示器上。

（2）交流电压测量。

将黑表笔插入 COM 插孔，红表笔插入 V/Ω 插孔；将功能开关旋置于交流电压量程挡（V～）量程范围内，选择适当的量程挡，并将测试表笔连接到待测电路中，这时显示器上就显示出测量值。

（3）直流电流测量。

将黑表笔插入 COM 插孔，当测量的电流最大为 200mA 时，将红表笔插入 mA 插孔；当测量的最大电流为 20A 时，将红表笔插入 20A 插孔。将功能开关旋置于直流电流量程挡（A⎓）量程范围内，并将测试表笔串接入待测电路中，显示器上显示出测量值，同时显示红表笔所接端的极性。

注意：电流测量完成后，应将红表笔插入 V/Ω 插孔中。

（4）交流电流测量。

将黑表笔插入 COM 插孔，当测量最大为 200mA 的电流时，将红表笔插入 mA 插孔；当测量最大为 20A 的电流时，将红表笔插入 20A 插孔。将功能开关旋置于交流电流量程挡（A～）量程范围内，并将测试表笔串接入待测电路中，显示器上显示出测量值。

（5）电阻测量。

将黑表笔插入 COM 插孔，红表笔插入 V/Ω 插孔；将功能开关旋置于电阻量程范围内（Ω），选择适当的量程挡，并将测试表笔连接到待测电阻上，显示器上显示出被测电阻。

（6）电容测量。

将黑表笔插入 COM 插孔，红表笔插入 V/Ω 插孔；将功能开关旋置于电容量程挡（F），将待测电容插入电容专用测试插孔中或用表笔对应接入（注意红表笔极性为"+"），待显示器显示稳定后读出被测电容。

（7）二极管测试及电路通断测试。

- 二极管测试。将黑表笔插入 COM 插孔，红表笔插入 V/Ω 插孔（红表笔极性为"+"）；将功能开关旋置于二极管测试及电路通断测试（▸⋅⋙）挡，并将测试表笔连接到待测二极管，显示器上的读数为该二极管正向压降的近似值；反向连接时显示器应显示 1（表示反向电阻无穷大）。否则，该二极管已损坏。
- 电路通断测试。将表笔连接到待测线路的两端，如果两端之间的线路接通（线路两端之间的电阻低于 10Ω 视为接通），则蜂鸣器发声，表示检测电路已接通。

（8）晶体管 hFE 测试。

将功能开关旋置于晶体管测试量程挡（hFE），确定晶体管是 NPN 型还是 PNP 型，将基极、发射极和集电极分别插入万用表面板上相应的 B、E、C 插孔。显示器上显示出该晶体管放大倍数的近似值。

二、万用表使用注意事项

（1）测试前先明确所要进行测量的项目，将功能开关旋置于正确挡位。

（2）根据将进行的测试项目，把测试表笔插入相应的测试插孔中。

（3）如果事先不清楚被测电量的范围，则应将功能开关旋置于最大量程挡，并根据测量值逐渐调低量程，直至得到准确的测量值，在转换量程挡位时必须先把测量表笔断开。

（4）当仪表处于电流测量挡位时，严禁将测试表笔跨接于存在电压差的电路两端，否则将会造成短路而损坏仪表和被测电路。

（5）在使用数字万用表时，如果显示器上显示 1，说明被测量值超过该挡量程最大值，应将功能开关旋置于更大量程。

（6）万用表交流挡的适用频率为 40～200Hz。

3.6.2　钳形电流表

一、钳形电流表的构成和使用方法

钳形电流表是可在不切断电路的情况下测量导线电流的便携式测量仪表，它分为交流和交直流两种类型。

用来测量交流电流的钳形电流表就是把电流互感器和电流表合装而成的一种电流表，电流互感器的铁芯像钳子，测量时先按下手柄使铁芯张开，套进被测电路的导线，使被测电路的导线成为电流互感器的一次绕组（只有一匝），再放松手柄使铁芯的钳口闭合，形成闭合磁路。这时接在二次线圈上的电流表就直接指示出被测的电流。这种钳形电流表一般用于测量 3～1000A 的电流，几种不同的量程由旋钮来进行调节。

各种钳形电流表外形如图 3-25 所示。

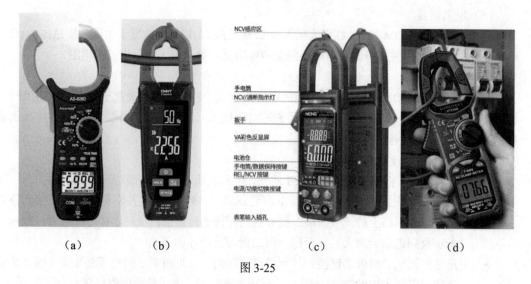

（a）　　　　　（b）　　　　　　　（c）　　　　　　（d）

图 3-25

　　钳形电流表的使用方法很简单，只需要选择适当的量程挡，测量电流时将正在运行的待测导线夹入钳形电流表的钳形铁芯内，然后读取数字显示屏或指示盘上的读数即可，如图 3-25（d）所示。

二、钳形电流表的工作原理

　　钳形交流电流表实质上由一只电流互感器和一只整流式电流表组成，被测量的载流导线相当于电流互感器的原绕组，钳形交流电流表上的铁芯相当于电流互感器的副边绕组，副边绕组与整流式电流表接通。根据电流互感器的原理，电流在原边、副边绕组间按一定的比例关系变化，整流式电流表上便可以显示出被测量线路的电流。钳形电流表的工作原理如图 3-26 所示。

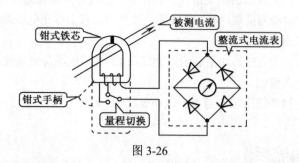

图 3-26

　　钳形交直流表是一个电磁系仪表，放置在钳口中的被测量载流导线作为励磁线圈，磁通在铁芯中形成回路，电磁系测量机构位于铁芯的缺口中间，受磁场的作用而偏转，获得读数。因其偏转不受测量电流的影响，所以可测量交直流电流。

三、钳形万用表

　　随着钳形电流表越来越广泛地被使用，它增加了很多万用表的功能，比如测量电压、温度、电阻、电容、频率、二极管等；因此，这类多功能的钳形电流表也被称为钳形万用表，如图 3-27 和图 3-28 所示，仪表上有测量表笔的插孔和多种量程的旋钮，可通过旋钮选择不同功能，使用方法与一般数字万用表的相差无几。对于一些有特殊功能按钮的钳形万用表，则应阅读对应的说明书，以了解特殊功能按钮的不同作用。

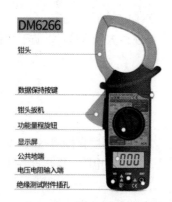

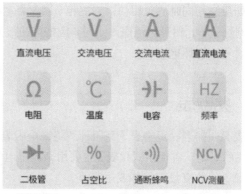

图 3-27

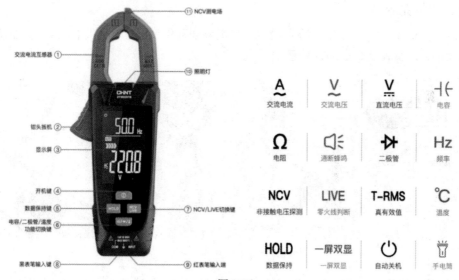

图 3-28

四、钳形电流表的正确使用及注意事项

（1）在带电线路上测量时，要十分小心，不要去测量无绝缘的导线。若被测电路电压较高，应严格按有关规程规定进行测量，以防止触电。

（2）指针式钳形电流表在使用前，应先进行机械调零。

（3）测量前还应检查钳口的开合情况。测量回路电流时，钳形电流表的钳口必须钳在有绝缘层的导线上，同时要与其他带电部分保持安全距离，防止发生相间短路事故。测量中选择量程要先张开铁芯动臂，禁止在铁芯闭合情况下更换电流挡位。

（4）测量前应先估计被测电流的大小，选择合适的量程挡位，或先用较大的量程挡测一次，然后根据被测电流的大小调整量程。

（5）测量时，被测载流导线应放在钳口内的中心位置，以免误差增大。钳形铁芯不要靠近变压器和电动机的外壳以及其他带电部分，以免受到外界磁场的影响。

（6）当被测电路电流较小时，为使读数较准确，可将被测载流导线在钳口部分的铁芯柱上缠绕几圈后进行测量，实际电流等于仪表的读数除以绕在钳口中的导线圈数。

（7）测量时，每次只能钳入一相导线，不能同时钳入两相或三相导线。因为在三相平衡负载的线路中，每相的电流相等。钳口中放入一相导线时，钳形表指示的是该相的电流；当钳口中放入两相导线时，该钳形表所指示的数值实际上是两相电流的相量之和，指示值与放入一相时相同；如果三相同时放入钳口，当三相负载平衡时，钳形电流表读数为零。

（8）测量完毕，钳形电流表不用时，应把旋钮拨到空挡或最大量程挡，以防下次使用时因忘记选择量程而烧坏电流表。

3.6.3　兆欧表

兆欧表又叫摇表、迈格表、高阻计、绝缘电阻表等，其标尺刻度直接用兆欧（MΩ）作单位表示。兆欧表是一种便携式仪表，主要用来测量电气设备的绝缘电阻，检查设备或线路有没有漏电现象、绝缘有没有损坏或短路等。

兆欧表主要有手摇发电机供电的手摇兆欧表和电池供电的数字兆欧表两大类。

一、手摇兆欧表

兆欧表的刻度是以兆欧为单位显示的，手摇兆欧表采用手摇发电机供电，故又称摇表。手摇兆欧表的外形及表盘如图 3-29 所示。

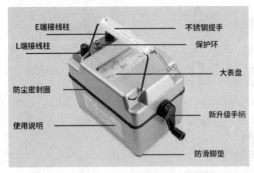

图 3-29

手摇兆欧表的工作原理与内部电路结构如图 3-30 所示，与兆欧表指针相连的有两个线圈，其中之一与表内的附加电阻串联，另外一个与被测电阻 R_x 串联，然后一起接到手摇发电机上。用手摇动手柄时，两个线圈同时有电流通过，使两个线圈上产生方向相反的转矩，指针就随着两个转矩的合成转矩的大小而偏转某一角度，这个偏转角度取决于两个电流的比值，由于附加电阻是不变的，所以电流仅取决于被测电阻的大小。

将被测电阻连接在测试端子（L 和 E）之间，然后以均匀的速度稳定转动发电机手柄，直到指针给出稳定的读数。"G"称为保护端子，通过该端子可以将保护环连接到被测绝缘体的保护线上。

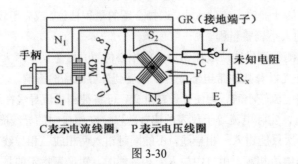

C 表示电流线圈，　P 表示电压线圈

图 3-30

手摇发电机产生的测试电压通常为 500V 或 1000V。在测量额定电压在 500V 以下电压的电气设备时，选用 500V 的兆欧表；在测量额定电压在 500V 以上的电气设备时，则必须选用 1000~2500V 的兆欧表。

二、数字兆欧表

数字兆欧表以电池供电，它不用手摇发电机手柄而直接采用直流电源供电，通过振荡电路及内部的变压器产生脉冲振荡，使变压器输出端感应出高压方波交流电压。经变压器升压和倍压整流后，可产生 5000V 的直流高电压，量程范围可达 0~100000MΩ。

大部分的数字兆欧表还包含数字电压表的功能，显示直观、方便，如图 3-31 所示。

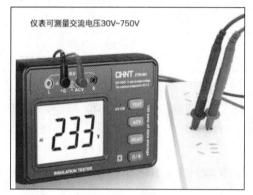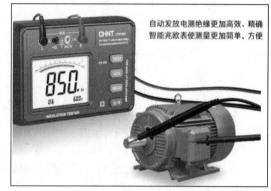

图 3-31

三、数字兆欧表的测试原理

数字兆欧表由中大规模集成电路组成，量程范围广，输出功率大，短路电流大，输出电压等级多。测试原理为由机内电池作为电源经 DC/DC 变换产生的直流高压由 E 端子输出，经被测试电阻到达 L 端子，从而产生一个从 E 端子到 L 端子的电流，经过 U/I 变换和除法器完成运算，直接将被测电阻的值由 LCD 显示出来，如图 3-32 所示。

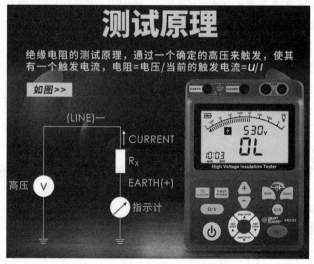

图 3-32

四、兆欧表的正确使用及注意事项

兆欧表的常用规格：按发电机电压分为 250V、500V、1000V、2000V 和 5000V 等几种。选用时主要应考虑它的输出电压及测量范围，不同额定电压兆欧表的使用范围如表 3-5 所示。

表 3-5 不同额定电压兆欧表的使用范围

测量对象	被测设备的额定电压（V）	兆欧表的额定电压（V）
线圈绝缘电阻	＜500	500
	≥500	1000
电力变压器、电机线圈绝缘电阻	≥500	1000～2500
发电机线圈绝缘电阻	≤380	1000
电气设备绝缘电阻	＜500	500～1000
	≥500	2500
绝缘子		250～5000

（1）兆欧表的正确使用方法。

① 兆欧表一般有 3 个接线端子，即线路端子（L）、地线端子（E）和保护（屏蔽）端子（G）。使用时，被测电阻接在 L 端子与 E 端子之间。

② 根据测量对象正确选择额定电压和测量范围。

③ 选用兆欧表外接导线时，应选用单根铜导线，绝缘强度要求在 500V 以上，以免影响精确度。

④ 测量电气设备绝缘电阻时，必须先断开设备电源，在无电情况下测量。对较长的电缆线路，应充分对地放电后再测量。

⑤ 在使用兆欧表时应远离强磁场，手摇兆欧表要水平放置。

⑥ 在测量前，兆欧表应先做一次开路试验及短路试验。指针在开路试验应指到无穷大处，而短路试验中能指到零处，表明兆欧表工作状态正常，方可测量电气设备。

⑦ 测量时，应清洁被测电气设备表面，避免造成表面接触电阻大，测量结果有误差。

⑧ 在测量电容器时需注意，电容器的耐压必须大于兆欧表输出的电压。测量完电容器后，必须先取下兆欧表线再停止摇动手柄，以防止已充电的电容器向兆欧表放电而损坏兆欧表。测量完的电容器要进行放电。

⑨ 在进行一般测量时，只要把被测电阻接在 L 端子和 E 端子之间即可。但在被测电阻本身表面不干净或潮湿的情况下，为了避免因被测电阻表面漏电而影响读数的准确性，必须使用 G 端子，在测量电缆的绝缘电阻时，还需将 G 端子接到电缆的绝缘层上；测量变压器绝缘电阻时，将 G 端子接到绝缘套管上。

⑩ 在使用兆欧表测量电气设备时，要注意以下几点。

- 在测量电气设备的绝缘电阻时，兆欧表上 L 端子接电气设备的带电体一端，而 E 端子应接设备的外壳或地线，如图 3-33（a）所示。
- 在测量电气设备内两绕组之间的绝缘电阻时，兆欧表上 L 端子接电气设备的绕组线路端，E 端子应接设备的外壳，如图 3-33（b）所示。
- 在测量电缆的绝缘电阻时，除把兆欧表接地端接入电气设备地之外，另一端接线路后还要将电缆芯之间的内层绝缘物接"保护环"，以消除因表面漏电而引起的读数误差，如图 3-33（c）所示。

⑪ 在天气潮湿时，应使用"保护环"以消除绝缘物表面漏电流，使被测绝缘电阻比实际值偏低。

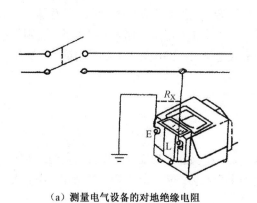

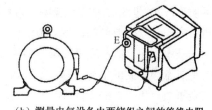

（b）测量电气设备内两绕组之间的绝缘电阻

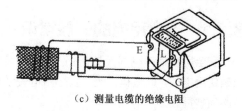

（a）测量电气设备的对地绝缘电阻

（c）测量电缆的绝缘电阻

图 3-33

⑫ 在使用手摇兆欧表时，必须保持一定的转速，按兆欧表的规定为 120r/min 左右，在 1min 后取一个稳定读数。测量时不要用手触摸被测物及兆欧表接线柱，以防触电。

⑬ 摇动兆欧表手柄时，应先慢摇再快摇，待调速器发生滑动后，应保持手柄转速稳定不变。如果被测设备电气短路，指针摆动到 0 时，应停止摇动手柄，以免兆欧表电流过大造成发热烧坏。

（2）使用兆欧表的注意事项。

① 仪表的发电机电压等级应与被测物的耐压水平相适应，以避免被测物的绝缘击穿。

② 禁止摇测带电设备。如双回路架空线路或双母线，当一路带电时，不得测量另一路的绝缘电阻，以防高压的感应电危害人身和仪表的安全。

③ 严禁在有人工作的线路上进行测量，避免危害人身安全。发生雷电时，禁止用兆欧表在停电的高压线路上测量绝缘电阻。

④ 在兆欧表停止转动或被测设备放电之前，切勿用手去触及被测设备或兆欧表的接线柱，以防触电。

⑤ 使用兆欧表摇测设备绝缘时，应由两人操作。

⑥ 摇测用的导线应使用绝缘线，两根引线不能绞在一起，其端部应有绝缘套。

⑦ 在带电设备附近测量绝缘电阻时，测量人员和兆欧表的位置必须选择适当，保持与带电体的安全距离，以免兆欧表引线或引线支持物触碰带电部分。移动引线时，必须注意监护，防止工作人员触电。

⑧ 任何兆欧表在测量电气设备时，被测电气设备不能带电（除兆欧表供电之外）。

⑨ 对于电容量大的设备，在测量完毕后，必须将被测设备对地进行放电。

⑩ 测量时应观察和记录被测设备的温度和气候情况。

3.7 安全用电

电力作为一种基本且常用的能源，是国民经济以及工业生产、人民生活中必不可少的动力来源。19 世纪 70 年代，电力的发现和应用掀起了第二次工业化浪潮，成为人类历史上发生的 3 次科技革命之一。科技改变生活，电的应用进一步改变了人们的生活方式，提高了人们的生活质量，20 世纪出现的大规模电力系统是人类工程科学史上重要的成就之一；但电力的应用也带来一些安全方面的问题。由于电本身看不见、摸不着，它具有潜在的危险性。只有掌握用电的基本规律，懂得用电的基本常识，按操作规程用电，才能使电很好地为人民服务，否则将会造成意想不到的电气故障，导致人身触电，也会造成电气设备的损坏，甚至引起重大火灾等安全事故。所以，必须高度重视用电安全问题。

3.7.1　安全用电的一般常识

安全用电是指电气人员、生产人员和其他用电人员，在保证人身安全及设备安全的前提下正确使用电力，以造福人类。安全用电关系到人民的生命和财产安全，作为一般常识，操作人员必须掌握。

一、安全色及安全标志

（1）安全色。

安全色是被赋予安全信息含义而具有特殊属性的颜色。在我国国家标准 GB 2893—2008《安全色》中采用了红、黄、蓝、绿 4 种颜色作为安全色。

（2）安全色及其含义。

红、黄、蓝、绿 4 种安全色及其含义如下。

- 红色：用来标示禁止、停止、危险和消防，如信号灯、信号旗、机器上的紧急停机按钮等。
- 黄色：用来标示警告、注意的信息，如"当心触电""注意安全"等警告标志、警戒标志、行车道的中线等。
- 蓝色：用来标示必须遵守的指令、强制执行的信息，如"必须戴安全帽"，指引车辆和行人行驶方向的指令等。
- 绿色：用来标示通行、安全的信息，如安全通道、通行标志、在此工作、已接地等。

此外，黑色则用来标示图像、文字符号和警告标志的几何图形。

（3）安全标志。

安全标志是通过颜色与几何图形的组合表达通用的安全信息，并且通过附加图形符号表达特定安全信息的标志。

二、电气安全标志的构成及分类

根据国家标准 GB/T 29481—2013《电气安全标志》的规定，安全标志由图形符号、安全色、安全形状构成。

电气安全标志由适当的材料通过图形符号、安全色和安全形状体现。只有使用了规范的图形符号、安全色和安全形状，遵循规范的设计、设置要求和相关法律、法规，并在材料选择、导向系统建设方面遵循清晰性、醒目性要求，才能保证安全标志在实际应用时能够准确、清晰地传达安全信息，在营造安全的生产生活环境方面发挥积极作用。

电气安全标志的用途是使人们迅速地注意到影响安全和健康的对象和场所，并使特定信息得到迅速理解。电气安全标志按用途主要分为禁止标志、警告标志、指令标志和提示标志四大类型，常悬挂于指定的场所。此外，还有为上述标志提供补充说明并起辅助作用的标志，通常称为辅助标志。

电气安全标志在使用过程中严禁拆除、更换和随意移动。

（1）禁止标志。

禁止标志是禁止人们不安全行为的图形标志。禁止标志的基本形式是带斜杠的红色圆形，其图形符号为黑色，背景为白色。

（2）警告标志。

警告标志是提醒人们注意周围环境，以避免可能发生危险的图形标志。警告标志的基本形式是三角形，其图形符号为黑色，背景为有警告含义的黄色。

（3）指令标志。

指令标志是强制人们必须做出某种动作或采用防范措施的图形标志。指令标志的基本形式是圆形，其图形符号为白色，背景为具有指导指令含义的蓝色。

（4）提示标志。

提示标志是向人们提供某种信息，如标明安全设施或场所的图形标志。提示标志的基本形式是正方形和长方形，其图形符号及文字为白色，背景为绿色。

（5）辅助标志。

辅助标志主要有方向辅助标志和文字辅助标志两大类。

方向辅助标志：当提示目标的位置时，要加方向辅助标志。

文字辅助标志：文字辅助标志的基本形式是矩形。文字辅助标志有横写和竖写两种形式。

常见的部分安全标志如表 3-6 所示。

表 3-6　常见的部分安全标志

安全标志类别	图例 1	图例 1 名称	图例 2	图例 2 名称
禁止标志（红色）		禁止吸烟		禁止启动
警告标志（黄色）		注意安全		当心触电
指令标志（蓝色）		必须戴防护手套		必须系安全带

续表

安全标志类别	图例1	图例1名称	图例2	图例2名称
提示标志（绿色）		在此工作		出口（左向）
辅助标志		方向辅助标志：安全出口（右向）		文字辅助标志（横写）：当心触电

电气安全与人们的生产和生活密切相关。电气安全标志的作用是引起人们对不安全因素的注意，预防电气事故的发生。

虽然电气安全标志在任何传递安全信息的系统中必不可少，但它们不能取代正确的工作方法、遵守指令以及事故预防措施等。加强安全教育培训，学好、用好安全用电知识，遵守操作规程，才能使电力资源更好地为人民服务。

三、注意安全用电

违章用电常常可能造成人身伤亡、火灾、损坏仪器设备等严重事故。人们日常使用的电器越来越多，特别要注意安全用电。为了保障人身安全，一定要严格执行安全规定，平时在实验室操作时要注意以下事项。

（1）不用潮湿的手接触电器，不用湿布擦拭电器。

（2）电源裸露部分应有绝缘装置（例如电线接头处应裹上绝缘胶布）。

（3）所有电器的金属外壳都应保护接地。

（4）实验时，应先连接好电路后再接通电源，实验结束时，先切断电源再拆线路。

（5）修理或安装电器时，应先切断电源。

（6）设备检修前，首先切断电源；检修时，要挂上"有人工作，严禁合闸"的标志牌或由专人看护；检修完毕，检修人员通知后方可摘牌送电。

（7）不能用试电笔去试高压电，使用高压电源应有专门的防护措施。

（8）认识、了解电源总开关，知道在紧急情况下关断总电源开关。

（9）如果有人触电，应迅速切断电源，或者用干燥的木棍等物将触电者与带电物体分开，不要用手去直接救人，先脱离电源再进行抢救。

四、防止电气火灾

（1）使用的保险丝和断路器的用电量要与额定的用电量相符。

（2）应根据不同的环境和生产性质，选用合适的电气装置，电气装置不得超负荷运行。

（3）电线线径的安全通电量应与用电功率相适应，并留有安全余量。

（4）电气装置附近禁止存放易燃、易爆物品，应配备消防器材。

（5）室内若有氢气、煤气等易燃、易爆气体，应避免产生电火花，继电器工作和开关电闸时，易产生电火花，要特别小心，电器接触点（如电插头）接触不良时，应及时修理或更换。

（6）要保证电气装置的安装与检修质量，使之处于良好状态；不使用带故障的电气设备，不使用劣质的电气设备。

（7）不随意加大电源线路、插座、插头的用电负荷，不乱拉、乱接电线。

（8）如果遇见电线起火，应立即切断电源，用沙或二氧化碳灭火器、四氯化碳灭火器灭火，禁止用水或泡沫灭火器等含导电液体的灭火装置灭火。

五、安全用电基础知识

（1）遵守用电安全规程，参加用电安全教育和培训，掌握用电安全的基础知识和触电急救知识。

（2）在使用电气装置前，应确认其检验合格，并确认其符合相应环境要求和使用等级要求。

（3）使用电气设备前，应认真阅读产品使用说明书，了解使用时可能出现的危险以及相应的预防措施，并按产品使用说明书的要求正确使用。

（4）用电设备和电气线路四周应留有足够的安全通道和工作空间。电气装置附近不应堆放易燃、易爆和腐蚀性物品。禁止在架空线上放置或悬挂物品。

（5）使用的电气线路须具有足够的绝缘强度、机械强度和导电能力，并应定期检查。禁止使用绝缘老化或失去绝缘性能的电气线路。

（6）移动使用的配电箱（板）应采用完整的、带保护线的多股铜芯橡皮护套软电缆或护套软线作为电源线，同时应装设漏电保护器。

（7）插头与插座应按规定正确接线，插座的保护接地极在任何情况下都必须单独与保护线可靠连接。严禁在插头（座）内将保护接地极与工作中性线连接在一起。

（8）在儿童活动的场所，不应使用低位置插座，否则应采取防护措施。

（9）在插拔插头时人体不得接触导电极，不应对电源线施加拉力。

（10）浴室、蒸汽房、游泳池等潮湿场所内不应使用可移动的插座。

（11）在使用移动式的Ⅰ类设备时，应先确认其金属外壳或构架已可靠接地，使用带保护接地线的插座，同时宜装设漏电保护器，禁止使用无保护线的插头插座。

（12）正常使用会产生飞溅火花、飞屑或外壳表面温度较高的用电设备时，应远离易燃物或采取相应的隔离或密闭措施。

（13）手提式和局部照明灯具应选用安全电压或双重绝缘结构。在使用螺口灯座和灯头时，灯头螺纹端应接至电源的工作中性线，灯头顶端应接至电源的相线。

（14）电炉、电熨斗等大功率电热器具应选用专用的连接器，应放置在隔热底座上。

（15）当保护装置动作或熔断器的熔体熔断后，应先查明原因、排除故障，并确认电气装置已恢复正常后才能重新接通电源，继续使用。更换熔体时不应任意改变熔断器的熔体规格或用其他导线代替。

（16）当电气装置的绝缘或外壳损坏，可能导致人体触及带电部分时，应立即停止使用，并及时修复或更换。

（17）禁止擅自架设电网、电围栏或用电具捕鱼。

（18）露天使用的用电设备、配电装置应采取防雨、防雪、防雾和防尘的措施。

（19）用电单位的自备发电装置应采取与供电电网隔离的措施，不得擅自并入电网。

六、家庭安全用电注意事项

（1）购买电器时要根据自己实际用电的大小，选择合适的配电设备，同时电线和电表也要选择电量合适的，当家用配电设备不能满足家用电器容量要求时，一定要及时更换，不能凑合使用，否则可能引发火灾事故。

（2）购买家用电器还应了解其绝缘性能：是一般绝缘、加强绝缘还是双重绝缘。如果是靠接地作为漏电保护的，则接地线必不可少。

（3）平时注意查看线路情况，如果家庭用电线路严重老化或者破损，要及时更换新的线路，避免电路短路引发火灾。

（4）家庭里最好配备一个用电工具箱，里面要有验电笔、螺丝刀、电工胶布、胶钳等必要的电工器具，以备不时之需。

（5）家用电器应当保持干燥和清洁，不要用汽油、酒精、肥皂水、去污粉等带腐蚀性或导电的液体擦抹家用电器表面。

（6）家用电器除电冰箱这类电器外，都要随手关掉电源，特别是电热类电器和卫生间的热水器，使用完后要关闭电源。

（7）凡要求有保护接地的家用电器，都应采用三脚插头和三线插座，不得用双脚插头和双线插座代替，否则会造成接地（或接零）保护线空挡。

（8）对规定必须接地的用电器具要做好接地保护。不要忘记给三孔插座、金属插座盒安装接地线，不要随意将三孔插头改为两孔插头。特别注意不要将接地线随意接到自来水管、煤气管等金属管道上。

（9）禁止用湿手接触带电的开关，禁止用湿手拔插电源插头，手指不得接触电源触头的金属部分，同样也不能用湿手更换灯泡等电气元件。

（10）发生紧急情况需要切断电源导线时，必须用绝缘电工钳或带绝缘手柄的刀具。

3.7.2　触电、电击与跨步电压

触电是指电流流过人体时对人体产生的生理和病理伤害。这种伤害是多方面的，可分为电击和电伤两种。

触电损伤是电击伤的俗称，通常是指人体直接触及电源，或高压电经过空气或其他导电介质传递电流通过人体时引起的组织损伤和功能障碍，重者可发生心脏骤停和呼吸骤停。超过1000V的高压电可能引起灼伤。闪电损伤（雷击）属于高压电损伤范畴。

一、发生电击的几种现象

电击是指人体接触带电部分，造成电流通过人体，使人体内部的器官受到损伤的现象。通常在图3-34所示的几种情况下会发生电击现象。

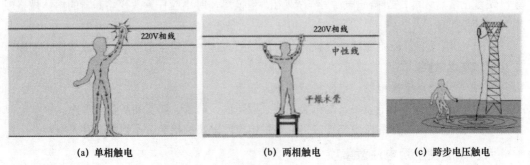

(a) 单相触电　　　　　　(b) 两相触电　　　　　　(c) 跨步电压触电

图 3-34

单相触电和两相触电都是人体的手或脚直接接触带电体的触电，如人体的两个部分（通常是手和脚）同时触及漏电设备的外壳和地面，人体的两个部分分别处于不同的电位，其间的电位差即接触电压，受接触电压作用而导致的触电现象称为接触电压触电。

注意：双手直接接触电的两相触电是非常危险的！由于此时在电流回路中只有人体电阻，电流直接通过人体，即使触电者穿着绝缘鞋或站在干燥的木凳上也起不到保护作用，因此工作时必须要穿戴绝缘手套，而在双脚绝缘良好的情况下，单手接触带电体时，电流不会在人体中构成回路。

二、跨步电压与跨步电压触电

当电气设备发生接地故障时，在散流区（电位分布区）行走的人，其两脚处于不同的电位，两脚之间（一般人的跨步约为 0.8m）的电位差称为跨步电压。设前脚的电位为 U_1，后脚的电位为 U_2，则跨步电压 $U_s = U_1 - U_2$。显然人体距电流入地点越近，其所承受的跨步电压越高。人体受到跨步电压作用时，电流将从一只脚经跨步到另一只脚与大地形成回路。

人受到跨步电压影响时，电流虽然是沿着人的下身，从脚经腿、胯部又到脚与大地形成通路的，没有经过人体的重要器官，好像比较安全，但是人在受到较高的跨步电压作用时，双脚会发麻、抽筋、跌倒在地。跌倒后，电流可能改变路径（如从头到脚或手）而流经人体的重要器官，对人致命。

当架空线路的一根带电导线（相线）断落在地上时，落地点与带电导线的电势相同，电流就会从导线的落地点向大地流散，于是地面上以导线落地点为中心，形成一个电势分布区域，离落地点越远，电流越分散，地面电势也越低。如果人或牲畜站在距离电线落地点 8～10m 以内，就可能发生触电事故，这种触电叫作跨步电压触电，如图 3-35 所示。

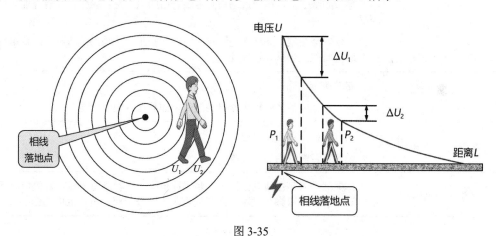

图 3-35

由图 3-35 可见，距离相线落地点越远，跨步电压越小。因此，应远离落地的电线。在离开相线落地点时，应单脚着地跳跃或双脚并拢跳跃小幅度离开，以减少跨步电压触电的影响。

三、触电的原因及预防措施

触电的方式和原因有很多，人体的组织中大约有 60%～70% 是由含有导电物质的水分组成的。因此，人体是电的良导体，当人体接触设备的带电部分并形成电流通路时，就会有电流流过人体，导致触电。

引起电击伤的原因也很多，主要是缺乏安全用电知识，安装和维修电器、电线时不按规程操作，电线上吊挂衣物等。高温、高湿和出汗会使皮肤表面电阻降低，容易引起电击伤。意外事故中电线折断落到人体上以及雷雨天时到大树下躲雨，或用铁柄雨伞而被闪电击中，都可能引起电击伤。

为了更好地利用电能，使电力资源更好地为人民服务，防止触电事故的发生，操作人员应严格遵守各种电气设备的操作规程和操作步骤，同时在生产和工作中必须根据不同的工作场合采用适当的安全预防措施。

常见的触电原因及安全预防措施如表 3-7 所示。

表 3-7   常见的触电原因及安全预防措施

常见的触电原因	安全预防措施
使用移动式电动工具、电气设备时操作不当	（1）建立经常或定期的检查制度，发现故障或操作过程中与有关规定不符时，应及时处理，如采用保护接地或保护接零等安全措施； （2）使用 24V 或 12V 的安全特低电压； （3）采用漏电保护开关
电气设备接地不良	（1）金属外壳电气设备的电源插头一般使用三极插头，并保证保护接零或保护接地的有效； （2）禁止将地线接到水管、煤气管等埋于地下的管道上使用
搭接临时线路	（1）安装漏电保护开关，并定期进行检查； （2）规范使用保护接地或保护接零
带电工作	（1）穿戴绝缘手套，由经过培训且考核合格的电工进行操作，并有专业人员监护； （2）采取安全措施，如穿上绝缘靴，站在橡胶垫、干燥的绝缘物上，或用橡胶布遮盖周围的导体和接地处
电气设备或电气线路发生火灾	（1）立即切断电源； （2）防止身体或手持的灭火器材触及带电的导线或电气设备
存在裸露的带电体	（1）按规定架空裸露的带电体； （2）设置警告牌或用遮栏隔离
存在跨步电压	当人体突然进入高压线跌落区时，要保持镇静，在看清高压线位置的情况下，单脚着地跳跃或双脚并拢跳跃离开危险区，以减少跨步电压触电的影响

3.7.3 电工安全用电操作规程

电梯的维修保养要求具有电工的基础知识。电工是理论和实践紧密结合的工种，电工要求工作认真，要有原则性，要掌握相关的安全知识和专业知识，要充分认识电本身的危险性，工作中要做到安全第一，只有保证了安全才能做好电工工作，无论是检修或维护传统的家用电器还是工业化、智能化的电气设备，正确掌握安全用电知识、严格按照用电操作规程操作都是至关重要的。

下面介绍有关电工安全用电的基础知识和电工安全操作规程。

一、停电工作的安全常识

（1）检查是否断开全部电源：电源至作业的设备或线路要明显断开。

（2）进行操作前的验电：使用电压等级合格的验电器，验电时，手不得触及验电器金属部分。

（3）悬挂警告牌：在断开的开关操作手柄上悬挂"禁止合闸，有人工作"的标志牌。

（4）挂接地线：必须做到"先接地端，后接设备或线路导体端"，接触必须良好，其地线面积不小于 25mm²。

二、带电工作的安全常识

（1）在用电设备或线路上带电工作时，要由有经验的电工专人监护。

（2）电工工作时，要穿全棉长袖工作服，使用与工作内容相应的安全防护用品。

（3）穿戴绝缘手套，使用绝缘安全用具进行操作。

（4）在移动设备上操作时，要先接负载后接电源，拆线时则相反，要先拆电源后拆负载。

（5）电工带电操作时间不宜过长，以免因疲劳过度、注意力分散而发生事故。

（6）出现故障的用电设备或线路，不能继续使用，必须及时进行检修。

（7）用电设备不能受潮，要有防雨、防潮的措施，且通风条件要良好。

（8）用电设备的金属外壳必须有可靠的保护接地装置。凡有可能遭雷击的用电设备，都要安装防雷装置。

（9）必须严格遵守电气设备操作规程。合上开关时，要先合电源侧开关，再合负荷侧开关；断开开关时，则要先断开负荷侧开关，再断开电源侧开关。

三、电工安全操作规程

（1）电工应思想集中，电气线路在未经测电笔确定无电前，应一律视为有电，不可用手触摸，不可绝对相信绝缘体。

（2）工作前应仔细检查自己所用工具是否安全、可靠，穿戴好必需的个人防护用品，以防工作时发生意外。

（3）维修线路要采取必要的措施，在开关把手上或线路上悬挂"有人工作，禁止合闸"的警告牌，防止他人中途送电。

（4）使用测电笔时要注意测试电压范围，禁止超出范围使用，电工使用的一般测电笔，只许在 500V 以下电压使用。

（5）临时用电应经有关主管部门审查批准，并有专人负责管理，限期拆除。

（6）工作中所有拆除的电线要处理好，带电线头用电工胶布包好，以防发生触电。

（7）所用导线及保险丝的容量必须合乎规定标准，选择开关时其容量必须大于所控制设备的总容量。

（8）工作完毕后，必须拆除临时地线，并检查是否有工具等物品漏忘在工地现场。

（9）送电前必须认真检查，看是否合乎要求并和有关工作人员确认，方能送电。

（10）发生火情时，应立即切断电源，用四氯化碳粉质灭火器或沙土扑救，严禁用水扑救。

（11）完成工作任务后，全体工作人员须有序撤离工作区域，对现场进行全面清理，拆除警示标识，并对各类材料、工具、仪表等物品进行清点。随后，及时恢复现场原有防护设施，以确保安全生产。

【任务总结与梳理】

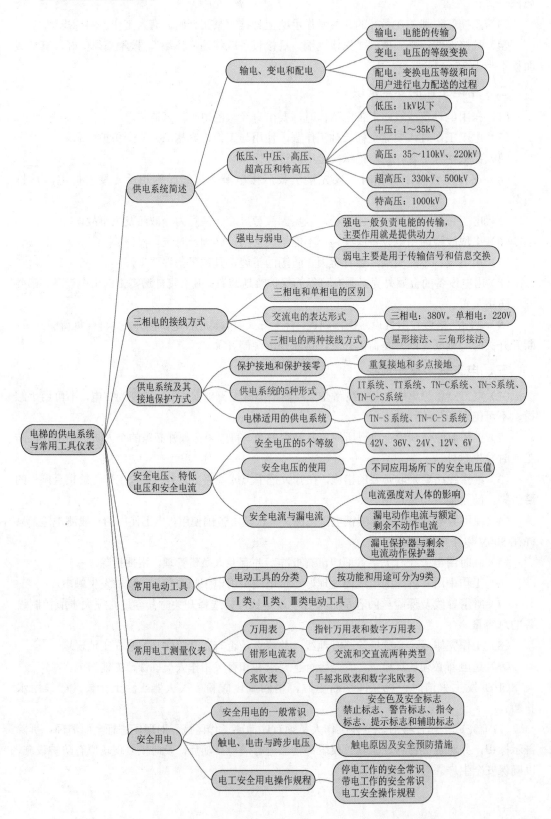

- 输电、变电和配电
  - 输电：电能的传输
  - 变电：电压的等级变换
  - 配电：变换电压等级和向用户进行电力配送的过程

- 供电系统简述
  - 低压、中压、高压、超高压和特高压
    - 低压：1kV以下
    - 中压：1～35kV
    - 高压：35～110kV、220kV
    - 超高压：330kV、500kV
    - 特高压：1000kV
  - 强电与弱电
    - 强电一般负责电能的传输，主要作用就是提供动力
    - 弱电主要是用于传输信号和信息交换

- 三相电的接线方式
  - 三相电和单相电的区别
  - 交流电的表达形式 —— 三相电：380V。单相电：220V
  - 三相电的两种接线方式 —— 星形接法、三角形接法

- 供电系统及其接地保护方式
  - 保护接地和保护接零 —— 重复接地和多点接地
  - 供电系统的5种形式 —— IT系统、TT系统、TN-C系统、TN-S系统、TN-C-S系统
  - 电梯适用的供电系统 —— TN-S系统、TN-C-S系统

- 安全电压、特低电压和安全电流
  - 安全电压的5个等级 —— 42V、36V、24V、12V、6V
  - 安全电压的使用 —— 不同应用场所下的安全电压值
  - 安全电流与漏电流
    - 电流强度对人体的影响
    - 漏电动作电流与额定剩余不动作电流
    - 漏电保护器与剩余电流动作保护器

- 常用电动工具
  - 电动工具的分类 —— 按功能和用途可分为9类
  - Ⅰ类、Ⅱ类、Ⅲ类电动工具

- 常用电工测量仪表
  - 万用表 —— 指针万用表和数字万用表
  - 钳形电流表 —— 交流和交直流两种类型
  - 兆欧表 —— 手摇兆欧表和数字兆欧表

- 安全用电
  - 安全用电的一般常识 —— 安全色及安全标志 禁止标志、警告标志、指令标志、提示标志和辅助标志
  - 触电、电击与跨步电压 —— 触电原因及安全预防措施
  - 电工安全用电操作规程 —— 停电工作的安全常识 带电工作的安全常识 电工安全操作规程

（电梯的供电系统与常用工具仪表）

【思考与练习】

一、判断题（正确的填√，错误的填×）

（1）（　　　）剩余电流动作保护器是一种电压动作型的漏电保护器，也是目前广泛使用的漏电保护器。

（2）（　　　）Ⅱ类电动工具本身具有双重绝缘或加强绝缘，不用采取保护接地等措施。

（3）（　　　）漏电保护器一般可分为漏电保护继电器、漏电保护开关和漏电保护插座3种。

（4）（　　　）钳形电流表是在不切断电路情况下测量导线电流的便携式测量仪表，它分为交流和交直流两种类型。

（5）（　　　）兆欧表是一种专门用来测量电气设备直流电阻的便携式仪表。

（6）（　　　）为了提高测量效率，使用钳形电流表进行测量时每次可以同时钳入两相或三相导线。

二、单选题

（1）存在高度触电危险的环境及特别潮湿的场所，应采用的安全电压为（　　　）V。

A. 36　　　　　　B. 24　　　　　　C. 12　　　　　　D. 6

（2）大部分家用漏电保护器的电流规格是（　　　）mA。

A. 15　　　　　　B. 30　　　　　　C. 60　　　　　　D. 100

（3）警告标志是提醒人们注意周围环境，以避免可能发生的危险的图形标志。其图形符号为黑色，背景为有警告含义的（　　　）。

A. 红色　　　　　B. 黄色　　　　　C. 蓝色　　　　　D. 绿色

三、多选题

（1）人触电后能自己摆脱的最大电流称为摆脱电流，交流值约为（　　　），直流值约为（　　　）。

A. 10mA　　　　　B. 50mA　　　　　C. 100mA　　　　　D. 200mA

（2）电梯供电系统也要求采用符合安全保护要求的（　　　）系统电源。

A. TT　　　　　　B. TN-C　　　　　C. TN-S　　　　　D. TN-C-S

（3）电击是指人体接触带电部分，造成电流通过人体，使人体内部的器官受到损伤的现象。通常在以下（　　　）情况下会发生电击现象。

A. 单相触电　　　B. 两相触电　　　C. 三相触电　　　D. 跨步电压触电

（4）电气安全标志按用途主要分为（　　　）四大类型。

A. 警告标志　　　B. 指令标志　　　C. 提示标志

D. 辅助标志　　　E. 禁止标志

四、填空题

（1）强电和弱电既有联系又有区别，一般来说强电的处理对象是（　　　　），弱电的处理对象主要是（　　　），即信息的（　　　）和（　　　）。

（2）万用表又称为多用表或三用表，一般以测量（　　　）、（　　　）和（　　　）为主要目的。

（3）在用电设备或线路上带电工作时，要由有经验的电工专人监护，穿戴（　　　　），使用（　　　　）进行操作。

五、简答题

在离开架空线路的带电相线落地点时，如何减少跨步电压触电的影响？

第 *4* 章

电梯 PLC 控制系统电气原理分析

【学习任务与目标】

- 了解电梯控制系统的发展历程。
- 掌握 PLC 控制系统的基本原理和分析方法。
- 掌握 PLC 控制系统的几种典型电气控制回路和工作原理。
- 掌握实训教学电梯的结构原理和电梯电气构造。
- 能分析、判断和排除几种常见的电梯电气故障。

【导论】

本章以 SX-703 实训教学电梯为基础,介绍采用 PLC 和变频器控制的变压变频调速驱动系统的电梯典型控制回路的电气原理和线路,适用于目前大部分 PLC 和变频器控制的电梯控制系统的基本原理和电气构造分析。对具体电路的分析研究,可以扩展思路,有助于我们对此类电梯的现场实训和检修维护的实际应用,也有助于我们掌握电梯典型电气回路的设计和分析方法。

4.1 电梯拖动技术与电梯控制系统的发展

电梯拖动技术与电梯控制系统经历了多个不同的发展阶段,应根据电梯不同的用途和不同的结构采用不同的电梯拖动技术和控制系统;同时,电梯也采用了多种不同的分类方式,有按用途分类、按速度分类、按拖动技术分类、按操纵控制方式分类、按电梯控制系统分类等。本节将介绍电梯拖动技术和电梯控制系统的发展。

4.1.1 电梯拖动技术的发展

电梯拖动技术的发展大体可以分为以下几个阶段。

(1)直流拖动电梯:采用直流电动机驱动的电梯。

(2)交流单速电梯:采用交流单速电动机驱动的电梯。

(3)交流双速电梯:采用双速(变极对数)交流电动机驱动的电梯(AC2)。

(4)交流调速电梯:采用交流调压调速电动机驱动(交流电动机配有调压调速装置)的电梯(ACVV)。

(5)交流变压变频调速电梯:采用变压变频调速电动机驱动(电动机配有变压变频调速装

置）的电梯（VVVF）。此类电梯由于具有良好的调速性能和舒适感，迅速成为主流。

（6）永磁同步变压变频调速电梯：采用性能更好、体积更小的无齿轮同步曳引机驱动，具有体积小、重量轻、功率大、转矩大、转速比高、损耗小、效率高的特点，而且可靠性高、结构紧凑、节能环保、便于安装使用，既适用于高速和超高速电梯，也适用于小机房和无机房电梯，是目前应用最多的电梯类型。

随着稀土等新材料的出现，永磁无齿轮同步曳引机得到迅速的发展，电梯的启动、加速、制动、平层等性能大幅提升，也直接提升了电梯的安全性、可靠性和舒适性。同时，永磁同步无齿轮曳引机的电动机转子和曳引轮是一体的，当曳引机发生故障或制动器失灵引起电梯轿厢向重载方向溜车运行时，轿厢带动电动机旋转，永磁同步曳引机在外力作用下相当于发电机，此时通过封星接触器临时短接电动机输入的 3 根引线，使线圈中产生与轿厢运行方向相反的反向电动势，阻碍轿厢的快速运行，防止电梯发生溜车事故，大大提升了电梯的安全性和可靠性。

目前，永磁同步无齿轮曳引机已经成为电梯拖动技术发展的重要方向。

4.1.2 电梯控制系统的发展

电梯控制系统的发展主要经历了早期的继电器控制系统、PLC 控制系统、微机控制系统和一体化控制系统等几个阶段。电梯的继电器控制系统早已不再生产，很快被性能更优的 PLC 控制系统和微机控制系统等所取代。

（1）继电器控制系统。

继电器控制系统是电梯逻辑控制的基础，具有原理简单、线路直观、易于理解、易于掌握等优点。继电器控制系统通过触点的开、合进行逻辑状态的判断和处理，进而控制电梯的运行过程。继电器控制系统具有触点容易接触不良、寿命短、可靠性差、动作速度慢、控制功能少、接线复杂、扩展性与灵活性差等缺点，不能适应社会发展的需要，因此继电器控制系统已基本被淘汰，仅在一些老旧的客货电梯中使用，或仅作为教学使用。

（2）PLC 控制系统。

相较继电器控制系统而言，PLC 控制系统采用电气软触点代替继电器触点，由于具有编程直观方便、抗干扰能力强、工作可靠性高、扩展性强、易于构成各种应用系统，以及安装维护方便等优点，一经出现就迅速取代了继电器控制系统，并且随着变频器技术的应用，"PLC+变频器"的控制形式使电梯控制系统的性能大为改善，广泛应用在电梯及其他自动控制领域之中。

图 4-1 所示为 PLC 控制系统的电气系统框图。

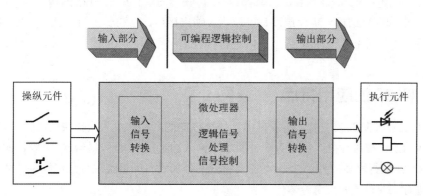

图 4-1

（3）微机控制系统。

微型计算机是在大规模集成电路的基础上发展起来的，与 PLC 控制系统相比较，微机控制系统控制更灵活，功能更强，应用范围更广。

微机控制系统以强大的数据处理能力和良好的性能，很快应用到电梯的电气控制系统中。微机控制系统的软件和硬件相结合，只需要选用不同的接口板和扩展板，修改具体的参数设置，即可实现不同的电梯控制功能。

微机控制系统在电梯控制系统上的应用，标志着现代电梯控制技术的开始。微机控制系统凭借强大的运算、存储和检测能力，使电梯可以进行"智能化"的控制，它可以设定不同的控制代码和故障代码，通过查阅故障代码，可以快速确定故障范围，方便技术人员对故障部位进行维修处理。同时，微机控制系统可使对多台电梯的群控管理得以轻松实现，实行最优调配，提高运行效率，缩短乘客的候梯时间，节约能源。

而且，微机控制系统可以实现串行总线通信和管理，减少大量的并行布线接口和电缆，系统结构更加简单，抗干扰能力强，日常维护方便。

（4）一体化控制系统。

电梯的一体化控制系统把电梯的微机控制主板和变频器的驱动部分结合到一块专用的控制主板上，省去了控制主板与变频器接口的连接信号线，在方便使用的同时又减少了故障点，控制板与变频器之间的信息交换不再局限于几根连线，而是从结构上或功能上实现了一体化控制，可以实时进行大量的信息交换。在控制柜、轿顶板、外呼板和轿内操纵箱之间通过系统总线通信，还可以减少大量的随行电缆和控制信号线，并实现同步驱动和异步驱动的一体化控制。

电梯控制系统经过不断的发展，目前的主流产品已经发展成为"电气控制+变频驱动一体化"的形式，它集 PLC 控制和微机控制的众多功能于一身，其接线简单，调试容易，可靠性高，系统控制功能强，而且体积小，功耗低，性价比高，减少了控制柜和机房的空间，使小机房和无机房的电梯控制成为可能。

4.2　PLC 的应用特点、硬件结构、输入输出接口及工作原理

在第 2 章的电梯电气系统组成及构造分析中，我们简单介绍了 PLC 的构造与功能。本节重点介绍 PLC 的硬件结构与工作原理，以及输入输出接口，以利于我们对 PLC 控制线路的分析和在实际工作中对 PCL 设备的选型，以更符合我们对实际应用的需求。

4.2.1　PLC 的应用特点

PLC 是工业控制领域中易于实现机电一体化控制的产品。可采用模块化结构，其应用特点有：结构紧凑，扩展性强，编程直观、简单，输入输出接口灵活多样，应用设计简单方便，抗干扰能力强，运行可靠，适应性强，不需要特别的外加设备即可实现与强电设备的协同工作，十分方便进行工业设备的机电一体化控制。

一、PLC 的起源

PLC 起源于美国通用汽车公司的一次招标。

20 世纪 50 年代，美国凭借在汽车、钢铁、飞机等领域的绝对优势成为世界制造业的"霸主"，在强大的工业制造业驱动下，美国需要更先进的生产工具来推动制造业的发展。1968 年，美国通用汽车公司在对工厂生产线进行调整时，发现继电器、接触器控制系统修改困难、体积庞大、噪声大、维护不方便以及可靠性差等，迫切需要新的控制系统来取代继电器控制系统，于是提出了著名的"通用十条"招标指标，意在取代旧有的继电器控制装置。

对新的控制系统提出的 10 项招标指标如下。

（1）编程方便，现场可修改程序。

（2）维修方便，采用模块化结构。

（3）可靠性高于继电器控制设备。

（4）体积小于继电器控制设备。

（5）数据可直接送入计算机。

（6）成本可与继电器控制设备竞争。

（7）输入可以是交流 115V（美国市电电压标准）。

（8）输出为交流 115V，2A 以上，能直接驱动电磁阀、接触器等。

（9）在扩展时，原系统只需进行很小变更。

（10）用户程序存储器容量至少能扩展到 4KB。

美国数字设备公司（DEC）一直专注于开发小型计算机系统，在看到通用汽车公司的招标要求后，创始人之一的奥尔森接标，最终开发出了一套全新的控制系统——PDP-14，用于控制齿轮磨床，这就是世界上第一台可编程逻辑控制器。

但 PDP-14 有一个缺陷，就是修改程序时需要把产品发回美国数字设备公司，整个处理过程耗时一周，导致它运行至 1970 年后被替换。

1969 年，美国莫迪康（Modicon）控制公司在迪克·莫利（Dick Morley）的领导下成功推出了自己的 PLC 产品，由于该产品是莫迪康的第 84 个项目，产品取名"Modicon 084"。

Modicon 084 编程相对简单，用户插入编程单元，选择适当的软件模块，然后输入梯形图即可快速进行编程；该产品安装在硬质外壳内，提高了安全等级，这是 PDP-14 所无法比拟的，最终在 1971 年全面替代了 PDP-14 以及另一个竞争产品 PDQ-Ⅱ。

莫迪康随后又于 1973 年推出"184"、1975 年推出"284"、1979 年推出工业通信网络 Modbus、1994 年推出 Quantum（中文名"昆腾"）系列 PLC，最终于 1997 年被施耐德收购并成为施耐德旗下第 4 个主要品牌。

而迪克·莫利所发明的"Modicon 084"PLC 及后续产品很快在离散制造业的控制器中占据统治地位，还逐渐用于流程工业和间歇制造的批量生产过程，迪克·莫利由此被誉为"PLC 之父"。

二、PLC 的快速发展

迪克·莫利基于集成电路和电子技术发展的控制装置使得电气控制功能实现程序化，功能越来越强大，其概念和内涵也不断扩展，这就是第一代可编程序控制器，但当时还不叫 PLC，而是叫作 PC（Programmable Controller）。后来随着个人计算机（也叫 PC）的快速发展，为了反映可编程控制器的功能特点，美国 A-B 公司将其命名为可编程逻辑控制器（Programmable Logic Controller，PLC），并将"PLC"作为其产品的注册商标。

从 20 世纪 70 年代中后期开始，PLC 进入实用化发展阶段，计算机技术被全面引入 PLC 中，使其功能发生了飞跃。更高的运算速度、超小型体积、更可靠的工业抗干扰设计、模拟量运算、PID（比例、微分、积分）功能以及极高的性价比，都奠定了 PLC 在现代工业发展中的地位。

三、PLC 的分类

根据 PLC 的结构形式和功能组合，PLC 可分为模块式和整体式两种结构。

（1）按结构形式分类。

① 模块式：组成 PLC 的各个部分是不同的功能模块，如 CPU 模块、输入模块、输出模块、电源模块等。

模块式结构的特点：由框架或基板和各种不同的模块组成，可构成具有各种不同功能和配置的 PLC 控制系统，配置灵活，便于装配及扩展；结构复杂，价格高，一般用于大中型 PLC。

② 整体式：整体式 PLC 将 CPU、存储器、输入输出接口、电源等几部分集中配置在一个设备装置内。

整体式 PLC 可分为基本单元和扩展单元两种类型，可以根据不同的应用场合选用合适的基本单元和扩展单元。这种结构一般用于小型的 PLC。

（2）按输入输出接口分类。

根据输入输出点数，可将 PLC 分为以下 3 类。

① 小型 PLC：一般输入输出接口在 256 点以下，多采用整体式结构，体积小巧，结构紧凑，接口一般为开关量，通常没有模拟量输入输出接口，如需模拟量接口，可与模拟量 I/O 模块等特殊功能模块和扩展模块组合使用。

② 中型 PLC：输入输出接口在 256 点到 2048 点，多采用模块式结构，它能连接多种具有特殊功能的模块，存储容量更大，指令更丰富，还可以配合通信接口，构建功能复杂的控制系统。

③ 大型 PLC：输入输出接口在 2048 点以上。大型 PLC 大多也采用模块式结构，可以连接多种易于扩展的功能模块和特殊功能模块，存储容量更大、速度更快、联网通信能力更强，整体功能也更强大，属于中高档的 PLC 产品，可以构建集散控制系统，适用于复杂的生产控制，可实现生产过程的自动化控制管理。

四、PLC 的主要应用领域

PLC 由于其显著的应用特点，广泛应用于以下多个应用领域。

（1）开关量逻辑控制。

开关量逻辑控制是 PLC 基本的应用领域，它广泛取代传统的继电器，实现程序逻辑判断和控制，可用于单台设备或多台设备的联网群控，也可以实现生产流水线的设备控制，以及对机床、工业生产自动化设备等的运行控制等。

（2）模拟量控制。

通过采用模拟量功能模块、模数转换模块、数模转换模块等实现对温度、压力、速度、流量等连续变量的模拟量控制。

（3）生产过程控制。

PLC 作为工业控制领域的自动控制设备，通过对开关量和模拟量的采样和运算控制，可以对生产过程中的多种变量进行分析和处理，利用算法、程序和指令完成对生产过程的闭环控制管理，在机械、化工、冶金、热处理等多个生产领域实现生产过程的自动控制。

（4）机械制造与运动控制。

PLC 在机械制造、工农业自动化等生产领域具有显著的应用优势，特别适用于圆弧、圆周、直线等周期性的往复运动控制，广泛用于机械制造、机床、电梯、机器人生产等控制中。

（5）数据采集和处理。

PLC 的开关量逻辑控制和模拟量控制功能十分适用于对数据的采集和设备工作状态的判断。PLC 可以完成数据采集、数据转换、数据传递、数学运算、分析等一系列数据处理工作，可用于电梯控制、生产过程控制、自动化生产制造等工业制造项目中。如在电梯控制系统中，可用 PLC 实现对电梯开关门状态、上限位、下限位、楼层信息等数据的采集和处理。

（6）联网及通信。

计算机技术的发展使网络通信技术得到迅速的普及和发展，PLC 的通信功能发展也很快，大多数厂商的 PLC 都具备网络通信接口，可以实现 PLC 与 PLC 之间、PLC 与其他设备之间的网络通信和远程控制，使 PLC 在自动化控制设备中得到广泛的应用。

4.2.2　PLC 的硬件结构

PLC 可以看作一种工业控制微机，它有着与微机相类似的结构形式。PLC 通常由 CPU、存储器（ROM、EPROM、RAM）、输入接口、输出接口、通信接口、扩展接口、电源/后备电池、编程器和写入器等部分组成，如图 4-2 所示。各部分的组成和功能如下。

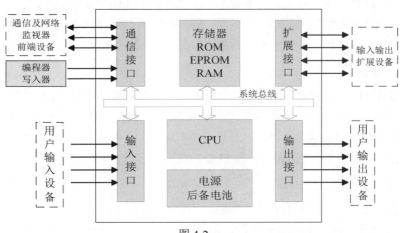

图 4-2

一、CPU

CPU 为 PLC 的核心部分，其通常由计数器、运算器、定时器、寄存器、控制电路、时钟电路及辅助电路等组成。CPU 通过地址总线、数据总线、控制总线等系统总线与存储器、输入输出设备和通信设备、扩展设备等交换数据，执行程序和指令，并通过输出接口实现程序的输出控制。

二、存储器

常用的存储器有 ROM（只读存储器）、EPROM（可擦编程只读存储器）和 RAM（随机存储器）等几种。

一般的系统固定程序存储在 ROM 中，基本的系统固定程序在 PLC 出厂时已固化在 ROM

中，用户不可删除。而 EPROM 可以用设备进行擦写和更改，以利于设备系统的升级、增加应用程序和对管理程序的更新。RAM 则是一种可进行随时读写操作的随机存储器，可用于用户程序的调试、数据的暂时存放和生成新的数据等，方便对用户程序的修改。

ROM 和 EPROM 中的数据在断电时仍可保存不变，而 RAM 中的数据在设备断电时即会消除。因此，可以配备电池作为 RAM 的后备电源，当设备断电时仍可有效地保存 RAM 中的数据信息，但要注意的是，当设备老旧或电池失效时可能会造成 RAM 中的数据信息丢失。

三、输入输出接口

输入输出接口为 PLC 与外界被控设备连接的接口。通过输入输出接口和设备，PLC 可以实现与输入设备的隔离、滤波、不同信号形式的转换、电压电平的转换和控制等目的。

PLC 通过输入接口可将不同输入电路的电平信号转换成 PLC 所需的标准电平供 PLC 进行处理。

在对用户设备进行控制时，可以根据用户对输出控制的要求选择不同的输出形式，PLC 的输出接口有多种形式，通常有继电器输出、晶体管输出、晶闸管输出等可供选择。

PLC 之所以具有接口灵活、抗干扰能力强、可以与强电直接对接工作等特点，皆有赖于多种形式的输入输出接口的配合。

四、通信接口

通信接口负责 PLC 与外界的通信联络，包括 PLC 与 PLC 之间的通信、PLC 与前级网络设备的通信、PLC 与其他控制设备的通信等。随着计算机与网络技术的发展，各种智能设备的应用和工业自动化生产需求的增加，很多智能设备和自动化设备都推出了各自的网络系统。要实现强大的网络控制，就要对 PLC 通信接口提出更高的要求。

五、扩展接口

扩展接口可以扩大 PLC 的存储容量、接口容量、扩充接口类型、加大控制功率等，如小型的 PLC 也可以增加模拟量处理模块、模数转换模块、数模转换模块等，使 PLC 具有更强大的功能，通过 PLC 的模块化扩展，PLC 既可单机运行，又可以多模块协同工作，大大增强了 PLC 的功能和扩大了工作控制范围，使 PLC 的应用跃上一个新的台阶。

六、电源/后备电池

PLC 的电源系统包括常用的交流电源、直流电源与后备电池。通常，PLC 的供电电源采用交流 220V 电源，也有采用直流 24V 供电的产品。PLC 电源系统的作用是把外部的供电电压转换成内部的工作电压。同时，PLC 内部的电源系统还可以提供一个供外部设备使用的辅助电源，以方便部分输入输出设备的应用。

为保障停电时 PLC 内部存储器的数据参数等内容不丢失，PLC 还应配备锂电池及充电电源作为后备电池供电。

七、编程器和写入器

编程器和写入器是 PLC 重要的外部设备，是为 PLC 编程和向 PLC 写入程序的工具。编程器一般分为简易型和智能型，利用编程器可以将用户程序输入 PLC 的存储器、检查程序和修改程序，还可以监视 PLC 的工作状态。同时，可以通过在计算机上增加适当的硬件接口和软件程序包，把个人计算机作为编程器使用，利用计算机对 PLC 进行编程更直观和方便，可以直接编制并显示 PLC 的梯形图。

写入器的作用是把用户编辑调试好的程序写入 EPROM，以利于 PLC 对程序的执行。

编程器和写入器在工作完成后可以脱离 PLC，用户程序编辑完成和写入后，PLC 不必再依靠编程器和写入器进行工作，可以单独运行。

4.2.3 PLC 的输入输出接口

PLC 的输入输出接口实际上是 PLC 与用户设备（被控制设备）之间进行输入输出信号传递的接口，为了适应不同的输入输出控制设备，PLC 具有多种不同的输入输出接口。

本实训教学电梯采用的三菱 FX1N-60MR-001 属于整体式结构的基本型 PLC 产品，具有 60 个输入输出点（输入点 36 个，输出点 24 个），可以单独运行，也可以配搭扩展型的 FX0N 系列和 FX2N 系列扩展模块运行，方便接口容量和功能的扩展。（FX1N-60MR-001 基本型的 PLC 产品，最多可以连接 2 台 FX0N 系列或 FX2N 系列的扩展模块单元。）

现以三菱 FX1N-60MR-001 为例，对 PLC 的输入输出接口进行介绍。

FX1N-60MR 的输入输出接口如图 4-3 所示（局部放大）。

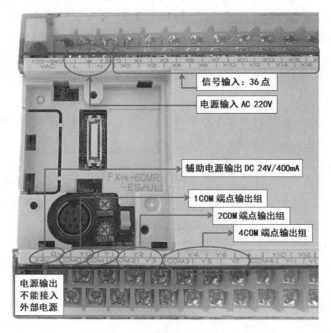

图 4-3

一、PLC 的输入接口

各种 PLC 的输入接口大体相同，PLC 输入接口中带有光电耦合绝缘隔离，并设有 RC 滤波器，用以消除输入触点的抖动和外部噪声干扰。接到 PLC 输入接口的输入器件通常是各种开关、按钮、传感器等。

PLC 输入电平通常有直流 24V 输入、交流 110V 输入、交流 220V 输入和交直流（12-24）V 输入等多种类型，PLC 通过输入接口可将不同输入电路的电平转换成 PLC 所需的标准电平供 PLC 进行处理。

本例三菱 PLC 采用的是直流 24V 输入，并利用 PLC 本身提供的 DC 24V 辅助电源输出供电。同时，直流 24V 也是电梯电气控制中常用的输入信号电平和直流电源。

三菱 FX 系列 PLC 的型号及参数规格如表 4-1 所示。

表 4-1 三菱 FX 系列 PLC 的型号及参数规格

输入输出合计点数	输入点数	输出点数	AC 电源 DC 输入 继电器输出	AC 电源 DC 输入 晶体管输出	DC 电源 DC 输入 继电器输出	DC 电源 DC 输入 晶体管输出
60（64）	36（40）	24	FX1N-60MR-001	FX1N-60MT-001	FX1N-60MR-D	FX1N-60MT-D
40	24	16	FX1N-40MR-001	FX1N-40MT-001	FX1N-40MR-D	FX1N-40MT-D
24（32）	14（16）	10（16）	FX1N-24MR-001	FX1N-24MT-001	FX1N-24MR-D	FX1N-24MT-D
14（16）	8	6（8）	FX1N-14MR-001	FX1N-14MT-001		

（1）输入点的电流容量。

在利用 PLC 本身提供的 DC 24V 辅助电源作为控制输入器件的供电电源时，要注意电源的容量和对输入点电流大小的要求。本例三菱 PLC 内置辅助电源为 DC 24V，最大输出电流为400mA，对于 X0～X7 输入点，要求 1 个 PLC 输入点的输入信号电流为 7mA（输入点的内置电阻为 3.3kΩ，输入点与公共接点可以直接短接），而对 X10 以后的输入点的输入信号电流要求为 5mA（输入点的内置电阻为 4.3kΩ，输入点与公共接点可以直接短接）。因此，我们在应用时要充分了解每个产品的使用要求，由于有些安全信号需要始终接入 PLC，当电流超过 PLC 的要求时，应采用外加电源。

补充说明。

- 编程软件兼容 FX 型 PLC 的 FXGP_WIN-C 和 Gx-Developer 梯形图软件。
- 支持最新版本 GX Works2。
- 支持超级加密。
- 辅助继电器（一般 384 点）M0～M383（断电保持）M384～M1535。
- 数据寄存器（一般）128 点 D0～D127（断电保持）128 点 D128～D2047。
- 特殊数据寄存器 256 点 D8000～D8255。
- 定时器（100MS）200 点 T0～T199（10MS）46 点 T200～T245。
- 计数器 16 位增模式 200 点（一般 C0～C15）（断电保持 C16～C199）。
- 32 位高速双向计数器 6 点（C235～C255）。
- 状态继电器初始 10 点（S0～S9）保持 990 点（S10～S999）。
- 详细资料请参阅三菱可编程控制器手册。

（2）输入信号的接入方式。

① 信号直接接入。输入信号的接入方式大多数可以采用直接接入的方式（输入信号可以直接接入输入点与公共接点之间），接线简单方便，信号名称一目了然，可靠性高，维修保养简单直观。

② 信号合并接入。信号的合并接入一般有串联输入和并联输入。

串联输入是把一组功能相关的输入信号串联接入 PLC 的输入点，如可以把各个层门的联锁开关和轿门关门开关串联在一起接入一个 PLC 输入点。

并联输入是把一组作用相同的输入信号并联接入 PLC 的输入点，如可以把开门按钮和安全触板、光幕安全开关并联在一起接入一个 PLC 输入点。

③ 编码输入。编码输入是通过编码器对输入信号进行二进制编码输入，可以减少对 PLC 输入点的要求。如采用二进制编码器，只需要 4 个 PLC 输入点，就可以控制 15 个输入信号，有效地减少对 PLC 输入点的要求。（在二进制编码中：0001 对应于 1 号输入点，0010 对应于 2 号输入点，0011 对应于 3 号输入点……直到 1111 对应于 15 号输入点。）

编码的方式有多种，常用的有 BCD 码（8421 码）、二进制码、格雷码等 3 种，3 种编码方式与十进制、十六进制的对应关系如表 4-2 所示。

表 4-2　3 种编码方式与十进制、十六进制的对应关系

十进制数	十六进制数	BCD 码	二进制码	格雷码及其对称互补特性				
0	0	0000	0000	0000	○	○	○	○
1	1	0001	0001	0001	○	○	○	●
2	2	0010	0010	0011	○	○	●	●
3	3	0011	0011	0010	○	○	●	○
4	4	0100	0100	0110	○	●	●	○
5	5	0101	0101	0111	○	●	●	●
6	6	0110	0110	0101	○	●	○	●
7	7	0111	0111	0100	○	●	○	○
8	8	1000	1000	1100	●	●	○	○
9	9	1001	1001	1101	●	●	○	●
10	A	10000	1010	1111	●	●	●	●
11	B	10001	1011	1110	●	●	●	○
12	C	10010	1100	1010	●	○	●	○
13	D	10011	1101	1011	●	○	●	●
14	E	10100	1110	1001	●	○	○	●
15	F	10101	1111	1000	●	○	○	○

以上 3 种编码方式的特点如下。

BCD 码：十进制数编码，有多种编码方法，最常用的是 8421 有权 BCD 码（各位数的权值为 8、4、2、1，故称为有权 BCD 码），是用 4 位二进制码来表示 1 位十进制数 0～9 这 10 个数值。和二进制码不同的是，它只选用了 4 位二进制码中的前 10 组代码，即用 0000~1001 分别代表它所对应的十进制数，余下的 6 组代码不用。当数字大于 10 时，需要进位，增加二进制的位数。

二进制码：用最基本的两个字符 0 和 1 组成的编码，其运算规律是逢二进一，用 4 位二进制码可表示十进制数 0～16 这 16 个数值。二进制数只有 0 和 1 两种状态（可表示开关的断开和接通），二进制码是计算机能够识别的基本代码，是面向机器的语言，是计算机进行操作和自动控制的基础。因此，二进制代码语言被称为机器语言，也是第一代的计算机语言。

格雷码：也称为循环码，有多种编码方法，最常用的是表 4-2 所示的编码方法。格雷码的特点是在一组数的编码中，任意两个相邻数的代码中只有一位二进制数不同（即只需

要改变一位编码，即可改变相邻的数值）。格雷码还有一个显著的特点，就是具有对称互补特性，在表 4-2 所示的格雷码中用空心圆圈表示 0，用实心圆圈表示 1，则很容易看出格雷码的对称互补特性及 4 位格雷码的对称互补关系，利用这一特性可以方便地构成位数不同的格雷码。

④ 矩阵扫描输入。矩阵扫描输入也是为了减少对 PLC 输入点的要求。因为在电梯的 PLC 控制电路中，不同层站的呼梯信号是占输入点数最多的，20 层站的电梯就有 20 个内呼信号和 19 个外呼信号，再加上上呼和下呼，需要的 PLC 输入点数量就很多，此时可以采用矩阵扫描输入的方法，利用 PLC 的输入点和输出点组成矩阵输入电路。例如采用 8 个输入点和 6 个输出点可以组成 8×6=48 个点的输入矩阵，可以连接 48 个按钮开关接入 PLC。

二、PLC 的输出接口

（1）PLC 输出接口的输出控制方式和电流容量。

PLC 的输出接口有多种输出控制方式，通常有继电器输出、晶体管输出和可控硅输出等几种。不同的输出控制方式各有特点：继电器输出是应用较多的开关量输出，可以控制直流和交流输出设备，也可以通过继电器触点使被控设备与 PLC 进行内部电气上的隔离；晶体管输出由于是无触点电子输出，可以实现高速的脉冲输出，如三菱 FX1N-60MT 为晶体管输出机型，可以实现 2 点 60kHz 的高速计数和 100kHz 的高速脉冲输出（Y0、Y1 是高速输出点），从光电耦合器驱动（或切断）输入晶体管 ON（或 OFF）所用时间为 0.2ms 以下（Y0、Y1 是 5µs），100kHz 的高速脉冲输出相当于每秒 10 万次的开关，这对于继电器触点输出是不可能完成的；而可控硅输出则可以方便地控制频繁接通和关闭的交流负载。因此，不同的输出控制方式各有特色，设计时可根据具体的应用场合进行选择。

本例的三菱 PLC 采用的是继电器输出，可以利用继电器的开关触点实现电气上的隔离，负载电压不超过交流 250V 或直流 24V，负载电流不超过 2A，可满足一般电梯控制的需要。

PLC 的输出接口还有分组功能，可以实现单点独立输出、2 点分组输出和 4 点分组输出的功能，如图 4-3 所示。将各组的公共点连接起来，则可以组成多点大组输出的功能。对于电阻性负载，每点的电流不超过 2A，4 点一组的电流不超过 8A。对于电感性负载，则输出负载不超过 80Ω。

（2）PLC 输出接口的连接方式。

与输入信号的接入方式相类似，PLC 的输出接口的连接方式也可以是信号直接输出、信号合并输出、编码输出和矩阵扫描输出等几种。

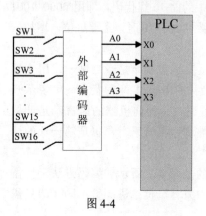

图 4-4

编码输出和矩阵扫描输出可以大幅减少多点输出时对 PLC 输出点的需求。

对于编码输出，可以先对需要输出的信号在 PLC 内部输出端进行编码，编码后的信号输出再由外部译码器电路进行译码和驱动，这个过程与编码输入的过程刚好相反。编码输入是由外部编码器电路先对需要输入的信号进行编码，编码后的信号在 PLC 内部进行译码还原，恢复编码前各个输入点输入信号的状态。

关于编码输入与编码输出的电路原理如图 4-4 和图 4-5 所示。

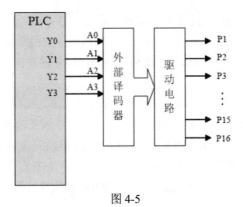

图 4-5

矩阵扫描输出与矩阵扫描输入相类似，如采用 1 组 8 点输出和 1 组 10 点输出的矩阵扫描输出电路，则可以获得 80 个输出状态，可以控制 80 个 LED。

4.2.4 PLC 的工作原理

一、PLC 的工作方式

PLC 是一种工业控制用的微型计算机，它的工作原理也是在计算机工作原理的基础上建立起来的，都是按照程序指令的顺序来执行用户程序，从而实现控制功能的。

PLC 的工作方式：PLC 在执行程序时，是按照程序指令的顺序一条一条依次执行的，CPU 从第一条指令开始按顺序逐条执行用户程序，直到遇到程序结束符后又返回第一条指令开始扫描，执行下一个程序，如此周而复始不断循环。在 PLC 中用户程序按先后顺序存放。PLC 的扫描过程分为内部处理、网络通信服务、输入信号采集处理、程序执行、程序输出几个阶段，全过程扫描一次所需的时间称为扫描周期。当 PLC 完成程序的执行而没有新的程序指令时，会处于停止运行的状态，只进行内部处理和网络通信服务等内容。当 PLC 处于运行状态时，则从内部处理、网络通信服务、输入信号采集处理、程序执行到程序输出，一直循环扫描工作。

二、PLC 的工作过程

PLC 的工作过程就是 PLC 处于运行状态时，从内部处理、网络通信服务、输入信号采集处理、程序执行到程序输出处理的过程。当 PLC 完成开机上电自检、系统初始化、配置运行方式检查等内部处理后，如果暂时不考虑网络通信服务等操作，PLC 的循环扫描工作就只有输入信号采集、程序执行和程序输出处理 3 个工作过程了。

（1）输入信号采集。

PLC 的输入信号采集有以下两种方式。

- 采样输入方式：一般在扫描周期的开始或结束时将所有输入器件（通常是各种开关、按钮、传感器等）的通断状态采集并存放到输入映像寄存器中。执行用户程序所需输入状态均在输入映像寄存器中读取，而不直接到输入端或输入模块去读取。
- 立即输入方式：随着程序的执行，需要哪一个输入信号就直接从输入端或输入模块去读取，如"立即输入指令"，此时 PLC 立即执行输入指令，就像电梯的"立即关门"功能，这时，输入映像寄存器的内容不变，到下一次集中采样输入时才变化。

在输入信号采集阶段，PLC 顺序读取所有输入端子的通断状态，并将读入的信息存入内存中所对应的输入映像寄存器。在此输入映像寄存器的内容将被刷新。接着进入程序执行阶段。在程序执行时，输入映像寄存器与外界隔离，即使输入信号发生变化，输入映像寄存器的内容也不会发生变化，只有在下一个扫描周期的输入处理阶段才能被读入信息。

（2）程序执行。

根据 PLC 梯形图程序扫描的原则，按先后顺序逐条扫描、执行程序。遇到程序跳转指令，根据跳转条件是否满足来决定程序的跳转地址。当用户程序涉及输入输出接口的状态时，PLC 从输入映像寄存器中读出上一阶段采集的对应输入端子的状态，从输出映像寄存器中读取对应输出端子的状态，根据用户程序进行逻辑运算，存入有关状态寄存器或数据寄存器中。对每个器件来说，器件映像寄存器中所寄存的内容，会随着程序执行过程而变化。

（3）程序输出处理。

程序执行完毕后，将输出映像寄存器的状态，在输出处理阶段转存到输出锁存器，通过输出隔离电路及驱动放大电路，使 PLC 输出接口输出控制信号，从而驱动外部负载。

同样，PLC 对外部的输出控制也有集中输出和立即输出两种方式。

- 集中输出方式：在执行用户程序时不是得到一个输出结果就向外输出一个，而是把执行用户程序所得的所有输出结果，先后全部存放在输出映像寄存器中，执行完用户程序后把所有输出结果一次性向输出端口或输出模块输出，驱动外部负载运行。
- 立即输出方式：在执行用户程序时将该输出结果立即向输出端口或输出模块输出，如"立即输出指令"，此时 PLC 立即执行输出指令，就像电梯的"立即开门"功能，这时，输出映像寄存器的内容也随即更新。

4.3 实训教学电梯简介

SX-703 实训教学电梯是为大中专院校、职业技术学校和技师学院电梯工程及自动化课程演示教学而设计的，其整体结构和控制柜结构如图 4-6 和图 4-7 所示。

图 4-6

图 4-7

本实训教学电梯电气控制系统采用 PLC 和变频器控制，可编程，可设置不同的运行程序和参数。电动机驱动采用变压变频调速拖动，功能与真实的变频调速电梯的相同，具有全集选功能，能自动平层，自动开关门，响应轿内呼梯指令及外召呼梯信号。该实训电梯外罩采用透明有机玻璃制造，内部结构一目了然，内部构件全部采用镀锌处理，耐腐蚀性能良好，维修保养简单。

SX-703 型群控实训电梯可作为自动化相关专业的电梯程序教学与故障排除实习之用，也可作为职业技术学校的电梯安装维修演示操作实训之用。

一、实训教学电梯的主要参数

实训教学电梯的主要参数（单位为 mm）如下。

（1）电梯轿厢尺寸：600×500×560（宽×深×高），外尺寸。

（2）门口尺寸：360×420（宽×高）。

（3）井道框架外围尺寸：920×820×2850（宽×深×高）。

（4）设备自重：约 100kg。

（5）曳引机功率：200W。有三相 380V 或单相 220V 两种电压驱动形式。

（6）额定电流：0.86A。

（7）供电电源：三相五线制，AC 380V、50Hz 或 AC 220V、50Hz 两种。

（8）变频器：三菱 FR-E740。

（9）PLC：三菱 FX1N-60MR 系列。

（10）控制方式：集选控制（JX）。

（11）电梯层站：4 层/4 站。

二、结构组成

该实训教学电梯主要由以下部分组成。

（1）井道框架。

井道框架相当于电梯附着的建筑物，提供支承及固定导轨的作用，为钢架结构。

（2）曳引机。

曳引机位于框架顶部，是电梯的动力装置，安装在承重梁上，主要由以下部分组成。

- 电动机：三相感应电动机，采用变压变频驱动方式，电梯启动时，变频器使定子电流频率从极低频率开始，按控制要求上升到额定频率；减速时，使转速相应从额定频率开始平滑地下降到零，实现电梯平层，保证电梯运行平稳，模拟真实电梯良好的舒适感。

- 制动器：只在电梯通电运转时松闸，当电梯停止时制动并保持轿厢位置不变，工作电压为 AC 220V。

- 减速器：采用齿轮减速器，具有高密度、高效率、低噪声的特点。

- 曳引轮：曳引轮绳槽为半圆槽，提供钢丝绳与绳轮之间的摩擦力。

（3）电气控制柜及主要部件。

- 变频器：根据 PLC 给出的指令，对电动机的电压、频率进行调制，使电动机速度平滑、运行平稳。

- PLC：控制电梯的运行状态，根据内选和外呼信号，对电梯的位置进行逻辑判断，然后给出运行指令，使电梯实现应答呼梯信号、顺向截停、反向保留信号、自动关门等功能。

- 安全回路及门锁回路：由相应的安全回路及门锁回路继电器组成，急停按钮和安全回路的电气开关、门锁开关的通断决定安全回路及门锁回路的正常与否，以便 PLC 判断电梯是否处于安全状态。

（4）导轨。

导轨有轿厢导轨和对重导轨两种，保证轿厢及对重做垂直运动。

（5）轿厢。

轿厢由曳引钢丝绳悬挂，钢丝绳另一端连接对重，在导轨上运行，轿厢装备有自动开关门装置，门上装有门锁开关，当梯门关闭后电梯才能运行；轿门上还装有安全触板，当关门过程中碰到障碍物时，轿门马上反向开启。

（6）对重。

对重通过曳引钢丝绳与轿厢连接，作用是平衡轿厢的重量。

（7）层门。

每个层门上都有门锁开关，所有层门关闭后，电梯才能启动。

（8）操纵箱。

操纵箱设在框架正面左侧，是模拟乘客在轿厢内选层的信号输入设备，包括以下装置。

- 数字显层器：七段数码管显示轿厢所在楼层。
- "1""2""3""4"选层按钮。
- 关门按钮。
- 方向指示灯：电梯运行方向指示。
- 电源锁：在首层外呼盒配有电源锁，用于开关电梯电源。

（9）减速信号系统：由永磁感应器构成，提供轿厢停层位置信号。

（10）终端保护开关：由永磁感应器提供电梯运行终端信号，电梯超越终端层站时，安全回路及电源将被切断，保证电梯不超出端站运行。

三、功能及有关操作

（1）正常使用操作程序。

- 接通三相电源及控制柜的电源开关。
- 打开呼梯盒上电源锁，这时应有楼层显示。电梯能自动关门，能应答内选及外呼信号，在操纵箱上选择楼层后，必须关好梯门才能运行。这时外呼按键信号顺向呼叫的能响应，可顺向停车，反向呼叫的信号保留。
- 厅外呼梯：电梯能自动响应外呼信号，顺向截停，反向呼叫的信号在完成上一个指令后，自动应答。
- 泊梯：电梯停靠在底层关好门后，把呼梯盒的电源锁匙拨至"关"，则可切断电梯电源，电梯停止工作。

（2）检修点动运行。

把控制柜中的"正常/检修"开关拨至"检修"状态，这时电梯仅做点动运行，但安全回路及门锁回路仍然有效，按"上行"或"下行"按钮，电梯点动上行或点动下行。此操作用于电梯维修或实验终端限位。用点动操作将电梯平层后，将开关拨至"正常"，电梯将恢复正常运转。

四、保养说明

在进行电梯的维修保养作业时，必须关断三相电源。

（1）润滑说明。

- 曳引机减速箱：每半年检查一次。
- 轿厢导轨：涂抹少量机油。
- 对重导轨：涂抹少量钙基润滑脂。

- 层门及轿门导轨：涂抹少量机油。

特别说明：钢丝绳不能加油润滑。

（2）日常保养要点。

- 电梯运行时注意观察整体结构是否有异常振动，曳引机是否有异常噪声、漏油现象，轿厢或对重运行时是否有振动及异响。
- 检查曳引机抱闸能否正常打开。
- 检查各层门锁动作是否正常，有无卡阻，必要时可在销轴加注少量润滑机油。
- 检查门机开关门动作是否正常，能否开门到位，必要时可调整摆杆位置，并在销轴加注润滑机油。
- 电气检查：应检查各保险丝是否烧断，检查各行程开关、永磁感应器是否动作正常，检查各门锁触点是否接合良好。

五、简单故障排除

（1）电源错相或缺相保护：当外部供电电源错相或缺相时，控制柜中的相序保护继电器动作，红色指示灯亮，这时可变换电源相序或检查是否缺相。

（2）曳引机抱闸不能打开，应检查220V抱闸回路保险丝是否烧断、220V电压是否正常。

（3）门锁回路不通：应检查门锁触点是否接触良好，可用万能表测量各门锁触点电阻。

（4）安全回路不通：应检查全梯的安全开关是否合上、安全回路上的所有开关是否正常有效。

（5）门机过慢或过快：可调整门机调速电阻或检查门机碳刷是否磨损。

（6）平层不准：可调整平层感应器的位置。

六、控制方式说明

通常，本实训教学电梯的控制方法应为开关量控制，即电梯由井道内开关（平层感应器）提供减速信号、平层信号。但根据电梯发展的趋势，也可利用新的数字量控制方式，即用旋转编码器提供数字脉冲，再经由PLC计数运算处理信号，得出轿厢的位置从而发出减速信号、平层信号。采用这种技术后，可以省去井道内许多控制开关，并有效提高电梯的稳定性，减少故障。本实训教学电梯通过转换开关（HK）可进行上述两种控制方式的转换，即开关量控制与数字量控制的转换。

实训教学电梯PLC内存储了一套程序的两种模式，通过转换开关自由切换。当转换开关置于开关量控制时，由井道内开关提供指令，数字量信号被封锁；当转换开关置于数字量控制时，由旋转编码器提供的数字脉冲作为PLC处理的信号，同时开关量信号被封锁。

七、故障模拟及说明

本实训教学电梯通过设置模拟故障开关来模拟电梯的日常故障，以提高学生分析故障问题和解决常见电梯故障的能力。

本实训教学电梯一共设置了48个模拟故障开关来模拟电梯的多种故障，故障编号设置如下。

（1）感应器故障。

故障1：GU（324～310），上强迫减速感应器损坏，电梯不能正常上行但可反向下行。

故障2：GD（325～310），下强迫减速感应器损坏，电梯不能正常下行但可反向上行。

故障3：SW（264～310），上限位感应器损坏，电梯不能上行但可反向下行。

故障4：XW（265～310），下限位感应器损坏，电梯不能下行但可反向上行。

故障5：KAB（278～310），触板开关失灵，安全触板无效。

故障 6～7：AK（268～310）；AG（269～310），开关门按钮失灵，不能开门或不能关门。

故障 8～11：1AS（1A～310）；2AS（2A～310）；3AS（3A～310）；4AS（4A～310），1～4 楼内选按钮失灵，所选楼层信号不能登记。

故障 12～14：1SA（1S～310）；2SA（2S～310）；3SA（3S～310），1～3 楼上呼按钮失灵，所选楼层按钮信号不能登记。

故障 15～17：2XA（2X～310）；3XA（3X～310）；4XA（4X～310），2～4 楼下外呼按钮失灵，所选楼层按钮信号不能登记。

故障 18～19：PKM（237～301）；PGM（243～301），开关门到位开关损坏不能闭合，引起开门或关门继电器不能吸合。

（2）触点、开关、按钮故障。

故障 20～23：1TS（1T1、2T1）；2TS（1T2、2T2）；3TS（1T3、2T3）4TS（1T4、T4），1～4 楼厅门锁开关回路故障，电梯不能运行。

故障 24：SQF（111、301），轿门门锁开关故障，轿门关闭后门锁开关未闭合或关门未到位，电梯不能运行。

故障 25～27：SJN（301、131）；SAQ（129、127）；SDS（125、123），安全回路故障，分别对应限速器、安全钳、张紧轮安全回路电气开关故障，电梯不能进行操作。

故障 28～29：KDX（115～113）；JR（113～101），安全回路故障，分别对应相序继电器、热继电器故障，电梯不能进行操作。

故障 30：DYJ（261～310），安全回路继电器触点接触不良，PLC 输入点 X5 无信号，电梯不能进行任何操作。

故障 31：MSJ（262～310），门联锁回路继电器触点接触不良，PLC 输入点 X6 无信号，电梯不能运行但可开关门。

故障 32～33：KMJ（482，481～301）；KMJ（304～480，482），开门回路开门继电器触点接触不良，导致门机没电，不能开门。

故障 34～35：GMJ（482，480～301）；GMJ（304～484，482），关门回路关门继电器触点接触不良，导致门机没电，不能关门。

故障 36～37：GMJ（235～239）；KMJ（241～244），关门继电器、开门继电器回路或开关门继电器的常闭触点接触不良，导致开门继电器或关门继电器不能吸合。

（3）PLC 输出继电器故障。

故障 38～41：Y10（1R～304）；Y11（2R～304）；Y12（3R～304）；Y1（4R～304），内选按钮灯输出按钮指示灯不亮。

故障 42～44：Y17（A～304）；Y20（B～304）；Y21（C～304），楼层显示输出继电器损坏，不能显示相应楼层。

故障 45～48：Y4（11，J4）；Y5（11，J5）；Y6（11，J6）；Y7（11，J7），PLC 至变频器输出端故障，引起变频器误动作或不能运作。

（4）电气控制柜后面附带的用于设置模拟故障的隐蔽式故障开关功能板。

本实训教学电梯电气控制柜附带的用于设置模拟故障的隐蔽式故障功能板如图 4-8 所示。

故障功能板开关故障点的设置说明。

- 各故障点设置于开关外部。
- 各故障点均引至故障端子排。
- 各故障开关均串联接入。

（5）故障排除示例说明。

以故障 1 为例：当拨动故障开关 1 时，模拟上强减开关故障，此时 PLC 输入端 X3 指示灯不亮，电梯不能正常上行，但可反向下行。这时只需用短接线短接线号 324（端子排 2）与线号 310（端子排 4），PLC 输入端 X3 指示灯亮，上强减开关信号有效接通，电梯则可正常运行。恢复故障开关 1 后，请拆除短接线。

图 4-8

八、安全注意事项

（1）系统必须可靠接地，接地线电阻应符合国家有关规定的不大于 4Ω。

（2）线路绝缘电阻应大于 0.5MΩ。

（3）不能短接门锁运行。

（4）除非透彻理解 PLC 及变频器的各参数的作用，否则不得随意变动系统程序及参数。

（5）电梯供电系统应该独立设置，不得与电焊机、高频炉等设备共用，其他易受电磁干扰的仪器设备也应该远离电梯控制柜。

（6）当发现曳引机发热、冒烟、异常噪声时，应立即关闭电源，排除故障后才能继续使用。

4.4 PLC 控制系统电气原理分析

PLC 控制系统由一系列控制电路和元件构成，主要包括电源回路、驱动主回路、安全回路、门锁回路、门机控制及开关门电路、PLC、楼层显示单元、按键登记显示单元等。此外，还包括编码器信号输入、行程开关状态输入、按键输入等信号输入元件，如图 4-9 所示。

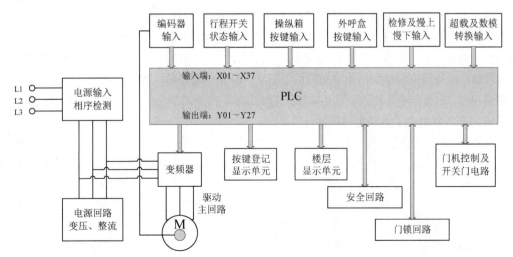

图 4-9

在本章介绍的 SX-703 实训教学电梯中,PLC 为三菱 FX1N-60MR 系列的整体式基本单元,采用 AC 220V 电源供电,继电器开关量输出。

变频器采用三菱 FR-E740-0.75K-CHT 型变频器,该变频器采用三相 380V 交流电源供电,可驱动 0.75kW 及以下的电动机,适合实训教学电梯的应用。

下面对各部分电路进行分析。

4.4.1　驱动主回路与电源回路分析

PLC 控制系统的驱动主回路与电源回路如图 4-10 所示。

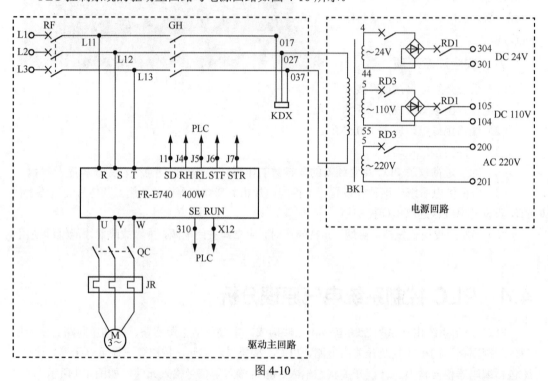

图 4-10

图 4-10 中,三相 380V 交流电源 L1、L2、L3 经断路器 RF 控制接入,一方面经过主接触器 GH 接通控制柜变压器供电电源,同时,相序继电器也在此处接入,作为三相电源缺相、错相的保护开关,另一方面三相输入电源接入后,作为主动力电源输入变频器 FR-E740 的 R、S、T 输入端,经变压变频控制后由变频器的 U、V、W 输出端输出,再经过运行接触器 QC 和热保护继电器 JR 接到电动机以驱动电动机运行。这样,输入电源、变频器 FR-E740 和 PLC 等相关控制部件就组成了驱动主回路。

在图 4-10 右边的电源回路中,三相输入电源的 L2、L3 线端电压 380V 经隔离变压器 BK1 变压后组成三路输出,其中一路 AC 24V 经整流后变成 DC 24V 直流电压,作为控制继电器的电源,同时作为教学电梯的安全回路、门锁回路及相应开关门机构等部件的供电电源使用,另一路 110V 经整流后变成 DC 110V,用于抱闸电路的制动电源,还有一路 220V 则用于为 PLC、照明等电气设备供电。每一路电源都由单独的保护开关来控制。

在电源回路中,变压器的作用除了改变电压,为控制系统及各种控制部件提供不同等级的控制电源外,还有为后续电路提供"隔离"作用,保障后级电源及用电设备的安全。

4.4.2 安全回路与门锁回路分析

安全回路与门锁回路如图 4-11 所示。

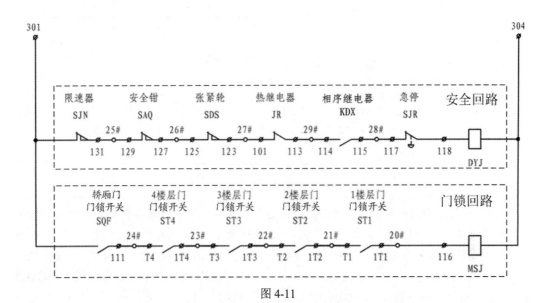

图 4-11

在图 4-11 中，安全回路的各个安全开关，如限速器安全开关 SJN、安全钳安全开关 SAQ、张紧轮安全开关 SDS、热继电器安全开关 JR、相序继电器安全触点 KDX、急停开关 SJR，经串联后接入安全回路，连通安全回路继电器 DYJ 线圈。当以上安全回路的所有开关都接通时，安全回路继电器 DYJ 线圈得电，连接于 PLC 输入端口 X5 的安全回路继电器触点 DYJ 接通（如图 4-14 所示），输入信号 X5 有效（PLC 输入端 X5 信号灯亮），PLC 控制系统得到安全回路工作状态正常的信号，可以进行下一步的操作。

在门锁回路中，分别接入了轿厢门门锁开关 SQF、层门门锁开关（ST1、ST2、ST3、ST4）。当轿门和 4 个层门全部关闭时，门锁回路接通，门锁继电器线圈 MSJ 得电，连接于 PLC 输入端口 X6 的 MSJ 触点接通（如图 4-14 所示），输入信号 X6 有效（PLC 输入端 X6 信号灯亮），则 PLC 控制系统得到门锁回路工作状态正常的信号，可以进行下一步的操作。

当安全回路和门锁回路的开关连接状态均正常时，电梯才能运行。如果两个回路中任何一个回路连接不正常，则必须先检查原因，排查故障后才能使电梯正常工作。

25#（限速器安全开关 SJN）、26#（安全钳安全开关 SAQ）、27#（张紧轮安全开关 SDS）、28#（热继电器安全开关 JR）和 29#（相序继电器安全触点 KDX）为安全回路上设置的模拟故障开关。20#（1 楼层门门锁开关 ST1）、21#（2 楼层门门锁开关 ST2）、22#（3 楼层门门锁开关 ST3）、23#（4 楼层门门锁开关 ST4）和 24#（轿厢门门锁开关 SQF）为门锁回路上设置的模拟故障开关。通过设置这些模拟故障开关来模拟安全回路和门锁回路的故障，可提高学生分析故障和解决电梯常见故障的能力。

4.4.3 门机控制与开关门回路分析

门机控制与开关门回路如图 4-12 所示。

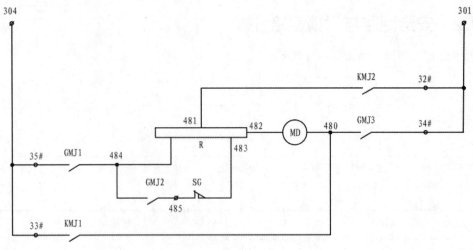

图 4-12

这是一个典型的门机控制与开关门回路，在图 4-12 中的两个供电端子 304、301 分别接入 DC 24V 直流电源的正负端。当关门继电器 GMJ1 吸合时，关门继电器 GMJ1 接通，开门继电器 KMJ1 断开，304 端子接的 DC 24V 直流电正极通过 35#端子→GMJ1→484 接点→GMJ2→485 接点→SG 和 483 接点接入电阻器 R，经 482 接点输出到门机 MD，再经过 480 接点→GMJ3 与 34#端子连接到 301 端口，组成闭合的关门回路，电梯关门。

开门时，开门继电器 KMJ1 接通，关门继电器 GMJ1 断开，304 端子连接的 DC 24V 直流电源正极通过 33#端子→KMJ1→480 接点接入门机 MD，再经 482 接点输出到电阻器 R，经过 481 接点和 KMJ2、32#端子接入 301 端子，组成闭合的开门回路，电梯开门。

由此可见，通过关门继电器 GMJ1 和开门继电器 KMJ1 的控制，使通过门机 MD 的电流方向相反，可控制电梯的开关门动作。改变电阻器 R 中不同的抽头电阻间的阻值可以改变串入门机的电阻，从而改变通过门机的电流，以得到不同的开关门速度。

图 4-12 中的 SG 行程开关的作用是当电梯关门到接近闭合时，SG 断开，关门电流接入电阻器 R 的前端输入，电阻的增大使关门电流减小，电梯慢速关门。

4.4.4　PLC 输入输出电路分析

本实训教学电梯的 PLC 采用三菱 FX1N-60MR 系列产品，具有 60 个输入输出点（输入点编号为 X0～X7、X10～X17、X20～X27、X30～X37、X40～X43，共 36 个，输出点编号为 Y0～Y7、Y10～Y17、Y20～Y27，共 24 个），输入输出接口排列如图 4-13 所示。

由图 4-13 可见，PLC 的输入输出接口是分两排交错排列的，接线时要注意分辨，防止接线错误而引起故障。

| ⏚ | COM | COM | X1 | X3 | X5 | X7 | X11 | X13 | X15 | X17 | X21 | X23 | X25 | X27 | X31 | X33 | X35 | X37 | X41 | X43 |
| L | N | ● | X0 | X2 | X4 | X6 | X10 | X12 | X14 | X16 | X20 | X22 | X24 | X26 | X30 | X32 | X34 | X36 | X40 | X42 |

| COM | ● | Y0 | | Y1 | Y2 | | Y4 | Y6 | | Y10 | Y12 | | Y14 | Y16 | ● | Y20 | Y22 | | Y24 | Y26 |
| 24+ | ● | COM0 | COM1 | COM2 | Y3 | COM3 | Y5 | Y7 | COM4 | Y11 | Y13 | COM5 | Y15 | Y17 | COM6 | Y21 | COM7 | Y25 | Y27 |

图 4-13

本实训教学电梯的 PLC 输入输出接口电路是一个典型的 PLC 电气控制电路，如图 4-14 所示。

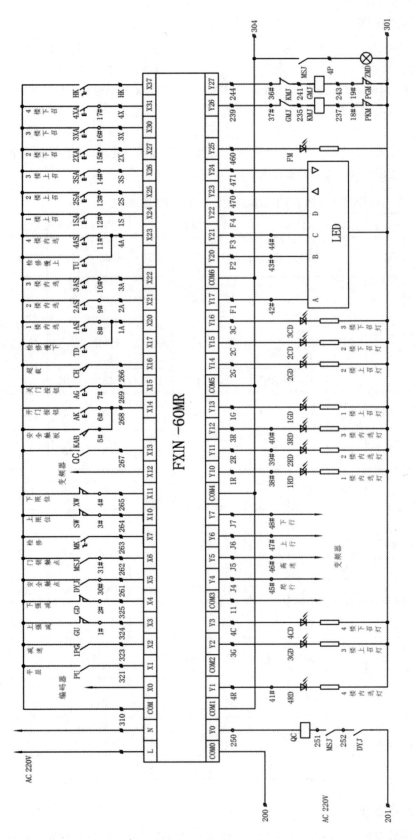

图 4-14

一、PLC 的输入点连接

在图 4-14 中，各个状态开关、按钮开关、门锁开关、限位开关和安全回路开关等，均接入 PLC 的各个输入点。大多数的接入点都采用简单直观的信号直接接入的方式，有部分采用信号合并接入的方式（X14 的开门按钮可与安全触板开关并联接入，X20 的检修上行开关和 1 楼内选上行开关并联接入，X23 的检修下行开关和 4 楼内选下行开关并联接入）。每个输入点的信号名称标识清楚明了，检修和维护都很方便，适合电梯教学与初学者的实训操作使用。

同时，PLC 的各输入输出点及故障功能板开关编号通过接线排编号连接，方便线路查找和维护。各输入点及接线端子和故障功能板开关的对应连接关系如表 4-3 所示。

表 4-3　各输入点及接线端子和故障功能板开关的对应连接关系

PLC 接口	L	N	COM	X0	X1	X2	X3	X4	X5	X6	X7	X10
接线端子编号			310		321	323	324	325	261	262	263	264
故障功能编号							1#	2#	30#	31#		3#
名称说明	电源输入		公共端	编码器输入	平层感应器	减速开关	上强减开关	下强减开关	安全回路继电器	门锁回路继电器	检修开关	上限位开关
备注	AC 220V				PU	1PG	GU	GD	DYJ	MSJ	MK	SW

PLC 接口	X11	X12	X13	X14并联	X14	X15	X16	X17	X20并联	X20	X21	X22
接线端子编号	265		267	278	268	269	266			1A	2A	3A
故障功能编号	4#		5#		6#	7#				8#	9#	10#
名称说明	下限位开关	变频器输入	主接触器输入	安全触板输入	开门按钮	关门按钮	超载开关		检修慢下	1楼内选	2楼内选	3楼内选
备注	XW	QC	KAB	AK	AG	CH	保留		TD	1AS	2AS	3AS

PLC 接口	X23并联	X23	X24	X25	X26	X27	X30	X31	X32~X36	X37	X40~X43
接线端子编号		4A	1S	2S	3S	2X	3X	4X		HK	
故障功能编号		11#	12#	13#	14#	15#	16#	17#			
名称说明	检修慢上	4楼内选	1楼上召	2楼上召	3楼上召	2楼下召	3楼下召	4楼下召		数模转换开关	
备注	TU	4AS	1SA	2SA	3SA	2XA	3XA	4XA	备用	HK	备用

二、PLC 的输出点连接

PLC 的输出端大多数也是采用简单直观的信号直接接入输出连接，在 LED 楼层显示数码管则采用 BCD 编码输出方式，采用四位编码输出（Y17～Y22）经 BCD 译码器驱动七段数码管作为楼层显示。

同时，在本例中 PLC 的两个输出端 Y26、Y27 还采用串联开关接入的方式。在 Y26 输出端，关门继电器常闭触点和开门到位开关常闭触点串联，接入开门继电器线圈，只有关门继电器常闭触点和开门到位开关常闭触点都正常闭合时，开门继电器才接通，开门电机动作，打开电梯轿门和层门；同理，在 Y27 输出端，开门继电器常闭触点和关门到位开关常闭触点串联，接入关门继电器线圈，只有开门继电器常闭触点和关门到位开关常闭触点都正常闭合时，关门继电器才接通，关门电机动作，电梯关门。

各输出点及接线端子和故障功能板开关的对应连接关系如表 4-4 所示。

表 4-4　各输出点及接线端子和故障功能板开关的对应连接关系

PLC 接口	COM0	Y0	COM1	Y1	COM2	Y2	Y3	COM3	Y4	Y5	Y6	Y7
接线端子编号	200	201	304	4R	304	3G	4C	11	J4	J5	J6	J7
故障功能编号				41#					45#	46#	47#	48#
名称说明	运行接触器电源输出		公共端	4 楼内选灯	公共端	3 楼上召灯	4 楼下召灯		爬行	高速	上行	下行
备注	QC MSJ DYJ			4RD		3GD	4CD		接变频器			

PLC 接口	COM4	Y10	Y11	Y12	Y13	COM5	Y14	Y15	Y16	Y17	COM6	Y20
接线端子编号	304	1R	2R	3R	1G		2G	2C	3C	F1		F2
故障功能编号		38#	39#	40#						42#		43#
名称说明	公共端	1 楼内选灯	2 楼内选灯	3 楼内选灯	1 楼上召灯	公共端	2 楼上召灯	2 楼下召灯	3 楼下召灯	1 楼显示灯	公共端	2 楼显示灯
备注				3RD	1GD		2GD	2CD	3CD			

PLC 接口	Y21	Y22	Y23		Y24	Y25	Y26	Y26 串联	Y27	Y27 串联
接线端子编号	F3	F4	470		471	460	239, 235	237	244, 241	243
故障功能编号	44#						37#	18#	36#	19#
名称说明	3 楼显示灯	4 楼显示灯	上行方向灯		下行方向灯	超载指示灯	关门继电器常闭触点	开门到位开关	开门继电器常闭触点	关门到位开关
备注			KDS		KDX	FM/CHD	GMJ	PKM	KMJ	PGM

在图 4-14 所示的 PLC 输入输出接口电路中，还有一个串联开关接入输出端口的连接，在独立一组的 COM0、Y0 输出接口，门锁回路继电器 MSJ 和安全回路继电器 DYJ 的常开触点串联接入运行接触器 QC 的供电线圈，当门锁回路继电器和安全回路继电器均正常工作，两个

常开触点均闭合时，运行接触器 QC 才通电动作，有效地保障电梯的安全运行。

本实训教学电梯的三菱 FX1N-60MR 系列 PLC 采用交流 220V 供电，其电源输入端 L、N 连接到隔离变压器的 200、201 的交流 220V 输出接线端，为 PLC 提供电源。

4.4.5 通电运行电路和抱闸制动电路分析

本实训教学电梯的通电运行电路和抱闸制动电路如图 4-15 和图 4-16 所示。

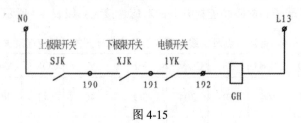

图 4-15

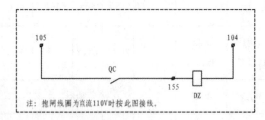
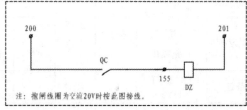

图 4-16

在图 4-15 所示的通电运行电路中，电锁开关 1YK 与上极限开关 SJK 和下极限开关 XJK 串联接入主接触器 GH 的供电线圈，并连接到交流 220V 供电电源 L、N 端（L13、N0）。只有当上极限开关和下极限开关都正常接通，同时电梯基站的电锁开关打开时，主接触器 GH 才通电接通，电梯才能正常运行。当电梯超越行程端站引发上极限开关或下极限开关动作时，则会断开主接触器 GH 的电源，电梯不能运行。

在图 4-16 所示的抱闸制动电路中，可根据不同的抱闸线圈（DZ）的供电电压要求提供不同的连接方案，当抱闸线圈的供电电压为直流 110V 时，采用左图的连接（连接 105 和 104 接点）；当抱闸线圈的供电电压为交流 220V 时，采用右图的连接（连接 200 和 201 接点）。

在图 4-16 中可见，抱闸线圈与运行接触器（QC）的常开触点串联连接，只有当运行接触器通电接通时，抱闸线圈才得电松闸，电梯才能运行。当电梯停止运行（运行接触器 QC 断开）时，抱闸线圈失电，电梯抱闸制动刹车，电梯不能运行。

📠 知识延伸：电梯通电顺序及正常操作流程

在电气设备的使用和操作中，通电的先后顺序是有一定要求的，一般是先接通总电源，然后接通负载电源；断电时的操作过程则相反，先断开负载电源，然后断开总电源。

电梯的通电顺序也一样，通电时先接通机房电源箱的供电电源，再接通控制柜内部的电源，使电梯电气控制系统通电，对相关的 PLC（或微机、一体化控制器）和变频器进行通电自检、初始化等内部处理后，进入候机待命状态，然后打开基站停靠的电梯电锁，电梯通电进入运行状态，电梯将接收指令运行。

电梯的正常操作流程：在电梯每天的初次通电运行时，一般应先使电梯空载上下运行一周，看看有无异响、抖动等不良情况，确认无不良情况后再投入正常运行。

电梯运行结束后的断电顺序与通电顺序相反，先使电梯返回基站停靠，关闭电梯电锁电源，再关闭控制柜电源，最后关闭电源箱总电源。

【任务总结与梳理】

【思考与练习】

一、判断题（正确的填√，错误的填×）

（1）（　　）根据 PLC 的结构形式和功能组合，PLC 可分为模块式和分体式两种结构。

（2）（　　）根据输入输出点数，接口在 256 点到 2048 点的属于大型 PLC。

（3）（　　）写入器的作用是把用户编辑调试好的程序写入 EPROM，以利于 PLC 对程序的执行。

（4）（　　）PLC 的输出接口有多种输出控制方式，通常有继电器输出、晶体管输出和二极管输出等几种。

（5）（　　）SX-703 实训教学电梯一共设置了 48 个模拟故障开关来模拟电梯的多种故障。

二、单选题

（1）三菱 FX1N-60MR 系列 PLC 为整体式基本单元，采用 AC 220V 电源供电，（ ）输出。

    A．继电器开关量   B．晶体管   C．可控硅

（2）三菱 FX1N-60MR 具有（ ）输入输出点。

    A．36 个   B．48 个   C．60 个

（3）在图 4-15 所示的通电运行电路中，电锁开关 1YK 与上极限开关 SJK 和下极限开关 XJK（ ）接入主接触器 GH 的供电线圈，并连接到交流 220V 供电电源。

    A．串联   B．并联   C．双联

（4）在 Y26 输出端，关门继电器常闭触点和开门到位开关常闭触点串联，接入开门继电器线圈，只有关门继电器常闭触点和开门到位开关常闭触点（ ），开门继电器才接通，开门电机动作，打开电梯轿门和层门。

    A．都正常断开时   B．都正常闭合时   C．其中一个闭合时

三、填空题

（1）PLC 的硬件结构通常由（   ）、（   ）、（   ）、（   ）、（   ）、（   ）、（   ）、编程器和写入器等部分组成。

（2）PLC 输入信号的接入方式有（   ）、（   ）、（   ）和（   ）几种。

（3）PLC 的工作过程就是 PLC 处于运行状态时，从（   ）、（   ）、（   ）、（   ）到（   ）的过程。

四、简答题

（1）电梯的控制系统包含哪几个发展阶段？

（2）PLC 控制系统有什么优点？

第 *5* 章
一体化控制系统电气原理分析

【学习任务与目标】

- 了解一体化控制系统的概念和分类。
- 了解一体化控制系统和传统控制系统产品的不同特性。
- 了解国内主流的一体化控制系统的代表产品和特点。
- 掌握一体化控制系统的系统组成和基本功能。
- 掌握默纳克 NICE3000new 一体化控制系统几个典型电路的分析方法。

【导论】

如在第 4 章中所介绍的，电梯的电气控制系统经历了从继电器控制、PLC 控制、微机控制到一体化控制的发展过程。随着时代的进步和技术的发展，一体化控制系统已成为电梯电气控制系统的主流。在本章，我们重点分析在国内应用较为广泛的默纳克 NICE3000new 一体化控制系统的典型电气电路，旨在抛砖引玉，让大家快速掌握一体化控制系统典型回路的分析方法，为理解电梯电气控制系统的电气原理，掌握一体化控制系统的调试方法和维护方法打下良好的技术基础。

5.1 一体化控制系统的概念及组成

电气控制系统是电梯的主要组件之一，电气控制系统的性能在很大程度上决定了电梯运行的安全性、可靠性和舒适性。而作为电梯电气控制系统主流的一体化控制系统，在实际应用中极大地改善了电梯的整体性能。加强对一体化控制系统的原理分析和应用研究，在应用中充分发挥一体化控制系统的优势，能有效地提高电梯运行的安全性和稳定性，为人们的交通出行提供安全稳定的服务和带来极大的便利。

5.1.1 一体化控制系统的概念和分类

一、一体化控制系统的概念

在之前的电梯电气控制系统中，电气控制部分和驱动控制部分是分开设计的，如我们熟知的"继电器控制+交流双速变极调速驱动""PLC 控制+交流变压变频调速驱动""微机控制+交流变压变频调速驱动"等典型的电梯控制系统。而一体化控制系统是在系统硬件和软件的整体设计上，把逻辑控制系统和驱动调速控制系统高度集成，将电梯专用微机控制板的功能集成到变频器控制功能中，并在此基础上，对变频器驱动功能充分优化，实现电气控制系统和驱动控制系统一体化整体控制的电梯控制系统。

二、一体化控制系统的分类

考虑到从结构和功能上实现一体化控制的思路的不同，一般把一体化控制系统分为两种类型：结构一体化控制系统和功能一体化控制系统。

（1）结构一体化控制系统。

把电梯的控制主板和变频器驱动的控制主板集成为一块控制板，组成结构一体化控制系统，这是目前主要采用的一体化控制系统的类型，如图 5-1 所示。

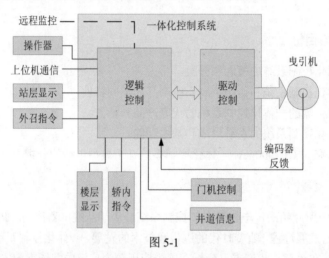

图 5-1

结构一体化控制系统将电梯电气控制与电机驱动有机地结合在一起，在充分考虑电梯以安全可靠为首要原则的基础上，结合电梯在安装、调试、操作、维保等多环节的固有特性，整体优化设计，是具有较为先进性、经济性和实用性的新一代电梯控制系统。

（2）功能一体化控制系统。

功能一体化控制系统将电梯视为一个整体，不分电气逻辑控制和驱动控制，控制板和驱动板也不一定要求整合为一块控制主板。

功能一体化控制系统既具备一体化控制系统的功能，结构上又可以把控制板和驱动板分开在 50m 以上的距离单独安装，很好地改善了结构一体化控制系统应用中的一些不足之处，可以应用在更加复杂的场合中。

功能一体化控制系统也存在一些缺点，在控制板和驱动板布线距离太大时会受到现场工作环境的影响，设备间的电磁干扰和变频器输出的谐波影响可能会导致设备的误动作或工作不稳定，周围谐波信号的干扰也会影响通信模块的工作，严重的会造成串联通信芯片的损坏，导致外呼通信中断。如果由于实际现场中确实需要对变频驱动和主机实现远距离控制，这就需要调整变频器的载波频率或增加交流电抗器来减少谐波及干扰，但这样就增加了电梯控制系统的成本，也增加了现场调试的难度和技术要求。

5.1.2 一体化控制系统的组成与工作原理

以目前主流应用的结构一体化控制系统为例，本小节将介绍一体化控制系统的组成与工作原理。

一、一体化控制系统的组成

典型一体化控制系统的组成如图 5-2 所示。

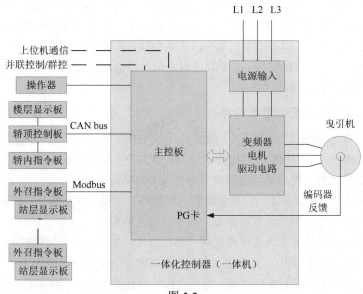

图 5-2

电梯一体化控制系统,集成了电梯逻辑控制技术、电机驱动控制技术和有源前端控制技术,以一体化控制器为核心,组成一个典型的电梯电气控制系统。

从图 5-2 中可以看出,一体化控制系统主要由一体化控制器(也称为一体机)和外围的轿顶控制板、楼层显示板、轿内指令板、外召指令板、站层显示板和曳引机、编码器等组成,而一体化控制器又由主控板、通信板、扩展板、电源电路、变频器电机驱动电路(变频装置)等组成。

在电梯行业中,也有人直接将一体化控制系统简称为一体化控制器或一体机。

二、一体化控制系统的工作原理

一体化控制系统的工作原理:一体化控制器主控板具有逻辑控制和驱动控制功能,可以接收并处理平层、减速等井道信息以及其他外部信号;可以输出信号控制运行接触器、抱闸接触器和变频器电机驱动电路,控制曳引机的启动和运行。同时通过系统配置的与电动机同轴连接的旋转编码器及 PG 卡(脉冲发生器接口卡),完成速度检测及控制电机信号反馈,同时以脉冲计数的方式记录井道各位置开关的信息,实现准确平层、直接停靠,保障运行安全,形成对电梯的速度闭环和位置闭环控制。

轿顶控制板与一体化控制器之间采用 CAN bus 通信,实现轿厢相关部件的信息采集与控制;外召指令板/站层显示板与一体化控制器之间采用 Modbus 通信,只需简单地设置地址,即可完成所有楼层外召唤的指令登记与显示。轿顶控制板是包括安全触板、光幕、超载或满载等轿厢输入信号、到站信号和门机控制输出信号的连接中枢,是信号传输和控制的中转站,在一体化控制系统中起着承上启下的作用。

5.1.3 一体化控制系统的特点

一体化控制系统是集逻辑控制、计算机技术、自动控制技术、网络通信技术、电机矢量驱动技术于一体的智能控制系统,是目前较为先进的电梯控制系统。

一、一体化控制系统的功能特点

一体化控制系统具有的功能特点主要体现在以下几个方面：电梯控制和驱动一体化的技术，对变频器驱动的功能充分优化，对电梯运行的安全性、可靠性和稳定性具有较大的保障，同时系统成本低、占地空间小，适合小机房和无机房安装，安装和调试的费用比较低，使用也十分方便，还可以根据输入运行指令自动生成多条曲线，具有直接停靠、楼宇智能、远程监控、短消息报修、PDA（个人移动终端）调试、蓄电池运行等全套新技术的应用。一体化控制系统是电梯控制发展的重要方向。

二、一体化控制系统的技术特点

传统的控制板+变频器的结构限制了电梯运行曲线的数目，因此在速度固定的情况下不能充分利用层高，而一体化控制系统对电梯的运行控制进行了优化，能够自动生成运行曲线，因此具有直接停靠的效果，使电梯的运行效率得到显著的提高。

在交换、传播信息的基础上，一体化控制系统能够更加精准地判断产生的故障信息，建立合理、有效的解决方案。例如，直接停靠、高平层精度的实现。

采用一体化控制系统能节省系统连接线，不仅方便、省时，也可降低故障产生的可能性，使信息交换的方式更加多样化，不受空间和时间的限制，为交换信息提供方便。

能够进行直接停靠，节省爬行时间，提高电梯的运行效率，缩短乘客的候梯时间，给乘客提供良好的乘坐体验。

一体化控制系统也存在一定的不足，对模拟量的控制不可避免地会受到一些因素的干扰。一体化结构可通过芯片之间的数据交换代替模拟量，从而合理消除模拟量控制过程中的干扰因素。

5.1.4　一体化控制系统与传统控制系统的分析比较

一体化控制系统是第四代的电梯控制系统，它将电梯控制与变频驱动完美地融合在一起，一体化控制系统与传统控制系统（如第一代的电梯控制系统即继电器控制系统+驱动控制；第二代的电梯控制系统即 PLC 控制系统+驱动控制；第三代的电梯控制系统即微机控制系统+驱动控制）相比，具有明显的优势，具体表现在以下 3 个方面。

一、系统的先进性

一体化控制系统由于在结构上把电梯的微机控制主板和变频器的驱动部分集成到一块专用主控板上，取消了控制主板与变频器接口的连接信号线，在硬件和软件上进行了功能和结构上的进一步优化，可以实时进行大量的信息交换，功能也更加丰富。

准确的电梯运行曲线自动生成，能真实地反映出控制的意图，系统输入输出接口简洁、故障诊断功能准确、故障处理更灵活。同时一体化控制系统还具备远程监控、PDA 操作、N 条曲线、直接停靠等先进的技术，使电梯安装调试更简单，操作更方便，电梯的启动运行更舒适，直接停靠技术使电梯的每次运行可节省 3～4s 的爬行时间，缓解了乘客因等待而产生的焦躁心理，提高了乘坐电梯的舒适感。

一体化控制系统还具有智能楼宇控制、蓄电池运行、能量反馈等高端功能，自动应急救援等功能也能得以更好地实施。

二、系统的经济性

一体化控制系统在主控板与轿顶板、轿内指令板和楼层显示板之间，主控板与外呼板和站层显示板之间通过系统总线进行通信，不需要复杂的布线连接，可大大减少随行电缆和控制信号线及相关配件的数量，降低整体价格，也容易实现配件接口板的标准化和模块化，安装和调试较为简单方便，也能降低维护的难度和维修保养的费用。

三、系统的适用性

一体化控制系统通过与系统配套的手持式 PDA 操作器，即可方便地修改控制系统的参数，同时，PDA 操作器具有丰富的人机界面，调试和维护变得简单方便。

一体化控制系统体积小，容易安装，无机房和小机房电梯均适用，能有效节省机房的建筑空间。

一体化控制系统还可以方便地用于不同曳引机的驱动控制，只需要修改控制系统的相关参数，配置不同的 PG 卡，就可实现同步驱动和异步驱动的一体化控制。

5.2 国内几种主流一体化控制系统产品和部件

一体化控制系统以其高效、安全、可靠性高、经济性好等优点在电梯控制系统中得到了广泛的应用，电梯一体化控制器的相关研发和生产厂商也纷纷推出了不少具有先进性和代表性的产品，如苏州默纳克控制技术有限公司的 NICE3000new 一体化控制器，沈阳蓝光新一代有限公司的 iBL6 一体化控制器，上海新时达电气股份有限公司的 AS380S 一体化控制器，佛山市默勒米高电梯技术有限公司的 MC-1DRV 一体化控制器等。

5.2.1 国内几种主流一体化控制系统产品

作为一体化控制系统核心部件的一体化控制器（也称为一体机），经过多年的发展，技术逐渐成熟，国内外都涌现出了很多一体化控制器产品，包括一般电梯用的一体化控制器、自动扶梯用的一体化控制器和门机一体化控制器等，下面对国内主流的部分一体化控制器产品进行一个简单的介绍。

一、默纳克 NICE3000new 一体化控制器

NICE3000new 一体化控制器是目前应用较多的一体化控制系统，能够为客户提供一系列电梯解决方案和符合新国标的综合解决方案，产品种类齐全，尽可能地满足客户的各种需求。新一代的 NICE3000new 一体化控制器，集成了交流异步电动机和永磁同步电动机的驱动控制功能，仅需修改一个参数，即可分别实现驱动交流异步电动机和永磁同步电动机的不同应用，安全、可靠，并且节能，同时减少随行电缆的数量，用户接口固定，方便用户使用及维修，产品外观如图 5-3 所示。

NICE3000new 一体化控制器产品具有以下特点。

（1）根据两点的距离自动生成运行曲线，无须预先设定，如图 5-4 所示。

（2）短层站运行无须额外设定。

（3）加速过程允许截车。

（4）没有爬行，直接停靠。

图 5-3   图 5-4

（5）允许提前开门。

（6）允许自动再平层。

（7）全方位提高舒适度和运行效率。

（8）全系统只采取唯一的高速编码器作为速度反馈信号，并通过电机控制算法对它进行诊断，在位置信号破坏前，采取紧急措施，不会造成冲顶蹲底。

（9）采用以距离为原则的直接停靠算法，在正常运行中不依赖平层感应器的信号，即使平层感应器全部坏掉，也能保证正常停靠。

（10）采用独创的强迫减速算法，只根据最高速减速点所处楼层的位置来决定强迫减速开关的个数，和曲线的多少无关。

（11）具有丰富的调试界面，简易的键盘，集成自学习、检验、维保、故障显示等基本功能。

（12）具有上位机软件，内置现场调试、远程监控、工厂检验、故障诊断、示波器、时序检查等高端软件。

（13）可以接手持操作器，全系列参数设置、故障状态显示、故障查询。

（14）具有可实时编程功能。

（15）具有实时服务功能。系统内置高精度的系统时钟，可配合大楼的管理，实现特色的保安层服务、上班服务、下班服务、用餐服务、贵宾服务、防盗服务等。

（16）具有强大的故障分析和处理功能。多达 52 种故障诊断和 5 级故障处理，不仅为维保人员带来方便，亦最大限度地保护乘客安全。

二、蓝光 iBL6 一体化控制器

iBL6 一体化控制器是沈阳蓝光新一代技术有限公司自主研制的新一代智能型电梯一体化控制器。它将电梯智能逻辑控制和高性能变频调速驱动控制高度融合，有机地整合为一体。相比传统的控制系统，iBL6 系列产品具有技术先进、性能优越、调试简单、安全可靠等显著特征，产品外观如图 5-5 所示。

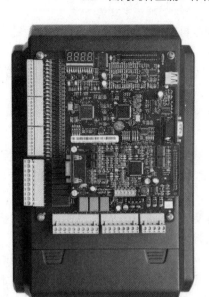

图 5-5

iBL6 一体化控制器具有以下特点。

（1）技术先进。

- 电梯智能逻辑控制和高性能变频调速驱动控制有机地融合为一体，真正实现电梯的一体化控制。
- iBL6 一体化控制器使用运算能力更强的 Cortex M4 MCU（主频 168MHz），单指令执行周期仅为 6ns，确保能实现更精确的矢量控制，舒适感更好；速度控制精度高，±0.05%使整体运行更平稳，舒适感更佳。
- 采用先进的矢量控制技术，实现电机的精确解耦，充分发挥电机性能，电梯运行舒适感更佳。
- 运用先进的空间矢量 PWM 方法，供电电能利用效率较传统的正弦 PWM 方法有显著提高，更加节能。
- 应用了 STO（安全转矩关断）技术，在电梯发生故障停机时触发 STO 功能，使一体化控制器停止力矩输出确保乘梯安全，功能安全等级达到 SIL3，同时减少因运行接触器产生的故障。

（2）性能优越。

- 按目标楼层智能生成最佳的运行曲线，实现直接停靠，提高电梯运行效率。
- 采用 CAN bus 串行通信技术，数据传输高速、可靠，简化系统接线，方便系统扩展。
- 采用基于互联网的无线远程监控系统接口，方便异地指导调试、维护和监视电梯运行。

（3）调试简单。

- 可与蓝光最新的网络专家系统配合使用，降低对调试人员专业性的要求，在电梯的使用活动中（包含安装、调试和维修阶段）获得实时、专业、高效的指导；有效节省客户的时间和成本。
- 配有点阵的 LCD 手操器，对每个操作中遇到的参数都做了说明，调试简单易用。
- 易于使用的电机旋转参数或静止参数自学习、电机初始角度自学习。
- 模糊控制无负载补偿启动，即使电梯不安装称重装置，也可获得优良的启动舒适感。
- 使用 iBL6 一体化控制器配置蓝光同步主机时，可以使用一体化控制器内置的主机型号选择功能，可省去电机参数的填写和参数自学习步骤，大大地提高调试效率。

（4）安全可靠。

- 先进的双 32 位 CPU+可编程逻辑器件 FPGA 可完成电梯全部控制，为电梯安全可靠运行提供"硬"保障。
- 冗余设计和全面的软硬件保护功能，保障电梯运行的安全可靠；150%额定电流 60s，200%额定电流 10s 的过载能力。产品在设计理念上都尽可能地提高标准，所有产品在设计之初就考虑到极高的过载能力，提高产品的稳定性和耐用性。
- EMC 实验室专业测试，全面提高抗电磁干扰能力和自身电磁骚扰抑制，适应电梯现场的复杂性。
- 为了使整个系统运行更安全，iBL6 一体化控制器设计有基于 Actel 航空级 FPGA 芯片底层保护电路，极大地增强了系统的可靠性。
- 具有用来检验电梯每次停车时控制器到主机电流流动阻断情况的监控功能。
- 主要元器件均为高可靠性的国际一流品牌产品，可从根本上保证整体产品的稳定性与可靠性。

此外，iBL6 一体化控制器功能齐全、使用简便，其主控板控制回路端子排列如图 5-6 所示。

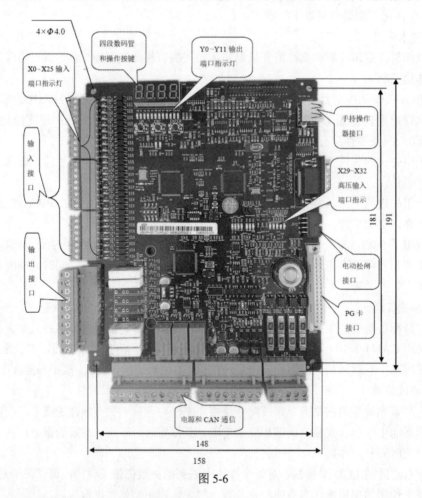

图 5-6

三、新时达 AS380S 一体化控制器

AS380S 一体化控制器是上海新时达电气股份有限公司开发生产的，产品外观如图 5-7 所示。

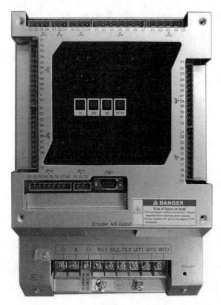

图 5-7

AS380S 一体化控制器是具有先进水平的新一代专用电梯控制和驱动装置。它充分考虑了电梯的安全可靠性、电梯的操作使用固有特性以及电梯特有的位能负载特性，采用先进的变频调速技术和智能电梯控制技术，将电梯的控制和驱动有机地结合成一体，使产品在性能指标、使用简便性、经济性等方面都有了进一步的优化、提高。

（1）AS380S 一体化控制器具有以下特点。

- 结构模块化设计，每个模块采用硬连接，可方便拆卸和更换。
- 美观、大方的外观，个性化的面板设计。
- 具有新时达现有电梯一体化控制器的所有控制功能。
- 电梯调试引导功能，方便用户现场调试：具有丰富、先进的电梯操作功能，能充分满足客户的各种需求。
- 具有平衡系数自学习功能。
- 支持 AC 220V/DC 48V 两种应急电源供电模式。
- 硬件的基极封锁，解决运行中断门锁过电流问题。另外，结合安全回路采样，实现输出接触器不拉弧。
- 第二制动闸保护功能，正常情况下呈开启状态，若发生故障导致电梯停止运行，则在延迟 2s 后切断电源，第二制动闸在此期间闭合。
- 全 CAN 总线通信，使整个系统接线简单，数据传输能力强，可靠性高。
- 采用先进的直接停靠技术，使电梯运行效率更高。
- 具有先进的群控功能，不仅支持最多 8 台电梯的传统群控方式，还支持新颖的目的层分配群控方式。
- 采用先进的矢量控制技术，电机调速性能优异，可实现最佳舒适感。
- 通用性好，同步电动机和异步电动机均适用。
- 新创无载荷传感器启动补偿技术，使电梯无须安装称量装置就具有优异的启动舒适感。
- 新型 PWM 死区补偿技术，有效降低电机噪声，降低电机损耗。

- 动态 PWM 载波调制技术，有效降低电机噪声。
- 同步电动机无须编码器相位角自整定。
- 硬件采用第 6 代新型模块，耐结温度可达到 175℃，开关和开通损耗低，延长使用寿命。

（2）AS380S 一体化控制器的主要指标与规格参数如下。

- 输入电压：400V 级，AC 340～440V。
- 输入频率及允许波动：50/60Hz，−5%～+5%。
- 最大楼层：单梯 2～64 层。
- 额定速度：≤2.5m/s。
- 功率范围：5.5～37kW。
- 群控方式：≤8 台。
- 通信方式：CAN 总线串行通信。

AS380S 一体化控制器控制回路可以具有多种不同的输入形式，如低压光耦输入、高压光耦输入、差分模拟量输入等；输出形式如一般的继电器输出和高压继电器输出。AS380S 一体化控制器控制回路端子排列如图 5-8 所示。

图 5-8

四、米高 MC−1DRV 一体化控制器

MC-1DRV 一体化控制器是佛山市默勒米高电梯技术有限公司推出的电梯专用一体化控制器产品，采用矢量控制变频器，可选择直接停靠功能（<11kW），可开环运行，最高速度为 4m/s，功率输出为 5.5～45kW 50Hz 或 60Hz；最小噪声调试频率 17kHz；抗干扰性能符合国际

标准规范，调试简便、快捷，可自动计算制动距离，可驱动三相交流同步电动机。

　　MC-1DRV 一体化控制器的主控制板端子排列如图 5-9 所示。

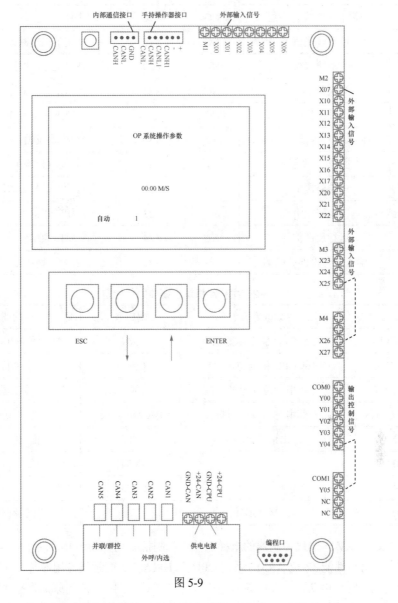

图 5-9

　　MC-1DRV 一体化控制器各端口的功能定义如表 5-1 和表 5-2 所示。

　　从表 5-1 和表 5-2 中可以看出，MC-1DRV 一体化控制器具有 24 个输入端口，其中有一组是高压 110V 输入端口，可以方便接入厅门锁信号、轿门锁信号等安全回路信号（M3-X23、X24、X25）；输出端口分为两组，具有 6 个输出端口，满足多种电梯控制应用的需要。

表 5-1　主控制板输入端口的功能定义

端口号	功能定义	信号	端口号	功能定义	信号
M1	输入信号内部公共端	（+）	X13	抱闸反馈信号	NC
X00	电机过热输入信号	NO	X14	平层信号	NO
X01	电梯后备电源信号	NO	X15	下限位（可不用）	NC

续表

端口号	功能定义	信号	端口号	功能定义	信号
X02	停电 UPS 应急平层	NO	X16	上限位（可不用）	NC
X03	地震模式信号	NO	X17	高速下强迫减速	NC
X04	消防信号	NC	X20	高速上强迫减速	NC
X05	火警信号	NC	X21	低速下强迫减速	NC
X06	锁梯信号	NO	X22	低速上强迫减速	NC
M2	输入信号内部公共端	（+）	X26	安全模块反馈信号	提前开门
X07	检修/正常选择	NC	X27	安全模块检测信号	
X10	检修慢上	NO	M3	高压输入信号公共端	110V
X11	检修慢下	NO	X23	厅门锁信号	NO
X12	运行反馈信号	NC	X24	轿门锁信号	NO
M4	输入信号内部公共端	（+）	X25	安全回路信号	NO

表 5-2　主控制板输出端口的功能定义

端口号	功能定义	端口号	功能定义
+24-CPU	内部 CPU 供电源正极	CAN1	外呼/内选接口
GND-CPU	内部 CPU 供电源负极	CAN2	外呼/内选接口
+24-CAN	外部串行总线电源正极	CAN3	操作器接口
GND-CAN	外部串行总线电源负极	CAN4/CAN5	并联/群控
COM0	输出信号公共端	Y03	抱闸接触器输出
Y00	备用	Y04	抱闸强激输出信号
Y01	锁梯信号输出	COM1	（Y05）输出信号公共端
Y02	运行接触器输出	Y05	消防反馈输出信号

采用 MC-1DRV 一体化控制器的电梯一体化控制柜系列如图 5-10 所示，MC-1DRV 一体化控制系统，使用高性能 32 位 ARM7 系列 CPU 及 HITACHI 变频器专用芯片，可适配三相交流异步电机及永磁同步电动机。人机界面简单，操作方便；以距离控制原则直接停靠，平层精度高，运行曲线平滑，起停舒适；硬件资源充分整合，结构简单，体积更小，是无机房电梯及传统电梯的理想选择。

MC-1DRV 一体化控制器主要指标参数如下。

- 额定速度：≤4m/s。
- 功率范围：5.5～75kW。
- 电压等级：360～480V，50/60Hz。
- 群控范围：≤8 台群控。
- 适用楼层：≤64 层。
- 适用梯型：客梯、货梯、病床梯、住宅梯、观光梯。
- 支持小区监控/远程监控功能。

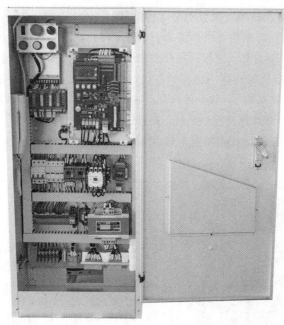

图 5-10

MC-1DRV 一体化控制器电源等级为 400V 级（200V 级需特殊定制）。适用电机容量为 5.5～75kW；其中，MC-1DRV 一体化控制的机种容量的规格如表 5-3 所示。

表 5-3　400V 级机种容量的规格

型号 MC-IN-ONE-4-□		5P5	7P5	011	015	018	022	030	037	045	055	075
驱动器容量代码		5P5	7P5	011	015	018	022	030	037	045	055	075
最大适用电机功率（kW）		5.5	7.5	11	15	18	22	30	37	45	55	75
输出功率（kW）		11	14	21	26	31	37	46	57	69		
额定输出电流（A）		14	18	27	34	41	48	65	80	97	128	165
制动电阻功率及最小电阻	（kW）	1.5	2	2.5	4	5	6	9.6	13	16	20	24
	（Ω）	40	40	30	25	20	20	15	15	12	12	10
电源	额定电压频率	三相 350V、380V、400V、420V 50/60Hz										
	容许电压变动	+10%，−15%										
	容许频率变动	±5%										
断路器的选择（A）		20	30	40	50	50	63	75	100	120	160	180
接触器的选择（A）		20	20	30	50	50	65	75	100	120	160	180
滤波器的选择	（A）	15	20	30	40	50	65	75	80	100	130	165
	（mH）	1.42	1.06	0.7	0.53	0.42	0.26	0.24	0.22	0.18	0.16	0.12

佛山市默勒米高电梯技术有限公司是电梯配套行业全球的主要制造企业之一，是专业研发、生产、销售电梯控制与驱动系统并服务于全球电梯行业的高新技术企业，创立于 1991 年，与德国米高电梯公司密切合作，进行产品开发和产品销售，并在德国技术基础上，进行了一系列优化、提高，变频器从第一代 330、第二代 340 到第三代 2000、第四代 2003、第五代 MC-IN-ONE 一体化控制系统，五代升级产品已在全球处于先进地位。涉及多种电梯控制系统，有自行开发生产的电梯微计算机控制系统、矢量式电梯专用变频调速器等，其中电梯微计算机控制系统 Micolift 3003L-Ⅲ(ARM)如图 5-11 所示。

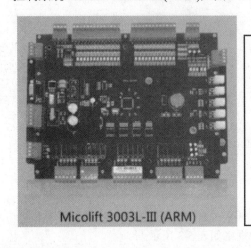

- ●适用梯型：客梯、货梯、病床梯、观光梯
- ●最大速度：4m/s
- ●最大楼层：64 层，可扩展到 100 层
- ●控制模式：单梯，并联，群控（≤8 台）
- ●通信方式：现场 CAN 总线控制，采用 32 位 ARM7 CPU
- ●开放式系统，支持下载电梯程序进行系统升级
- ●井道参数自学习，自动选择单、多层运行曲线
- ●可支持模拟量直接停靠功能
- ●支持变频、双速、液压 3 种控制方式

图 5-11

Micolift 一体机是微机控制与变频驱动高度结合的新型产品，具有产品体积小、布局精简、可靠性高、性价比高等特点，是电梯企业生产及改造的首选产品，也是当今电梯配套设备的主流。

5.2.2　NICE3000new 一体化控制系统参数及主要部件

一、NICE3000new 一体化控制系统的规格型号及主回路电源接口

作为国内主流一体化控制系统的默纳克电梯一体化控制器，具有多个产品系列，包括 NICE3000new 电梯一体化控制器、NICE2000new 扶梯一体化控制器、NICE900 门机一体化控制器等，现介绍 NICE3000new 一体化控制系统的主要参数及部件。

NICE3000new 一体化控制器的规格型号如图 5-12 所示。

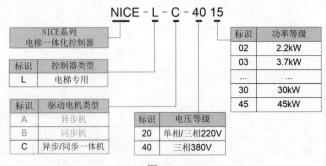

图 5-12

NICE3000new 一体化控制器的主回路电源接口如图 5-13 所示。

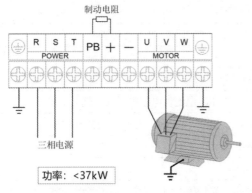

标号	名称	说明
R / S / T	三相电源输入端子	交流三相380V电源输入端子
+ / −	直流母线正负端子	■ 外置制动单元连接端子（≥37kW时） ■ 能量回馈单元连接端子
+ / PB	制动电阻连接端子	37kW以下控制器制动电阻连接端子
U / V / W	控制器输出驱动端子	连接三相电动机
⏚	接地端子	接地保护

图 5-13

NICE3000new 一体化控制器的配置参数如表 5-4 所示。

表 5-4　NICE3000new 一体化控制器的配置参数

输入电源	相数、电压、频率	200V 级：单相 220～240V、50/60Hz
		380V 级：三相 330～440V、50/60Hz
		480V 级：三相 440～500V、50/60Hz
	允许电压变动	−15%～+10%
	允许频率变动	−5%～+5%
	瞬时电压降低承受量	200V 级：AC 150V 及以上继续运行；从额定输入状态降至 AC 150V 以下时，15ms 继续运行后欠电压保护
		400V 级：AC 300V 以上继续运行；从额定输入状态降至 AC 300V 以下时，15ms 继续运行后欠电压保护
基本特性	最大楼层	48 层
	电梯运行速度	≤10.00m/s
	群控数量	≤8 台
	通信方式	CAN、RS 485 总线串行通信
驱动特性	控制方式	带 PG 卡矢量控制
	启动力矩	视负载而定，最大达到 200%额定力矩
	速度控制范围	1：1000（带 PG 卡矢量控制）
	速度控制精度	±0.05%（带 PG 卡矢量控制，25℃±10℃）
	力矩极限	200%额定转矩
	力矩精度	±5%
	频率控制范围	0～99Hz
	频率精度	±0.1%
	频率设定分辨率	0.01Hz/99Hz
	输出频率分辨率（计算分辨率）	0.01Hz
	无载荷启动补偿	在电梯载荷大小未知的情况下，根据电梯将要运行的方向，给电机施加以合适的转矩，使其平滑启动，使启动瞬间溜车降低到最小，增加电梯的启动舒适感

续表

	项目	说明
驱动特性	制动力矩	150%（外接制动电阻），内置制动单元
	加减速时间	0.1～8s
	载波频率	2～16kHz
	蓄电池运行	在停电时，依靠蓄电池供电使电梯低速就近平层
PG 接口	PG 卡种类	集开、推挽、差分、sin/cos、通信绝对式编码器
	PG 卡信号分频输出	OA，OB 正交
输入输出信号	光耦输入控制电源	隔离 DC 24V
	低压光耦隔离输入	24 路开关量，光耦控制信号为隔离 DC 24V 电源输入信号
	高压光耦隔离输入	4 路开关量
	继电器输出	6 路常开触点，单刀单掷，5A 触点切换能力，触点负载（阻性）：5A，AC 250V 或 5A，DC 28V
	USB 接口	手机调试
	CAN 通信接口	2 路（轿顶通信、并联或群控）
	Modbus 通信	2 路（外呼通信、小区监控或物联网）
	模拟量输入口	1 路单端或者差分输入，输入电压范围–10～+10V，精度 0.1%
保护特性	电机过载保护	可通过参数设定电机的保护曲线
	控制器过载短路保护	150%额定电流 60s；200%额定电流 10s
	短路保护	输出侧任意两相短路造成过电流时，保护驱动控制器
	缺相保护	控制器自带缺相检测功能，对于输入相序有误的情况，控制系统将报缺相故障，从而阻止电梯运行，防止意外发生
	母线过电压阈值	母线电压 DC 800V（380V 系列）、DC 400V（220V 系列）
	母线欠电压阈值	母线电压 DC 350V（200V 系列）、DC 200V（220V 系列）
	瞬时停电补偿	15ms 以上保护
	散热片过热	通过热敏电阻器保护
	防止失速	运行中速度偏差大于额定速度的 15%时，启动失速保护
	旋转编码器异常	包括旋转编码器缺相、反向、断线、脉冲干扰等情况，出现此类情况时，系统立即进行故障保护，防止意外发生
	制动单元保护	自动检出制动单元异常，进行保护
	模块保护	过电流、短路、过热保护
	电流传感器保护	上电时自检
	速度异常保护	编码器反馈速度超过限定值或者力矩限定与测速反馈偏差过大时，系统会立即进行保护，报警提示，禁止再次运行，从而对电梯的速度异常进行快速保护
	输出接地保护	运行过程中任意一相对地短路，关断输出，保护控制器
	输出不平衡保护	运行中检测到输出三相电流不平衡，关断输出，保护控制器
	制动电阻短路保护	制动时检测
	运行时间限制器保护	上电时自检
	EEPROM 故障	上电时自检

续表

显示	小键盘	3 位 LED 显示，可实现部分调试功能
	操作面板	5 位 LED 显示，可查看、修改大部分参数以及监控系统状态
	手机 App 调试	可连接系统与手机 App，全面、直观地查看、修改系统状态
环境	温度	−10～+50℃（环境温度在 40℃以上，请降额使用）
	湿度	RH95%以下，无水珠凝结
	振动	小于 5.9m/s² （0.6g）
	保存温度	−20～+60℃（运送中的短期间温度）
	使用场所	室内（无腐蚀性气体、灰尘等场所）
	污染等级	PD2
	IP 等级	IP20
	适用电网	TN/TT
	海拔高度	1000m 及以下（高于 1000m，请降额使用，每升高 100m，控制器降额 1%使用）

二、NICE3000new 一体化控制系统部件、选配件的连接

NICE3000new 一体化控制系统的部件、选配件的连接如图 5-14 所示。

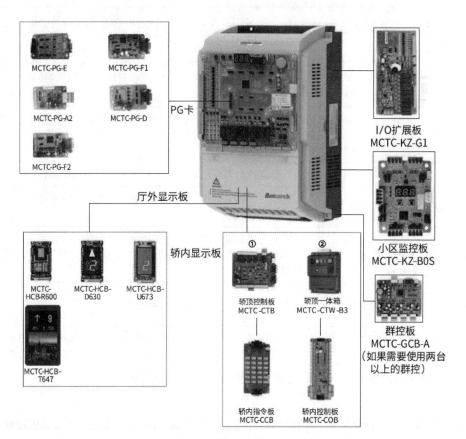

图 5-14

由图 5-14 可看出，NICE3000new 一体化控制系统的主要部件及选配件包括厅外显示板、轿内显示板、轿顶控制板、轿内指令板、轿内控制板、轿顶一体箱、PG 卡、群控板、小区监控板、I/O 扩展板等，各部件、选配件通过不同的接口与一体化控制器主控板相连接。各部件、选配件的名称、型号、功能如表 5-5 所示。

表 5-5　NICE3000new 一体化控制系统部件、选配件一览表

名称	型号	功能
外置制动单元	MDBUN	75kW 以上外置制动单元
编码器适配 PG 卡	MCTC-PG-A2	推挽输出、开路集电极输出增量型编码器
	MCTC-PG-D	可以用于适配 5V 电源的 UVW 差分信号编码器或 ABZ 差分信号编码器
	MCTC-PG-E	sin/cos 型编码器——ERN1387/汇通 SC53
	MCTC-PG-F1	绝对值编码器（Endat 型：ECN413/1313）
	MCTC-PG-F2	绝对值编码器（汇通 EA53）
轿顶控制板（轿顶板）	MCTC-CTB	轿顶板 MCTC-CTB 是一体化控制器的轿厢控制板，含有 8 个数字量输入、1 个模拟量输入，标配 7 个继电器输出（非标 9 个）接口，同时可以与轿内指令板、显示板通信
轿内/厅外显示板	MCTC-HCB	厅外接收用户的召唤及显示电梯所在楼层、运行方向等信息；楼层显示板也可作为轿内显示板使用
轿内指令板（内召板）	MCTC-CCB	轿内指令板 MCTC-CCB 是用户与控制系统交互的另一接口，主要功能是按钮指令的采集和按钮指令灯的输出
轿顶一体箱	MCTC-CTW-B3	MCTC-CTW-B3 是针对电梯轿顶及轿厢综合解决方案而设计的轿顶一体化产品，它将轿顶接口板、轿顶控制板、轿顶检修、对讲、照明集成于一体
轿内控制板	MCTC-COB	MCTC-COB 是 485 通信型指令板，配合轿顶检修盒使用，集成了 24 个按钮输入和 20 个按钮灯输出，另外有语音对讲接口，支持指令板扩展
群控板	MCTC-GCB-A	配合一体化控制器使用，最多可实现对 8 台电梯的群控
I/O 扩展板	MCTC-KZ-G1	控制板或厅外输入输出端子不够用的情况下，可以通过 MCTC-KZ-G1 实现扩展功能
小区监控板	MCTC-KZ-B0S	用于查询电梯的运行状态、当前楼层、故障信息等，然后通过通信的方式传递至监控室，监控室的 PC 带有监控软件即可实现对电梯的监视与控制
外引 LED 操作面板	MDKE	外引 LED 显示和操作键盘，RJ45 接口
延长电缆	MDCAB	标准 8 芯网线，可以和 MDKE、MDKE6 连接，标准配置 3m

三、NICE3000new 一体化控制系统的主要部件、选配件

（1）主控板。

NICE3000new 一体化控制系统的核心部件是 NICE3000new 一体化控制器，其主控板 MCB 是系统输入输出控制的主要部件，主控板的外形和接口如图 5-15 所示。

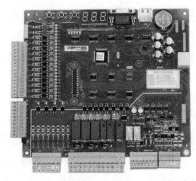
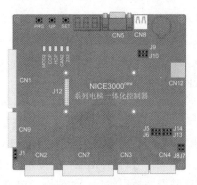

图 5-15

NICE3000new 一体化控制器主控板的输入输出接口非常丰富。CN1 为 X1~X16 输入接口，主要为开关量输入（如图 5-16 所示），输入电压范围为 DC 10~30V，输入阻抗为 4.7kΩ，光电耦合隔离输入，输入电流限定 5mA，其功能由 F5-01~F5-24 参数设定；CN9 为 X17~X24 输入接口；CN2 为 X25~X28 输入接口，是安全回路和门锁回路的输入接口；CN7 为 Y1~Y6、M1~M6 的 6 组输出接口；CN3 为串行通信接口；CN4 为并联控制或群控接口；CN12 为操作器接口；J12 为 PG 卡接口，PG 卡通过 J1 端子与一体化控制器的主控板 J12 端子连接，通过 CN1 端子与电梯曳引机的编码器连接，即可组成速度闭环矢量系统，不同的 PG 卡与主控板的连接方法相同，但与编码器的连接方法则根据 PG 卡的 CN1 端子接口方法而有所区别。

（2）轿顶板。

轿顶板是一体化控制器与外围部件通信的重要接口，具有连接中间控制部件的主要作用。轿顶板 MCTC-CTB 的外形如图 5-17 所示。

CN1
X1
X2
X3
X4
X5 开关量输入
X6
X7 ■ 输入电压范围：DC 10~30V
X8
X9 ■ 输入阻抗：4.7kΩ
X10
X11 ■ 光电耦合隔离
X12 ■ 输入电流限定5mA
X13
X14 ■ 其功能由F5-01~F5-24参数设定
X15
X16

图 5-16　　　　　　　　　　　　　　　　图 5-17

轿顶板上设有 8 个数字信号输入、1 个模拟电压信号输入、9 个继电器信号输出（8NO/1NC）。轿顶板与指令板的通信采用 DB9 针端口，与主控板的通信采用 CAN bus 接口，与显示板的通信采用 Modbus 接口。轿顶板是 NICE3000new 电梯一体化控制器中信号采集和控制信号输出的重要中转站。

为了避免通信受外界干扰，通信连线建议使用屏蔽双绞线，尽量避免使用平行线；严格按照端子符号接线，把连线拧紧。

轿顶板上的 CN1、CN2 为串行通信接口，分别用于连接厅外显示板和轿内指令板；CN3 为 X1~X8 数字量输入接口，用于连接光幕、开关门限位到位信号，以及满载、超载信号的输入信号，输入阻抗为 3.3kΩ，输入为 DC 24V 时有效，均为光电耦合隔离输入；CN4 为门机控制接口，继电器输出；CN5 为轿厢照明及风扇的控制接口，可以对轿厢照明及风扇进行节能控制；CN6 为称重输入接口；CN7 为主操纵箱连接接口；CN8 为副操纵箱连接接口。

（3）轿内指令板与楼层显示板。

轿内指令板与楼层显示板分别如图 5-18 和图 5-19 所示，按钮开关与指示灯如图 5-20 所示。轿内指令板和楼层显示板是电梯操纵箱的主要部件，起到轿内指令登记和轿厢运行状态、楼层显示的作用。一块轿内指令板可以作为 1～16 楼层的按钮输入，级联指令板时，第二块 CCB 上 JP1～JP16 输入信号对应(16+n) 层按钮输入，当指令板作为级联指令板使用时，JP17～JP24 端子无效（级联指令板用作后门控制时，JP17 可实现后门开门），当轿厢内安装有两个操纵箱时，副操纵箱连接轿顶板的 CN8 接口。

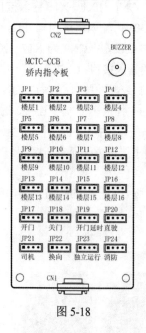

图 5-18

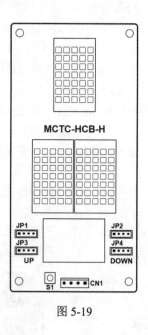

图 5-19

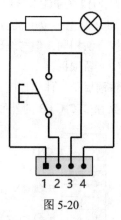

图 5-20

（4）厅外显示板/指令板。

厅外显示板/指令板与轿内的楼层显示板相似，但其接口根据基站层、底层、顶层和中间层的不同安装位置采用不同的连接，厅外显示板/指令板的接口连接如图 5-21 所示。

JP1 用于基站的锁梯开关连接，JP2 用于厅外消防开关连接，JP3 是上行按钮连接（在顶层时不需要连接），JP4 是下行按钮连接（在底层时不需要连接）。

（5）PG 卡。

PG 卡是编码器与控制主板进行电梯轿厢速度和位置反馈的信号连接接口。为了适应不同的控制机型和不同的编码器类型，PG 卡配有多种不同的型号，PG 卡通过 J1 端子

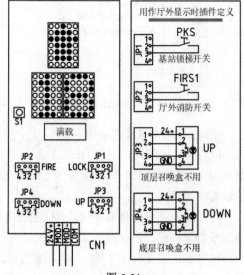

图 5-21

与一体化控制器的主控板 J12 端子连接，通过 CN1 端子与电梯曳引机的编码器连接，即可组成速度闭环矢量系统。MCTC-PG-A2 卡的外形和接口如图 5-22 所示。

类型	适配编码器	使用方法
PG-A2	推挽输出/开路集电极输出 增量型编码器 （异步电动机）	J1 接主板上的 J12 J2 接编码器
PG-D	UVW 增量型编码器 （同步电动机）	J1 接主板上的 J12 CN1 接编码器
PG-E	正余弦 增量型编码器 （同步电动机）	J1 接主板上的 J12 CN1 接编码器
PG-F1	绝对值编码器 （ECN413/1313） （同步电动机）	J1 接主板上的 J12 CN1 接编码器

图 5-22

不同的 PG 卡与主控板的连接方法相同，但与编码器的连接方法则根据 PG 卡的 CN1 端子接口而有所区别。

配置不同类型的 PG 卡，就可以连接不同类型的曳引机（异步电动机和同步电动机）和不同类型的编码器，推挽输出/开路集电极输出增量型编码器适用于异步电动机，UVW 增量型编码器、正余弦增量型编码器和绝对值编码器适用于同步电动机。

PG 卡与编码器的连接如图 5-23 所示。

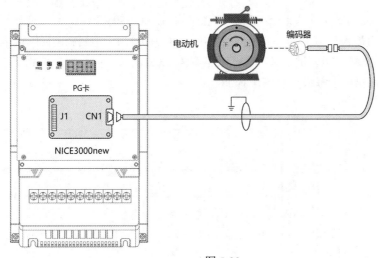

图 5-23

5.3　一体化控制系统的主要回路分析

NICE3000new 一体化控制系统的接线如图 5-24 所示。

一体化控制系统的主要回路包括电源回路、电动机主回路、输入输出回路、串行通信电路、外召板电路、轿厢板电路、轿顶板电路、并联控制电路、群控电路、门机控制电路、安全回路与门锁回路、紧急电动运行电路、检修回路、抱闸制动回路、轿厢照明电路与井道照明电路、应急照明和五方通话电路等，下面分别进行分析。

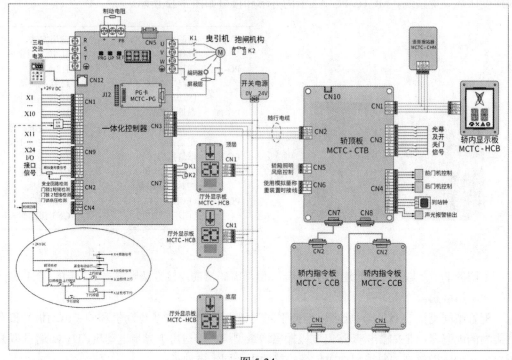

图 5-24

一、电源回路

一体化控制系统的电源回路如图 5-25 所示。电源采用 AC 380V 供电，经过变压器变换成三路电压输出，分别是 AC 110V 用于安全回路供电；DC 110V 用于抱闸制动回路供电（1*），当抱闸制动回路采用 AC 220V 供电时，也可以连接 AC 220V（2*）；AC 220V 用于门机和光幕电源以及开关电源供电。每路电源都有单独的保护开关。

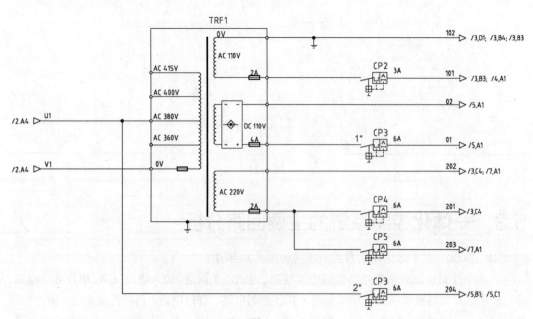

图 5-25

二、主回路

一体化控制系统的主回路有异步电动机主回路和同步电动机主回路，分别如图 5-26 和图 5-27 所示。

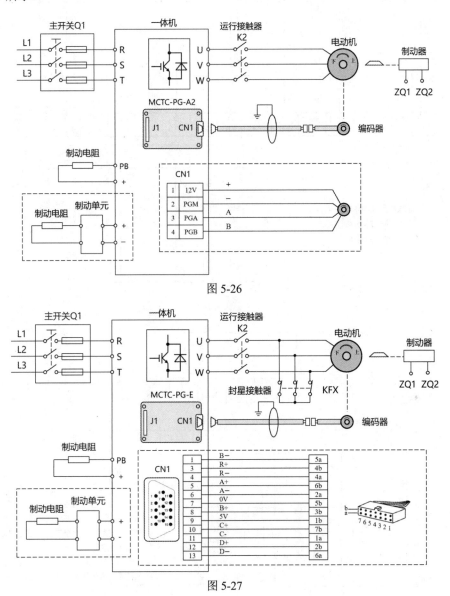

图 5-26

图 5-27

异步电动机主回路和同步电动机主回路分别连接不同的 PG 卡，在同步电动机主回路中还接入了封星接触器。封星接触器的主要作用是当抱闸失效或者松闸救援时利用发电机发电产生阻力制动，使电梯缓慢运行，减小惯性滑动带来的冲击，比如剪切、高速冲顶或蹲底的事故伤害。因为当轿厢空载上行或重载下行时，若电梯处于失控溜车状态，对重或轿厢会带动主机旋转，永磁同步电动机在非动力电源作用下旋转时，相当于发电机，机械能转换为电能，其三相绕组变成发电机的输出。此时封星接触器释放，封星接触器的常闭触点短接了电动机的三相绕组，作为定子的三相绕组与电动机转子产生反电动势，电动机转子受到的阻力很大，溜车速度越快，反电动势越大，从而抑制了溜车速度，起到制动的作用，使电梯缓慢运行，防止电梯高速冲顶或蹲底，起到安全保护作用。

三、输入输出回路

一体化控制系统的输入输出回路如图 5-28 和图 5-29 所示。

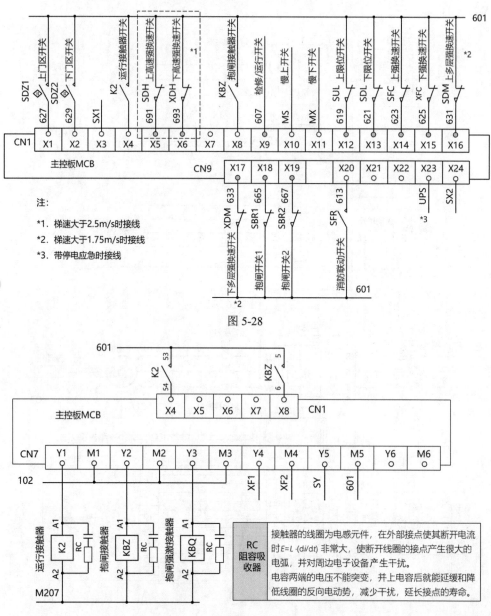

图 5-28

图 5-29

从图 5-28 所示的输入回路中可见，主控板的输入接口主要为开关量输入，X1～X20 的输入信号依次为上门区开关、下门区开关、运行接触器开关、上高速强换速开关、下高速强换速开关、报闸接触器开关、检修/运行开关、慢上开关、慢下开关、上限位开关、下限位开关、上强换速开关、下强换速开关、上多层强换速开关、下多层强换速开关、抱闸开关、消防联动开关等一系列的检测开关。

在图 5-29 所示的输出回路中，Y1、Y2、Y3 分别为运行接触器输出、抱闸接触器输出和抱闸强激接触器输出，在输出端的线圈两端接有 RC 阻容吸收器，用于改善接触器线圈通电和关断时所承受的电压、电流冲击，减少干扰，延长接触器的使用寿命。

四、串行通信电路

一体化控制系统的串行通信电路如图 5-30 所示。

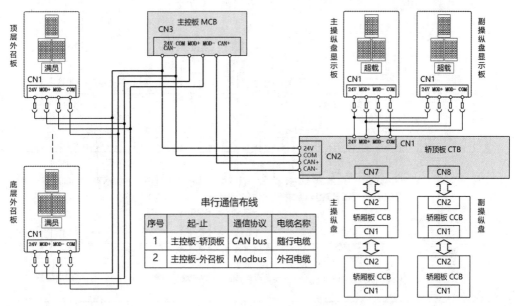

图 5-30

串行通信布线

序号	起-止	通信协议	电缆名称
1	主控板-轿顶板	CAN bus	随行电缆
2	主控板-外召板	Modbus	外召电缆

在图 5-30 所示的串行通信电路中，主控板和轿顶板之间通过随行电缆采用 CAN bus 串行通信，主控板和外召板之间采用 Modbus 串行通信，避免了并行通信线路中大量的布线，使整体的布线连接简洁、方便，日后的维修保养也显得容易、便捷。

五、外召板电路

一体化控制系统的外召板电路如图 5-31 所示。如前文所说，主控板和外召板之间采用 Modbus 串行通信，整个连接只需要 4 根连线（两根电源线和两根串行通信线），就可以实现几层甚至几十层的外召板连接，当然，每块外召板必须设置独立的地址码。

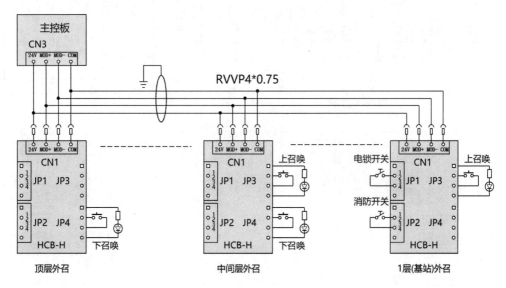

图 5-31

六、轿厢板电路

轿厢板电路如图 5-32 所示。轿厢板连接电梯操纵箱，用以操作控制电梯选层、开关门、延时按钮、直驶、司机、换向、独立运行、消防员操作等功能。

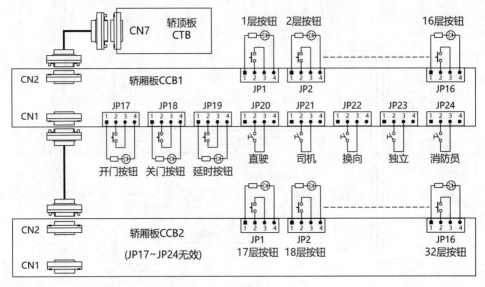

图 5-32

七、轿顶板电路

轿顶板电路如图 5-33 所示。轿顶板是一体化控制系统的重要接口，具有连接、控制轿厢大部分部件的作用，它具有输入输出接口，输入接口可以连接安全触板、光幕、开关门到位开关、满载开关、超载开关等；输出接口可以连接门机控制器，可以输出到站报站钟等，也是与主控板、轿厢板、主操纵箱、副操纵箱连接的枢纽。

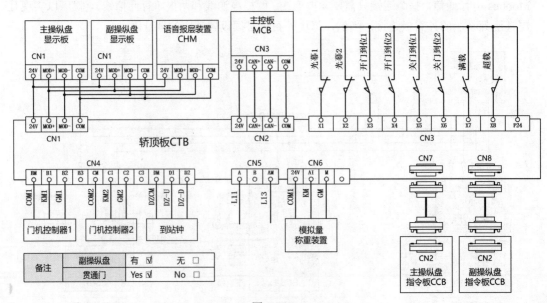

图 5-33

八、并联控制电路

并联控制电路如图 5-34 和图 5-35 所示。具有并联控制/群控功能的主控板通过不同的参数设置，就可以实现电梯的并联控制或群控。

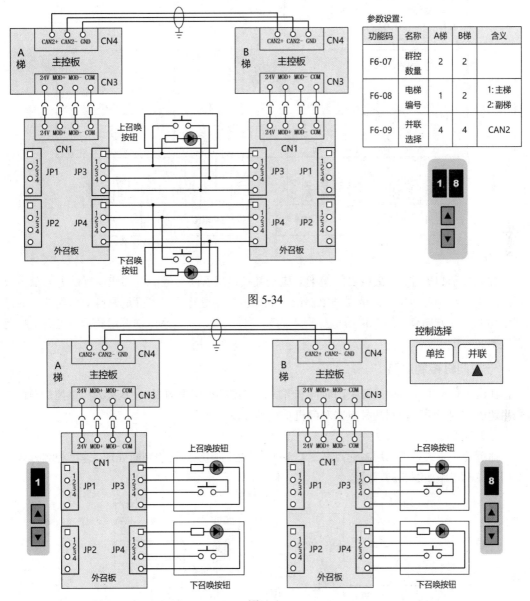

参数设置：

功能码	名称	A梯	B梯	含义
F6-07	群控数量	2	2	
F6-08	电梯编号	1	2	1:主梯 2:副梯
F6-09	并联选择	4	4	CAN2

图 5-34

图 5-35

并联控制是指两台电梯共享一个外召信号，并使电梯按照预先设定的调配原则自动调配某台电梯去应答外召信号。并联控制的外召按钮有两种形式，一种是 A、B 两台电梯共用一个外召按钮（如图 5-34 所示）；另一种是两台电梯分别采用各自的外召按钮（如图 5-35 所示），这种方式的好处是两台电梯既可以采用并联控制，也可以便于解除并联控制，独立运行。

九、群控电路

群控电路如图 5-36 所示。3 台以上的电梯组成群控时，需要连接群控板，配合一体化控制器使用，最多可实现 8 台电梯的群控操作。无论是并联控制还是群控，电梯本身需具有集选功能且处于无司机的工作状态。

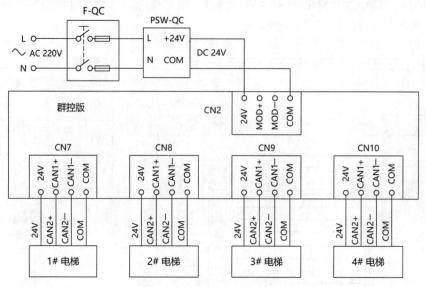

图 5-36

并联控制和群控，其最终目的是把对应于某一楼层召唤信号的电梯应运行的方向信号分配给最有利的一台电梯，都是遵循电梯的智能调度原则进行的，也就是说自动调配的目的是把电梯的运行方向合理地分配给电梯群中的某一台电梯，以共享电梯群组资源，提高电梯运行效率。

十、门机控制电路

在国家标准中对电梯的开关门时间和开关门速度都有明确的要求，本系列门机控制器可以采用速度控制和距离控制两种方式对门机系统进行控制。

（1）速度控制方式。

速度控制方式是指利用减速点减速，通过到位信号实现到位的判断处理。速度控制方式下的门机控制电路如图 5-37 所示。

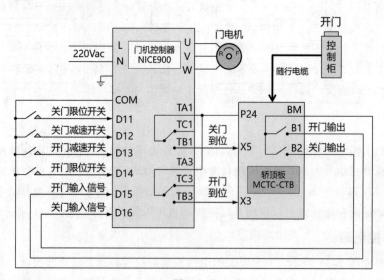

图 5-37

采用速度控制方式时轿门上需要安装 4 个行程开关，通过减速点进行减速处理，通过判断限位开关的信号来进行限位的处理。速度控制方式下轿门上的行程开关的安装位置如图 5-38 所示。速度控制方式下开关门的运行曲线如图 5-39 和图 5-40 所示。

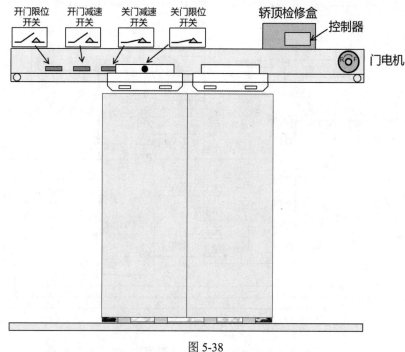

图 5-38

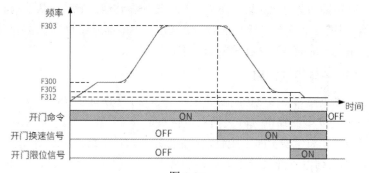

图 5-39

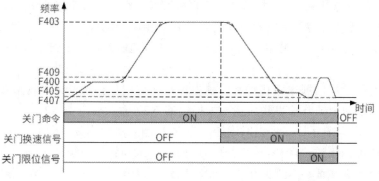

图 5-40

（2）距离控制方式。

采用距离控制方式的门机控制需要在门机上加装编码器，控制器通过编码器判断门的位置。距离控制模式在首次运行时需要正确学习门宽脉冲数，通过设置开、关门曲线部分参数实现减速点减速和到位的处理。距离控制方式下的门机控制电路如图 5-41 所示。

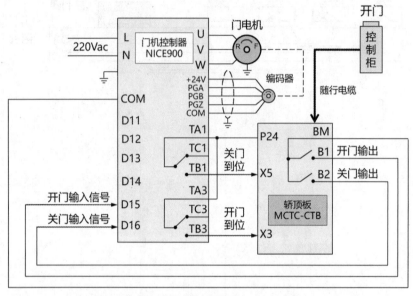

图 5-41

编码器反馈的脉冲信号是系统实现精准控制的重要保证，编码器必须安装稳固，接线可靠；编码器信号线与强电回路要分槽布置，防止干扰；编码器连线最好直接从编码器引入控制器，若需要延长接线，则延长部分也应采用屏蔽线，并且与编码器原线的连接最好用烙铁焊接，以保证接线可靠；编码器屏蔽层要求在控制器一端可靠接地。

十一、安全回路与门锁回路

安全回路的检测点接入一体化控制器的 X25 输入端，107 端子（接入 AC 110V 安全回路电压）经过一系列的安全回路电气开关接入主控板的 X25 输入端，当 X25 输入端检测到 AC 110V 电压信号时，表示安全回路接通。安全回路与门锁电路如图 5-42 所示。

安全回路的一系列电气开关分别为轿厢急停开关、轿顶急停按钮、轿厢锁紧开关、安全钳开关、限速器开关、上行超速保护开关、限速器张紧轮开关（胀绳开关）、轿厢缓冲器开关、对重缓冲器开关、下极限开关、上极限开关、底坑入口急停按钮、底坑急停按钮、高台急停按钮、盘车手轮开关、控制柜急停按钮、相序继电器触点开关。当所有开关和按钮正常时，安全回路接通；其中只要有一个开关或按钮断开，安全回路就不能接通，电梯不能运行。

门锁电路包括厅门锁电路和轿厢门锁电路，所有的厅门锁开关串联后接入主控板的 X26 输入端，轿厢门锁开关串联后接入主控板的 X27 输入端，当 X26 输入端检测到 AC 110V 电压信号时，表示厅门锁电路连通。当 X27 输入端检测到 AC 110V 电压信号时，表示轿厢门锁电路连通。同样，当所有的厅门锁开关和轿厢门锁开关关门到位正常连通时，门锁回路才会接通；只要其中有一个门的开关没有连接好，门锁回路就会断开，电梯不能运行。

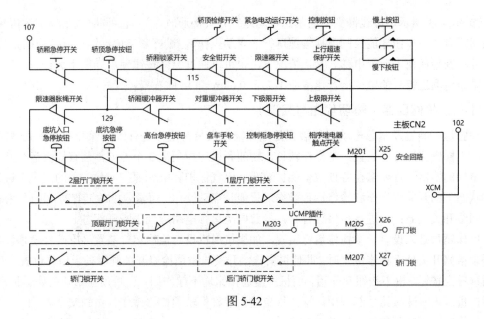

图 5-42

十二、紧急电动运行电路

紧急电动运行装置是在电梯因发生故障而停止运行，当轿厢停在层距较大的两层之间或发生蹲底、冲顶时，为解救被困在轿厢中的乘客而设置的紧急操作装置，该装置可使轿厢慢速移动，从而达到救援被困乘客的目的。紧急电动运行装置一般安装在控制柜内，不会影响电梯的正常使用。

紧急电动运行电路连接在安全回路的 115、129 接点上，如图 5-43 所示。

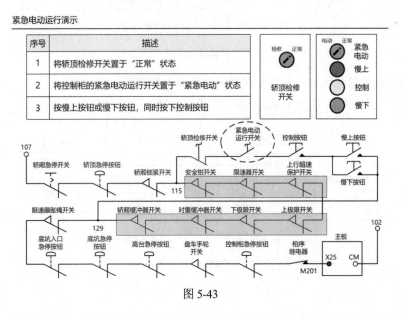

图 5-43

当紧急电动运行时，可以跨越井道上的部分安全回路开关使之失效，这几个安全回路开关是安全钳开关、限速器开关、上行超速保护开关、轿厢缓冲器开关、对重缓冲器开关、下极限开关、上极限开关（见图 5-43 所示的灰色部分）。这样当电梯发生限速器安全钳联动或者电梯轿厢冲顶或蹲底时，可以通过紧急电动运行操控电梯离开故障位置，如果电梯困人，可以快速把人放出来，也可以及时把故障电梯恢复正常。

如图 5-43 所示，虚线椭圆中的紧急电动运行开关接通时，还需要同时按下控制按钮和慢上按钮或者慢下按钮才能控制电梯慢速运行（点动操作），进行紧急电动运行时，应阻止该部分以外的其他任何人运行电梯。紧急情况下，也可以通过急停按钮使电梯停止运行。

紧急电动运行时的电梯运行速度应不大于 0.63m/s（俗称慢车运行）。

十三、检修回路（轿顶优先与互锁）

检修运行装置及紧急电动运行装置是电梯维修人员对电梯进行维修保养和故障处理时用来控制电梯慢速运行的装置，电梯在轿顶、轿厢和机房控制柜 3 个地方都装有检修运行开关。

电梯的检修运行要求在各项安全保护装置（电气保护和机械保护）起作用的情况下进行。检修状态下的开关门操作和检修运行操作均只能是点动操作。而紧急电动运行时，可以使部分安全回路开关失效；当进行检修运行时，紧急电动运行电路应处于断开状态。

电梯轿顶必须设有一个检修运行装置，如果机房也设有检修运行装置，应确保轿顶优先。当轿顶检修开关处于检修位置时，即使机房检修开关与轿顶检修开关同时处于检修位置，也只有轿顶慢上按钮、慢下按钮起作用，而机房慢速按钮均不起作用；当轿顶检修开关处于正常位置时，机房内慢速按钮才起作用。这一规定是为了确保轿顶检修操作人员的安全。

检修回路（轿顶优先）如图 5-44 所示。

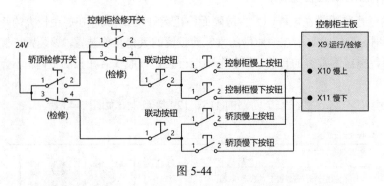

图 5-44

另一种电梯的检修操作是互锁操作模式。假设电梯轿顶与控制柜各设有一个检修运行装置，两个检修操作采用互锁操作模式，检修回路（互锁）如图 5-45 所示，则有以下 3 种情况。

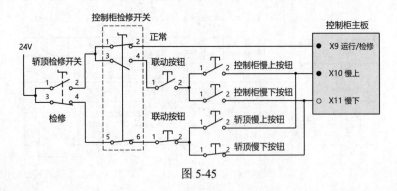

图 5-45

（1）控制柜检修操作。

当轿顶检修开关处于正常位置，控制柜检修开关处于检修位置时，控制柜可以进行慢上、慢下操作，轿顶检修操作不起作用。

（2）轿顶检修操作。

当轿顶检修开关处于检修位置，控制柜检修开关处于正常位置时，轿顶可以进行慢上、慢下操作，控制柜检修操作不起作用。

（3）轿顶检修开关与控制柜检修开关同时处于检修位置。

当轿顶检修开关与控制柜检修开关同时处于检修位置时，由于检修回路互相锁定，轿顶与控制柜皆不可以进行检修操作。

检修运行时的电梯运行速度应不大于 0.63m/s（慢车运行）。

十四、抱闸制动回路

抱闸制动回路如图 5-46 所示，当运行接触器 K2 接通时，两个抱闸接触器 KBZ 与抱闸强激接触器 KBQ 同时吸合，抱闸线圈 BZ 全压通电，抱闸制动回路全压启动，打开抱闸；启动后 KBQ 断开，抱闸线圈串接抱闸电阻 RZ1 后电压降低，调整 RZ1 滑环位置，使抱闸电阻稳定维持抱闸打开（低压维持），这样可以防止线圈过热。

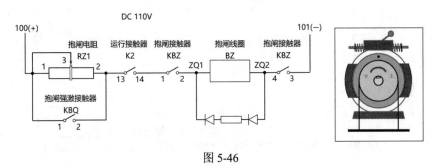

图 5-46

DC 110V 供电的抱闸在释放时，抱闸线圈在断电的瞬时会产生反电动势，可在抱闸线圈两端接入续流二极管，可有效降低反电动势，从而保护抱闸线圈不易损坏。当抱闸线圈采用 AC 220V 电压供电时，不接入续流二极管。

十五、轿厢照明电路与井道照明电路

轿厢照明电路包括轿厢照明灯、轿顶照明灯、底坑照明灯、控制柜照明灯、轿厢风扇、控制柜电源插座、轿顶电源插座、底坑电源插座等，如图 5-47 所示。

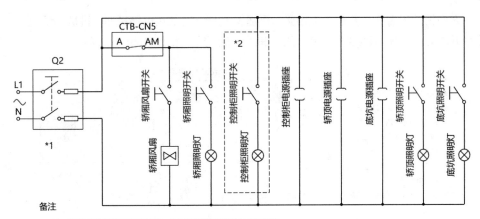

备注

*1：无机房电梯置于控制柜内，有机房电梯置于机房电源箱内。

*2：无机房电梯时。

图 5-47

轿厢照明电路由 L1、N 引入，提供 AC 220V 的供电电源，由断路器 Q2 控制，有机房电梯的断路器 Q2 置于机房电源箱内；无机房电梯的断路器 Q2 置于控制柜内，无机房电梯时，

在控制柜增设照明灯和照明开关。

轿厢照明电路的控制柜电源插座、轿顶电源插座和底坑电源插座用于供检修人员工作时使用，轿厢风扇和轿厢照明与控制器主控板的 CN5 节能端口串联连接，当轿厢处于空闲无人状态时，自动关闭轿厢风扇和轿厢照明，以达到节能的目的。

井道照明电路由 L1、N 引入，提供 AC 220V 的供电电源，由井道照明断路器 Q3 控制，同时，井道照明由机房井道照明开关 SW1 和底坑井道照明开关 SW2 双联控制，有机房电梯的 Q3、SW1 置于机房电源箱内；无机房电梯的 Q3、SW1 置于控制柜内，如图 5-48 所示。

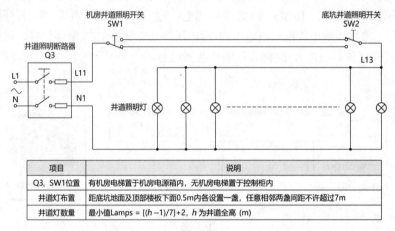

项目	说明
Q3、SW1位置	有机房电梯置于机房电源箱内，无机房电梯置于控制柜内
井道灯布置	距底坑地面及顶部楼板下面0.5m内各设置一盏，任意相邻两盏间距不许超过7m
井道灯数量	最小值Lamps = [(h−1)/7]+2，h 为井道全高 (m)

图 5-48

根据井道照明灯的布置要求，在距底坑地面及顶部楼板下面 0.5m 内各设置一盏照明灯，其他井道内任意相邻两盏的间距不许超过 7m。

十六、应急照明和五方通话电路

应急照明是指当电网断电或发生故障导致轿厢的正常照明灯熄灭时，轿厢的应急照明灯自动接通投入工作。应急照明灯由具有自动再充电的紧急电源供电，其容量能够确保在轿厢中心地板以上 1m 处提供至少 5lx 的照度且持续 1h。

五方通话是国家标准要求的电梯必须配备的功能，就是在电梯轿厢、机房、轿顶、底坑和监控室五方之间实现对讲通话。应急照明和五方通话电路如图 5-49 所示。

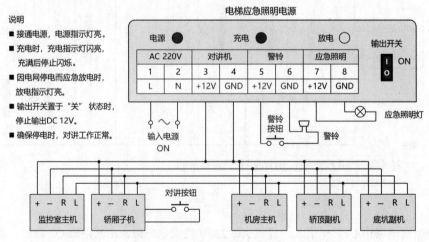

图 5-49

【任务总结与梳理】

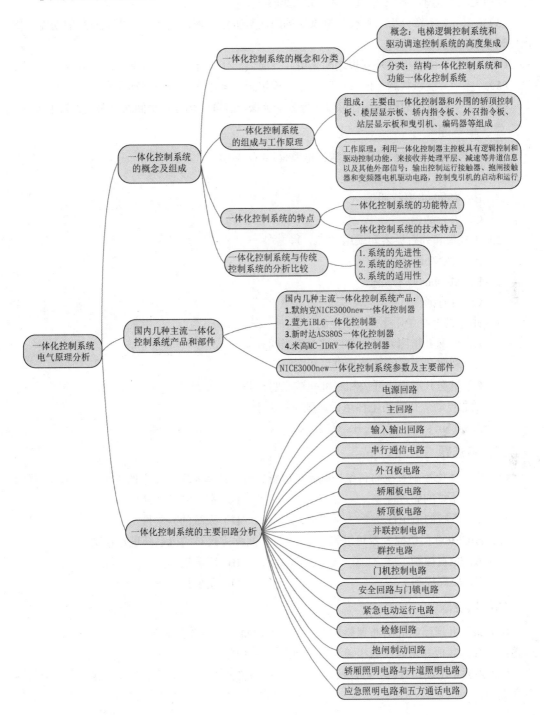

【思考与练习】

一、判断题（正确的填√，错误的填×）

（1）（　　）考虑到从结构和功能上实现一体化控制的思路的不同，一般把一体化控制系统分为结构一体化控制系统和功能一体化控制系统两种类型。

（2）（　　）功能一体化控制系统把电梯视为一个整体，不分电气逻辑控制和驱动控制，控制板和驱动板也不一定要求整合为一块控制主板。

（3）（　　）本章分析一体化控制系统的组成与工作原理，是以目前主流应用的功能一体化控制系统为例来进行的。

（4）（　　）主控板和外召板之间采用并行通信，使整体的布线连接简洁、方便。

（5）（　　）检修状态下的开关门操作和检修运行操作均只能是点动操作。

（6）（　　）电梯的检修运行可以在部分安全保护装置（部分安全回路开关）失效下进行。

二、单选题

（1）主控板和轿顶板之间通过随行电缆采用（　　）。

　　A．CAN bus 串行通信

　　B．Modbus 串行通信

　　C．并行通信

（2）主控板和外召板之间采用（　　）。

　　A．CAN bus 串行通信

　　B．Modbus 串行通信

　　C．并行通信

（3）井道照明由（　　）双联控制。

　　A．轿厢井道照明开关和底坑井道照明开关

　　B．轿厢井道照明开关和机房井道照明开关

　　C．机房井道照明开关和底坑井道照明开关

（4）紧急电动运行时的电梯运行速度应不大于（　　）。

　　A．0.5m/s　　　　　B．0.63m/s　　　　　C．1.0m/s

三、多选题

（1）将一体化控制系统与传统控制系统分析比较，具体表现在以下的（　　　　）几个方面。

　　A．系统的先进性　　　　　　　　　　B．系统的经济性

　　C．系统的适用性　　　　　　　　　　D．系统的科学性

（2）NICE900 门机控制器可以采用（　　）两种方式对门机系统进行控制。

　　A．位置控制　　　　　　　　　　　　B．速度控制

　　C．距离控制　　　　　　　　　　　　D．角度控制

四、填空题

（1）根据井道照明灯的布置要求，在距底坑地面及顶部楼板下面（　　　　　　）内各设置一盏照明灯，其他井道内任意相邻两盏的间距不许超过（　　　　　　　　）。

（2）当紧急电动运行时，可以跨越井道上的几个安全回路开关使之失效，这几个安全回路开关是（　　　　　　）、（　　　　　　）、（　　　　　　　　）、（　　　　　　）、（　　　　　　）、（　　　　　　）、（　　　　　　）。

五、简答题

简述紧急电动运行装置的作用。

第6章

电梯外围控制与物联网技术应用

【学习任务与目标】

- 掌握电梯刷卡管理系统的主要功能。
- 熟悉电梯刷卡管理系统的组成和应用。
- 了解电梯远程监控系统的组成。
- 掌握智能识别技术在电梯控制中的作用。
- 了解机器人乘梯控制和机器人乘梯过程。
- 熟悉机器人乘梯的应用环境和电梯接入控制。
- 掌握电梯物联网平台在电梯故障预警分析与"智慧电梯"中的应用。

【导论】

随着高层建筑及电梯设备的广泛应用,如何加强电梯的日常管理和高效地使用控制电梯成了政府监管部门、物业管理公司、电梯维保公司和广大电梯用户密切关心的问题,对电梯的管理系统和控制功能也提出了新的要求。除了电梯设备自身具有的控制功能外,其他关注度较高的是电梯相关的外围控制与物联网技术方面的应用。

物联网(internet of things,IoT)技术是起源于传媒领域的一种技术,是信息科技产业的第三次革命成果。物联网是指通过信息传感设备,按约定的协议,将任何物体与网络相连接,物体通过信息传播媒介进行信息交换和通信,以实现智能化识别、定位、跟踪、监管等功能。

物联网技术通过射频识别(radio frequency identification,RFI)技术、传感器技术、嵌入式技术等技术手段把物品设备与互联网连接起来,实现智能化识别和管理。物联网技术在电梯控制管理方面发挥了重要的作用。本章就有关的电梯外围控制产品、刷卡控制系统、指纹识别、人脸识别、远程监控、AI 识别控制、机器人乘梯控制、电梯物联网云平台、电梯侍卫、电梯故障预警与应急救援等方面的应用和管理进行介绍。

6.1 电梯刷卡管理系统

电梯刷卡管理系统可分为智能电梯刷卡系统、智能梯控门禁系统、IC 卡/ID 卡刷卡系统、NFC 刷卡系统、远程控制刷卡系统、蓝牙刷卡系统等。

电梯刷卡管理系统的作用主要是针对电梯的使用控制和对乘梯人员的管理,可以实现多种管理功能、收费功能、人员及楼层限制功能等。

6.1.1 电梯刷卡管理系统的主要功能

一、系统的管理功能

电梯刷卡管理系统主要有以下功能特点。

（1）先刷卡后使用，使无卡人员或无权限人员无法进入或无法使用电梯，能强化电梯的日常管理，限制无关人员的使用，有效降低电梯能源损耗，净化使用环境。

（2）可根据需要设定刷卡人员的权限，如单层卡、多层卡、通用卡等。未经授权无法进入其他区域或楼层，加强权限管理。

（3）用户刷卡时，可根据卡内的授权信息，只接通相应的楼层按键，其他楼层按键无效。可减少小孩和其他闲杂人员在电梯内嬉闹玩耍、无聊捣乱等情况，增加电梯的安全性。

（4）可根据乘梯人员的需要设定时限卡、临时密码卡和远程控制开梯等，方便保洁人员、家庭保姆、外卖员、快递员等临时人员的出入管理。

（5）持卡乘梯人员的出入管理查询功能。系统管理员可对乘梯人员的相关信息进行跟踪查询，包括对乘梯人员的卡号、姓名、出入时间、乘梯代码、通达楼层等进行查询、排序、打印、统计等，方便对事件的跟踪和处理。

（6）卡号挂失和黑名单设定功能。如果遗失了乘梯卡，可进行挂失，可删除，也可以对卡号进行黑名单设定，可设置取消或限制使用电梯的权限。

（7）火警退出和特别退出功能。当有火警信号或其他原因需要退出刷卡系统时，可取消刷卡管理功能，全部按键均可导通，取消刷卡限制，以满足特定状态的应用。

二、收费和扣费功能

在某些刷卡管理系统中，还具有不同的收费和扣费功能，特别是在某些加装电梯的住宅楼，电梯加装费用是由电梯公司投资的，也涉及使用收费的功能。

（1）所有的乘梯卡都必须要经过系统管理员的授权或充值才可以使用。

（2）单次扣费功能。像乘搭公共汽车一样，采用按次乘梯收费功能，每使用一次就扣一次费，不使用不扣费。

（3）按段扣费功能。某些楼层较高的电梯也可采用按楼层分段收费，楼层高的收费多一些，楼层低的收费少一些。

（4）交费提示功能。当乘梯卡内金额少于设定值或乘梯剩余次数少于设定次数时，发出充值提示，提醒持卡人需要充值，避免出现乘梯卡余额不足而无法使用的问题。

对电梯刷卡系统的管理和使用，可以使电梯应用更方便（刷卡直达）、更高效、更安全（限制无关人员），避免电梯无关的频繁使用，也使电梯更耐用、更节能。

常用的电梯刷卡器和乘梯卡如图 6-1 所示。

图 6-1

6.1.2 电梯乘梯卡的分类和识别方式

一、电梯乘梯卡的分类

根据使用人员和功能权限，乘梯卡可分为以下几种。乘梯卡由电梯刷卡管理系统管理人员统一管理和派发。

（1）管理授权卡。

当电梯刷卡管理系统设备安装完成后，由物业管理公司或电梯维保公司管理人员持管理授权卡对每台电梯上安装的电梯刷卡控制设备进行初始化设置，并在系统上对乘梯人进行信息录入、写卡发卡后方可使用。无卡不能使用电梯。

（2）单层卡。

使用单层卡只能到达设定的电梯楼层，当刷单层卡乘坐电梯时，所对应的电梯楼层按钮有效，可以被按键登记或自动点亮，电梯会直达对应的楼层，其他楼层的电梯按键则无效。

（3）多层卡。

主要供物业管理人员使用，如管理人员、保安人员、保洁人员等。当物业管理人员刷多层卡乘坐本单元电梯时，可选择要去的楼层（可设置为部分楼层或所有楼层），方便物业管理人员使用。

（4）通用卡。

主要供物业管理人员使用，如管理人员、保安人员、保洁人员、物业维修人员等。当物业管理人员刷通用卡乘坐任何一个单元的电梯时，可选择要去的楼层（楼层设置为所有楼层），方便物业管理人员使用。

（5）限时卡。

可对乘梯卡设定限时功能，如对临时聘请的家政人员，可设定一周内某天中的某时间段可用，其他时间刷卡无效。

（6）收费卡。

可按系统的设定实行按次扣费、分段计费或记录乘梯次数每月统计收费等功能，对有偿使用电梯实行多种管理方式。

（7）临时访客卡。

对进入电梯刷卡管理区域的访客，管理人员可登记访客身份后，发放临时访客卡。临时访客卡仅对所访楼层有效。当访客结束后，将临时访客卡交回管理人员注销登记，留待下次使用。

二、电梯刷卡系统的识别方式

电梯刷卡系统是集计算机技术、网络通信技术、物联网感应识别技术、自动控制技术于一体的智能电梯控制管理系统。随着科技的发展和物联网技术的应用，各种感应识别技术日趋完善。目前已具有以下识别方式，如图 6-2～图 6-5 所示。

（1）刷卡（IC 卡、ID 卡）识别。

（2）指纹识别。

（3）密码识别：有长期密码、临时密码、单次有效密码、多次有效密码等。

（4）蓝牙识别。

（5）二维码识别。

（6）手机 NFC 刷卡识别。

（7）人脸识别。

（8）掌静脉识别。

（9）手机远程控制。

（10）门禁系统联动控制（闸机联动识别控制、楼宇对讲联动识别控制等）。

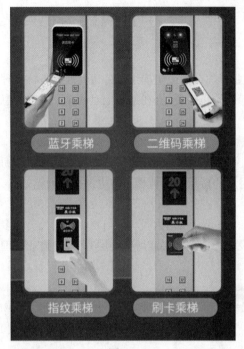

图 6-2

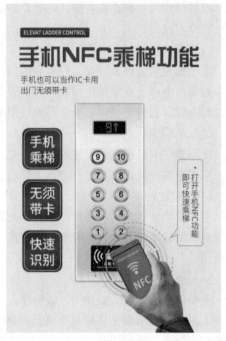

图 6-3

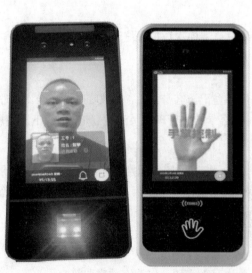

图 6-4

图 6-5

　　在具体的电梯刷卡系统安装项目中，可以根据项目的应用场合和实际需求，采取多种识别方式结合的形式进行识别，也可根据不同的应用需求安装多种具有识别功能的设备，以实现更灵活的应用管理，如图 6-6 所示。

| 指纹、刷卡、密码 3 种
识别方式 | 二维码、访客码、刷卡
3 种识别方式 | 二维码、访客码、刷卡、人脸识别
4 种识别方式 |

图 6-6

随着科技的进步和各种新技术的成熟落地，将会有更多的识别方式应用到电梯刷卡系统中，如语音识别、手势识别等，其应用也将越来越智能和人性化。

6.1.3 电梯刷卡管理系统的分类、组成和应用实例

本节将根据电梯刷卡管理系统的实际应用，对几种常见刷卡管理系统进行具体分析，包括系统的分类、系统的组成、安装连接和操作流程等，电梯刷卡管理系统的产品资料大部分由佛山市智攀电子科技有限公司提供并经过应用测试，具有很强的代表性、可操作性和实用性。

简单来说，电梯刷卡管理系统从原理上就是通过刷卡来控制电梯按钮使用的一个管理系统。它通过刷卡来代替电梯按钮的接通，以达到控制电梯使用的目的。

一、电梯刷卡管理系统的分类

电梯刷卡管理系统从安装位置来看可分为外呼控制型和操纵箱内呼控制型。

（1）外呼控制型。

外呼控制型电梯刷卡管理系统的工作原理是把电梯刷卡门控装置安装在层站，与电梯召唤盒结合在一起，不刷卡或刷卡没有权限则不能打开电梯门，不能进入轿厢。外呼控制型梯控板及其附件如图 6-7 所示。

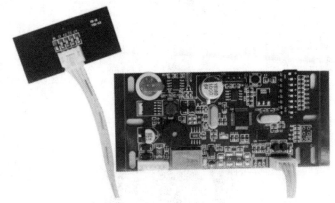

图 6-7

优点：读卡器安装在电梯轿厢外部，乘梯人需在梯外刷卡，能够使无卡人员无法进入电梯轿厢，有电梯门禁的作用，能有效地保障用户的人身和财产安全，也能起到节能降耗的目的，同时单个读卡器的价格较低。

缺点：在需要严格管理的情况下，电梯能够到达的每一楼层都需要加装读卡器，读卡器的安装数量较多，综合投入成本高，同时进入电梯后，如果轿厢内没有安装其他刷卡控制系统，就可以随意到达其他楼层。

（2）操纵箱内呼控制型。

操纵箱内呼控制型电梯刷卡管理系统的工作原理是把电梯刷卡门控装置安装在电梯轿厢内，读卡器等识别设备与电梯操纵箱结合在一起，进入轿厢后刷卡乘梯，不刷卡或刷卡没有权限则不能选择电梯楼层按键。

优点：读卡器安装在电梯轿厢内部，每部电梯只需安装一台读卡器，综合投入成本较低，权限功能多，具有单层卡、多层卡、通用卡等多种识别功能，未经授权的楼层不能被选择，同时具有扣次、扣费和时间限制等功能。目前操纵箱内呼控制型电梯刷卡控制系统的使用较多。

缺点：无法控制无卡人员进入轿厢。

缺点补救的方法：加强出入门禁系统的管理，也可在低楼层，如1层、2层等较多人员出入的地方加装外呼刷卡控制器，可有效防止无卡人员随意进入电梯轿厢。

二、电梯刷卡管理系统的组成

（1）外呼控制型电梯刷卡管理系统的组成。

外呼控制型电梯刷卡管理系统的组成比较简单，主要有梯控板、读卡器、写卡器（部分读卡器可兼作写卡器）、接线配件和乘梯卡等。图6-8所示为读卡器及其内部读卡线圈。

图 6-8

钥匙扣型IC乘梯卡及内部构造如图6-9所示。

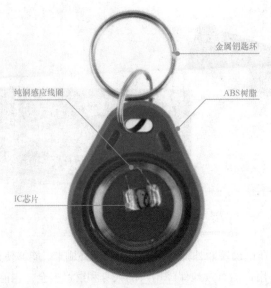

图 6-9

（2）外呼控制型电梯刷卡管理系统的连接。

外呼控制型电梯刷卡管理系统的内部连接如图 6-10 所示。它将原来电梯外召按钮与电梯主板的连接线剪断，通过串联接入梯控板的输出端口（COM1、PUSH1、COM2、PUSH2），再与电梯主板开关信号的控制端口连接。当刷卡控制系统安装在底层时，只需要接向上的按钮；当刷卡管理系统安装在顶层时，只需要接向下的按钮。

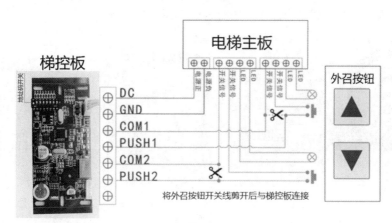

图 6-10

这种剪线连接的安装方式，在施工安装中被称为破线安装；反之，不用剪线连接的安装方式，在施工安装中被称为免破线安装。

在图 6-10 所示的外呼控制型电梯刷卡管理系统的内部连接中，刷卡设备安装在电梯召唤盒内部，在召唤盒面板上打一个小孔引出读卡器。在需要严格管理的情况下，在电梯能够到达的每一楼层都要加装读卡器刷卡管理系统，以限制无关人员的进入，其内部连线与外观如图 6-11 所示。

图 6-11

（3）电梯按钮的内部接口。

要对电梯按钮安装刷卡梯控板，先要了解电梯按钮的结构和内部接线，找出按钮开关的两根连接线，并分清正负极。在对外呼控制型电梯刷卡管理系统改动时一般是剪开负极连接线；在操纵箱内呼控制型电梯刷卡管理系统中，如果采用不分层控制，也是剪开负极连接线；但如果采用分层控制，则一般是剪开正极连接线，因此在实际操作中要注意区分开来。

　　电梯按钮的外形、内部接口和接线顺序有多种，通常电梯按钮都有 4 根接线，两根是按钮开关线，另外两根是指示灯接线，排列和正负方向接线都有所不同，具体接线时要先测量清楚，以免接错，常见的电梯按钮及内部接口如图 6-12 和图 6-13 所示。

图 6-12

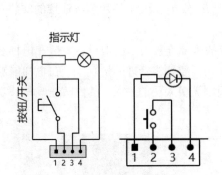
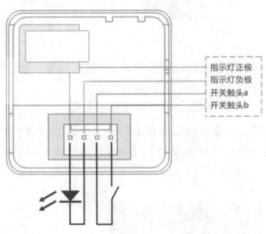

图 6-13

　　（4）操纵箱内呼控制型电梯刷卡管理系统的组成。

　　操纵箱内呼控制型电梯刷卡管理系统的组成有多种，可根据不同的楼层数量和不同的功能需求来配置，通常有不分层控制和可分层控制两大类。其中不分层控制的最为简单，其组成结构与外呼控制型电梯刷卡管理系统的差不多；而可分层控制的则有多种形式，功能的实现需要硬件和软件相结合，可以实现单层卡、多层卡、通用卡、限时卡等多种功能，也可以实现多种读卡识别方式。

　　① 不分层控制电梯刷卡管理系统。

　　不分层控制电梯刷卡管理系统与外呼控制型电梯刷卡管理系统类似，也是由梯控板、读卡器、写卡器（部分读卡器可兼作写卡器）、接线配件和乘梯卡等组成的，不同的是梯控刷卡设备不安装在电梯外召盒，而安装在电梯操纵箱内部。

　　不分层控制电梯刷卡管理系统属于经济型的刷卡管理系统，可实现楼层的粗放式管理，持卡人刷卡后可按键选择到达任意楼层，适合小区内业主互相熟识的、互相串门情况较多的社区使用。但弊端在于无法有效控制楼内的其他住户，尤其是出租房较多的社区，无法对其他乘梯人员进行有效的管理。

② 可分层控制电梯刷卡管理系统。

可分层控制电梯刷卡管理系统由多层梯控板、读卡器、写卡器、接线配件和乘梯卡等组成，常用的梯控板有 8 层、16 层、32 层控制等，如图 6-14 所示。

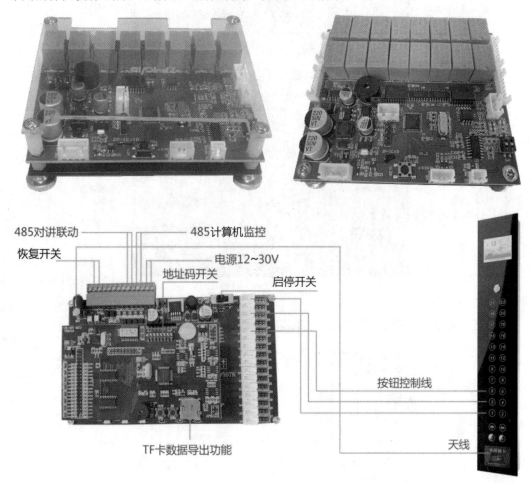

图 6-14

可分层控制器的形式有多种，可根据大楼楼层的多少、需要实现的控制功能来确定具体的配置，功能的实现大部分都需要硬件和软件的配合，可以实现单层、多层、通用、限时等多种功能，通过配置不同的读卡器，可以实现多种读卡识别方式，是目前应用最多的一种电梯刷卡控制系统。

可分层电梯刷卡管理系统控制器的接线形式还分为破线连接和免破线连接两大类，在安装连接上有不同的实现方式。

（5）操纵箱内呼控制型电梯刷卡管理系统的连接（破线安装）。

① 破线安装的可分层控制电梯刷卡管理系统硬件介绍。

一个典型的 8 层可分层操纵箱内呼控制型电梯刷卡管理系统的控制板如图 6-15 所示。在图中，我们看到的控制板是采用继电器输出控制的，也有另外一种是采用光电耦合器输出的，在现场应用中可根据不同的实际需要选择不同的输出形式。另外，在控制板的右边还有一个消防输入接口，当有火警消防信号产生时，可立即退出电梯刷卡控制状态，电梯进入消防运行模式。

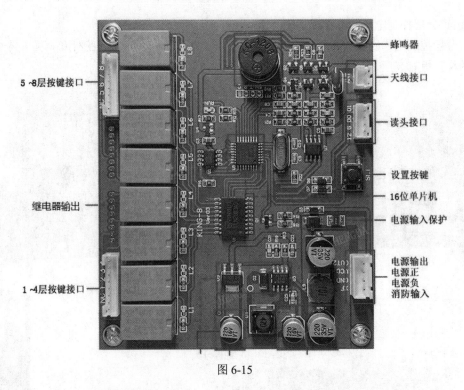

图 6-15

8 层可分层控制电梯刷卡管理系统（破线安装）的连接如图 6-16 所示。

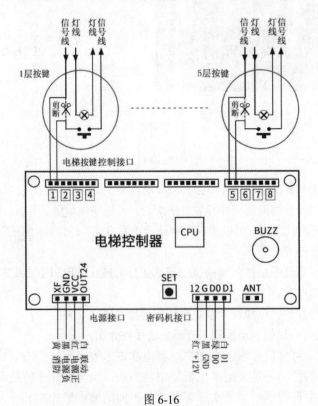

图 6-16

所谓破线安装，是指电梯刷卡管理系统在接线时，需要把电梯按键开关的其中一根信号线剪断，串联接入刷卡控制板的继电器输出端，当控制板继电器处于常开状态没有输出时，按电梯楼层按键不起作用。当乘客刷卡后，控制器根据乘梯卡预留的信息控制相应的继电器输出，把常开转为常闭，接通对应楼层的按键，允许按电梯按键。

可分层控制电梯刷卡管理系统可以实现楼层的精细化管理，业主刷卡后按键选择权限楼层（权限楼层可为单一楼层，也可为多个楼层），其他无权限楼层的按键无效，保证各个楼层之间的私密性和安全性，适合纯商品楼房使用。物业管理人员则可以采用通用卡（刷此卡可乘坐任意电梯到达任意楼层），便于巡视和管理，这样，既方便了居民的使用，又保证了楼区的安全。

一个 12 层可分层控制电梯刷卡管理系统（破线安装）操纵箱的内部接线如图 6-17 所示。可见其内部的连接比图 6-11 所示的外呼控制型电梯刷卡管理系统的内部连线要复杂一些。

一些刷卡管理系统还可以根据需求在刷卡时自动接通相应楼层按键，免去了人工按键，达到无接触乘梯的目的。图 6-18 所示的刷卡管理系统则为刷卡时自动点亮电梯按键，自动接通相应的楼层，业主刷卡后自动到达所住楼层，无须手动按键选层，实现无接触乘梯。

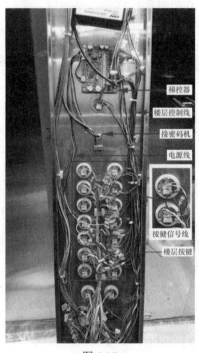

图 6-17

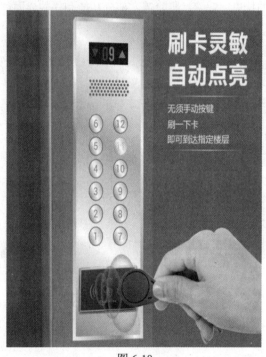

图 6-18

② 一卡通电梯刷卡管理系统发卡器及软件介绍。

一卡通电梯刷卡管理系统（简称"一卡通"），通常是指在用户使用同一张非接触感应卡或使用手机中特制的 SIM 卡，就能实现门禁刷卡、停车场闸机刷卡、考勤刷卡、消费机刷卡、电梯乘梯刷卡等多种不同的管理功能，使得客户只携带一张卡就实现多种用途，减少携带多张卡片的麻烦，由于使用方便，深受用户的欢迎。

电梯刷卡管理系统的一卡通管理，可以在多种不同的电梯刷卡管理系统应用，特别是在可分层控制电梯刷卡管理系统中，应用和实现的功能也更强。因为在可分层控制电梯刷卡管理系统中，要完善系统的控制功能，实现不同的卡片管理功能和不同的识别方式，实现限时管理、临时密码、二维码控制、手机远程控制等功能，需要优秀的软件控制功能来配合，也要配备专门的写卡器或计算机发卡器，通过 USB 与计算机连接传输，来实现刷卡管理系统的管理、充值和收费等功能。

常见的写卡发卡器和 IC 卡/ID 卡如图 6-19 所示。

读卡写卡器　　　　　计算机发卡器　　　　　钥匙扣型和名片型 IC/ID 卡

图 6-19

　　一套较完善的一卡通电梯刷卡管理系统软件的功能通常包括卡片的加密和删除，用户信息登记，用户卡片功能设定，选择电梯编号、楼层、刷卡控制方式等。系统软硬件结合可实现刷卡直达、限时限次、一卡多梯、时段管理、访客联动、消防联动，还有出入口记录查询、卡片的挂失、解除、删除等。部分功能和软件界面如图 6-20 和图 6-21 所示。

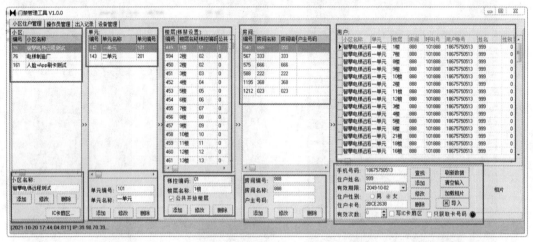

图 6-20

图 6-21

　　（6）免破线安装电梯刷卡管理系统。

　　在前面所述破线安装的电梯刷卡管理系统中，虽然接线时需要剪线，连接会麻烦一些，但是刷卡管理系统的安装连接由于是独立的硬件改动，适合几乎所有的电梯型号。安装操作中需要注意的是对施工人员的接线要求高，要求连接牢固，尽量减少对原来线路的影响，避免给日后的电梯维护带来不良的影响。针对这种情况，电梯控制专业公司又研发出了免破线安装的电梯刷卡管理系统。

电梯刷卡管理系统的免破线安装就是在接线安装时无须剪断原电梯按钮的连接线，通过硬件的转接或与原电梯控制系统的软件系统实现对接，把电梯刷卡管理系统嵌入原电梯控制系统中，实现统一的电梯控制。

① 采用转接板的电梯刷卡管理系统。

采用转接板的免破线安装电梯刷卡管理系统，需要预先制作一块与所要安装刷卡管理系统的电梯相匹配的按键接口转接板，通过转接板的内部接线设计，再连接到刷卡控制板上，相当于用转接板来间接断开电梯按钮开关的连接线，由刷卡控制板来控制转接板的通断，以达到控制电梯按键通断的目的。

采用转接板的免破线刷卡管理系统在安装前需要清楚了解不同的电梯品牌、不同型号的电梯按键接口的类型和接口顺序等，使刷卡系统转接板的接口与之对应，才能进行匹配连接。这样，不同的按键接口类型就需要准备不同类型的转接板，电梯刷卡管理系统的成本也就相应提高。一种 16 层梯控系统的转接板及连接线如图 6-22 所示。

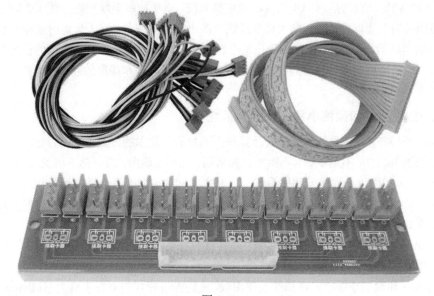

图 6-22

② 采用总线连接的系统嵌入式电梯刷卡管理系统。

采用总线连接的系统嵌入式电梯刷卡管理系统是较理想的电梯刷卡管理系统，不用剪破电梯原有的按钮连接线，它直接与原有的电梯控制系统相对接，把刷卡管理系统的功能与电梯控制系统的功能相融合。其控制方式为总线控制，直接将电梯刷卡管理系统通过系统总线接入电梯原有的控制系统中。通过 CAN bus 端口与电梯控制系统进行交互通信。当 IC 卡刷卡成功后，刷卡管理系统将 IC 卡预设的控制功能信息通过总线发送给电梯的主控制系统，电梯主控制系统收到 IC 卡的控制信息后，启动相应的控制程序，对电梯相应的楼层控制设备发出指令，接通相应楼层的外呼按钮或内呼按钮，使电梯运行。

总线控制型电梯刷卡管理系统的连接方式如图 6-23 所示。

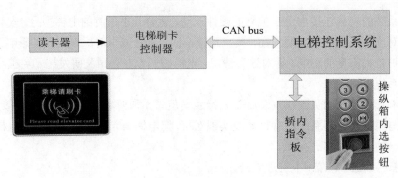

图 6-23

采用总线控制型的电梯刷卡管理系统采用系统嵌入式设计，要求熟悉原电梯控制系统的内部软件指令并与之无缝对接，对系统设计具有较高的要求，这种刷卡管理系统一般由电梯控制系统的开发厂商配套生产，或由取得相应授权的梯控设备公司生产，以便与主控制系统实现系统技术及功能的对接。

此外，电梯刷卡管理系统还可以与门禁考勤系统、访客系统等结合，实现与楼宇控制系统的联动对接功能；对办公大楼的常驻人员可以与门禁闸机刷卡联动，将大楼常驻人员的公司名称、办公区域、办公楼层等信息预先录入系统，当大楼的常驻人员在办公大楼的门禁闸机刷卡进入时，门禁闸机读取的信息同步输入电梯控制系统，电梯控制系统则根据刷卡管理系统的信息，接通相应的电梯群控信号，指派调度最优先的电梯启动服务。客人来访时的乘梯也可以与门禁闸机刷卡联动，客人来访在前台登记信息时将需要拜访的客户办公或居住的楼层信息写入访客卡片，门禁闸机刷卡时直接与梯控系统联动，提升了办公和楼区的品质，提高了大楼物业的整体管理水平。

三、手机 App 和微信小程序云呼梯系统

在无线网络技术、物联网技术、云计算和人工智能等技术的发展推动下，智能手机承载了越来越多的服务功能；不用刷卡，不用指纹和密码，也不用刷脸，用一部手机就可以呼叫电梯。通过手机 App 和微信小程序云呼梯系统，人在家里，就可以查看电梯的运行状态和所在的楼层，出门前就可以用手机预先呼叫电梯，让电梯到家门口等待，而且需要去的目的楼层也可以在手机上选定，实现全过程零接触乘梯。

手机 App 和微信小程序云呼梯系统，基于微信平台开发，通过腾讯云、手机无线网络或蓝牙通信模块实现手机呼梯控制。

手机 App 和微信小程序云呼梯的过程相似，只是 App 呼梯需要在手机上下载 App 并注册，方可操作呼梯；而微信小程序呼梯不需要下载，在微信中打开小程序，后台加入数据即可使用。添加与删除用户、查询数据，登录后一目了然。下面简述手机微信小程序云呼梯的功能操作过程。

（1）点击微信主界面中的"发现"，在"发现"界面点击"小程序"，找到"电梯智能刷卡"并点击，如图 6-24（a）所示。

（2）进入"远程呼叫电梯"主界面，选择刷新列表，可看到电梯状态，如图 6-24（b）所示。

（3）点击电梯地址栏中的"▲"进入呼梯选层界面，可在界面中上下拉动，选择对应楼层呼梯。示例：呼梯到 8 楼，点击"8 楼"后，显示"控制成功"，代表呼梯成功，如图 6-24（c）所示。

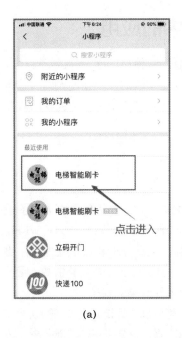

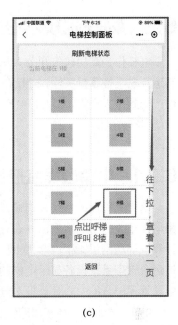

(a)　　　　　　　　　　(b)　　　　　　　　　　(c)

图 6-24

（4）点击右下角"我的"进入个人资料界面，对于带人脸识别功能的产品，可在此界面上传个人图片，如图 6-25（a）和图 6-25（b）所示。

（5）手机呼梯的现场显示场景如图 6-25（c）所示。

(a)　　　　　　　　　　(b)　　　　　　　　　　(c)

图 6-25

随着科技的发展和智能手机的普及，手机已经成为我们日常生活中不可或缺的一部分，用户可以通过手机 App 和微信小程序云呼梯，查看电梯运行状态，选择出发楼层和目的楼层进行预约乘梯，电梯达到时接收提醒前往乘梯，无须候梯，节约出行时间；进入电梯后自动点亮目的楼层，无须按键，无感通行。可设置 App 快捷键或桌面小组件，进行一键乘梯，为上班、出行增添舒适、便捷的乘梯体验。

6.2 物联网技术在电梯远程监控系统中的应用

电梯作为高层建筑和公共场所中不可或缺的重要交通运输设备,使用广泛,安装数量巨大,其运行安全性备受关注,一旦存在安全隐患却未能及时排查,安全事故的发生会使人民的生命财产受到巨大损失,因此,电梯的远程监控显得非常重要,建设一个完善的电梯远程联网监控系统势在必行。

6.2.1 电梯远程监控系统概述

电梯远程监控系统是指通过大量的传感器(感应器)、摄像头、拾音器等信息收集设备采集电梯相关的现场数据,并通过 GPRS(通用分组无线服务)网络、4G/5G 移动网络、Wi-Fi、计算机局域网/广域网等互联网技术,进行数据资料的传输,经大数据分析和算法处理后,通过后台管理系统设备显示电梯的运行环境和工作状态,从而对电梯实行 24h 数字化监控,通过电梯管理平台的中心计算机对分布在各地的电梯运行情况进行远程监控的系统。

电梯远程监控系统采用的传感器(感应器)、摄像头、拾音器等信息收集设备是电梯物联网技术的典型设备,通过电梯远程监控系统,可对运行电梯进行在线监测、数据采集、智能分析、边缘计算和实时数据推送,实现对电梯的运行数据分析、故障预警、电梯运行管理、质量评估、隐患防范和安全监管等功能,为电梯的安全运行提供有力的保障。

随着网络技术的飞速发展,网络通信的速度也越来越快,之前的公用电话网、串行MODEM(调制解调器)通信已被高速的百兆、千兆光纤网络所代替,GPRS 网络也被速度更快的 4G/5G 移动网络和 Wi-Fi 无线网络所取代,特别是 5G 技术的应用和物联网技术的发展,使电梯远程监控系统的功能应用更广,系统功能更强,具有更好的稳定性和可扩展性;目前的电梯远程监控系统依托强大的计算机运算能力、高效的云平台和大数据分析处理技术,具有速度快、功能强、支持边缘计算等特点,具备人脸识别及视频深度分析等能力,也可以进行电瓶车识别、自行车识别、乘客行为识别、视频抓拍、客流统计等功能。

6.2.2 电梯远程监控系统的组成和功能

一、电梯远程监控系统的组成

电梯远程监控系统通常由前端数据采集部分、网络传输部分、后台数据分析和监测管理等 3 部分组成,如图 6-26 所示。

(1)前端数据采集部分。

电梯远程监控系统的前端数据采集部分由各类传感器、AI 摄像头、底坑采集器、轿厢采集器、电梯网关(工业路由器)等设备组成。

连接多个物联网传感器的底坑采集器负责采集底坑和井道的有关数据,可以监测温度、湿度、水浸等来判断井道和底坑的渗水状况,通过监测对重底架与缓冲器的行程距离可以判断钢丝绳是否过于伸长等。

通过轿厢采集器连接的传感器发送的数据,可以监测电梯门的开关状态,如是否长时间开门、关门是否到位、是否频繁开关门等,可以检测轿厢的运行速度与加速度的变化、轿厢振动和倾斜情况是否正常等。

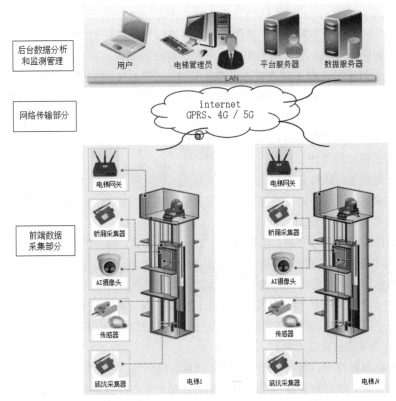

图 6-26

在电梯机房，也可以通过在机房安装传感器来检测曳引机的运行情况、工作温度、振动，机房的温度、湿度、噪声等。

（2）网络传输部分。

网络传输部分是把电梯运行前端采集的数据由电梯网关通过 4G/5G 移动网络、Wi-Fi、LAN 等接入互联网，把数据传送到电梯云平台或后台数据分析和监测管理中心的计算机和服务器。

（3）后台数据分析和监测管理部分。

后台数据分析和监测管理部分作为电梯远程监控系统的管理平台，通过中心计算机、数据服务器、计算机显示终端和手机移动终端等设备及系统软件组成远程监控平台，实现对监控数据的分析和监测管理。

二、电梯远程监控系统的功能

电梯作为广泛使用的特种设备，其安全运行情况关系着人们的生命安全和生活质量，特别是对于大、中城市交通枢纽和人行天桥的公用电梯，由于长期工作在繁忙、复杂的工作环境，对这类电梯的使用、管理也提出了新的要求，电梯远程监控系统应具有以下功能。

（1）首先是对电梯运行状态的监控管理。通过实时调用各电梯前端数据采集部分传输的数据，监测电梯的运行状态参数，例如各台电梯的启动、停止、电梯的当前楼层位置、开关门状态，可以监测电梯井道的环境参数、机房的相关参数和曳引机的运行工作数据。

（2）对电梯乘客行为的远程监控，由于电梯乘客的流动性和复杂性，要求该系统能进行 24h 的数字化监控。通过摄像头查看轿厢内的实时情况，如乘客行为等，在显示界面上实时显示电梯的运行状态（运行方向、位置、楼层等）并动态显示电梯的开门、关门、启动、停止等动作过程，在电梯管理部门和维保单位的监控室可远程监控电梯乘客行为，并限制部分危险物品进入电梯（如电动车自动识别限制等）。

（3）发生故障时进行故障报警、故障诊断和实施应急救援处理，通过手机终端的消息推送使维护人员及时得到信息，通知附近维保人员尽快前往故障地点，修复故障电梯。电梯维保人员也可以随时通过手机终端主动查看电梯监控的情况，一旦发现电梯出现困人、损坏或其他情况时，就能第一时间赶到现场，处理突发事件，解救被困人员，恢复电梯的正常运行。

（4）电梯故障预警分析，通过采用各类传感器，对电梯运行数据进行采集和分析，结合电梯监控记录的电梯运行情况，对电梯的综合性能进行评估，实现故障预警和及时报警，满足城市公共安全管理的应用需求。

（5）建立电梯运行故障记录档案，实时登记发生的故障并提供查询功能，可随时查看电梯的各个故障记录。电梯远程监控系统可以通过故障诊断分析给出相应的解决方案，以供维修人员和技术人员作为维修电梯时的辅助参考。

（6）当监控中心无人值守时，可以通过中心计算机设定，将前端数据采集部分传来的信息自动转发到用户指定的计算机、手机上，实现24h电梯监测运行。

（7）电梯维保公司信息管理功能与物业管理功能信息的共享。后台数据分析和监测管理中心还可以作为一个技术交流和信息发布的平台，可以根据当地社区的实际情况，发布与电梯相关的技术信息、问题解答、信息搜索等，增强社区的交流互动，也可以实现多层次的技术交流，建立电梯圈的学习信息交流平台。

（8）电梯远程监控平台还可以作为政府、物业管理公司、电梯维保公司和行业协会等多方面的信息发布平台，政府和企业可以利用这个平台发布一些行业资讯和政策法规，也可以发布新闻公告、通知以及重大信息等。还可以作为企业交流的平台，利用平台展示企业的产品和服务，实现多功能的共享交互平台。

三、电梯远程监控系统的应用扩展

电梯远程监控系统，还可以根据不同需求扩展到多个应用领域。

（1）可以升级系统软件和摄像头的功能算法，增加对电梯乘客危险行为的判断、危险物品和超大超宽物品的限制、人像识别、联动报警、远程监听和情况信息通报等。

（2）可以与电梯应急救援中心实现数据信息共享，构建快速、高效的电梯应急救援平台。

（3）可以与前端系统、上级管理系统、公安系统等进行对接，纳入智慧城市、平安城市的管理体系，实现更大范围的功能覆盖。

6.2.3 电梯视频监控系统

电梯远程监控系统中很重要的一个功能就是电梯的视频监控，视频监控系统可以看作电梯远程监控系统的一个子系统；通过视频监控画面，可以清楚地了解到电梯轿厢的内部情况，实时监测电梯的运行状态，观察轿厢里有没有人、有没有困人、电梯是否超载、乘客行为是否异常等；通过AI摄像机内置的声音传感器，可以监听轿厢内部的声音，监控中心还可以通过摄像机内置扬声器向轿厢内喊话和播报语音；在电梯困人时，可以收听到被困人员的声音，从而安抚乘客，在某些情况下为乘客提供必要的操作提示或应急指引。

一、电梯视频监控系统的结构方案

与普通建筑物的视频监控系统不同，电梯视频监控系统在输入输出信号的准确性、即时性、可靠性等方面要求更高，因为它关系到乘客的乘梯安全和电梯的行车顺畅，所以必须确保实时性高、稳定性好、反应灵敏、图像清晰。通过提升摄像头的功能算法，还可以实现人脸识别、客流统计、电动车进梯图像抓拍等实用性强的扩展功能。

同时，电梯视频监控系统可以通过接入录像机对电梯运行情况进行 24h 的音视频记录，采集的数据都是非常重要的资料，通过视频数据的分析回放，可以对电梯的运行情况进行过程分析，为事件处理提供辅助数据帮助。因此，必须妥善保存和备份电梯的音视频记录。

根据电梯视频监控系统的使用环境和应用特点，电梯视频监控系统的结构方案通常有以下两种方式。

（1）采用网桥连接的电梯视频监控系统结构。

对于分布较为密集、数量多、网络环境好的办公楼宇电梯、住宅群电梯等应用场所，有条件的地方可以直接将电梯视频监控设备通过有线网络（或通过网桥连接）接入当地的局域网，通过硬盘录像机记录电梯监控录像，后台数据服务器和计算机显示终端可通过管理软件或平台进行电梯远程监控、数据分析和事件处理。通常办公大楼、宾馆、酒店、商场和住宅小区的电梯监控大多采用这种系统结构。采用网桥连接的电梯视频监控系统结构如图 6-27 所示。

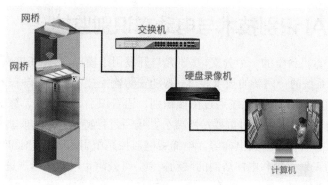

图 6-27

（2）采用无线路由器连接的电梯视频监控系统结构。

集中式的电梯视频监控系统采用网桥连接比较方便，但对于分布广、密度低、数量少的单台独立的电梯来讲，采用点对点无线连接的电梯视频监控系统方案无疑是比较合适的，如城市马路的人行天桥公用电梯、地面公交枢纽站的公用电梯等，由于布点分散，网络布线的成本很高，采用无线连接可以节省成本，提高效率，日后的维护工作也比较方便。在采用无线路由器连接的电梯视频监控系统结构中，可以采用带 Micro SD 卡存储功能的摄像头，对电梯轿厢的音视频数据做循环记录，如图 6-28 所示。

图 6-28

二、电梯视频监控系统方案的应用特点

下面以城市人行天桥公用电梯的远程监控为例，介绍电梯视频监控系统方案的应用特点。

由于公用电梯的分布比较分散、范围较广，我们在城市人行天桥公用电梯的远程监控中采用了无线路由器（无线网关）连接的电梯视频监控系统，考虑到电梯现场运行的环境较差，半户外工作的温度、湿度较高，各种信号的干扰也较多，为了保障网络传输的稳定性，系统采用了 4G 物联网卡和具有抖动误差监测功能的 4G 工业无线路由器，效果良好。该电梯视频监控系统应用方案具有以下显著的特点。

（1）不需要复杂的电梯井道布线，容易安装，容易维护。

（2）与电梯品牌无关，适合所有的直升电梯，也适合所有的新装电梯与改造电梯。

（3）通过成熟稳定的 4G 网络，支持国内三大网络运营商，实现全网连接。

（4）如果电梯内部的网络环境好，也可以通过 Wi-Fi、WLAN 等接入附近的局域网办公系统，实现与互联网的相互连接。

（5）手机客户端可以接入远程监控网络，维保人员可以随时监控电梯内部运行情况，实现随时随地的监控和视频对讲。

（6）电梯维保公司可以通过实时查看监控了解维保人员的工作效能和维保情况，及时采取相关措施，保障电梯运行的安全性和可靠性。

（7）物业管理公司和上级监管部门可以随时掌握电梯运行情况，实行有效监管。

6.3 电梯 AI 识别技术与电动车识别监控

人工智能是计算机科学的一个分支，是研究与开发用于模拟、延伸和扩展人的智能的理论、方法、技术及应用系统的一门新的技术科学。智能安防监控技术随着科学技术的发展与进步迈入了一个全新的领域，AI 识别系统通过图像识别、语音识别、大数据、算法处理和专家系统等，可以识别车辆、人员等，针对重要场所或公共场所进行特定目标的侦测防护，如机场、地铁、住宅小区、人行天桥、公共电梯等。电梯智能监控系统引入 AI 识别和物联网技术后，可以通过对电动车的识别侦测和电梯轿门的联动控制，有效阻止电动车违规进入电梯轿厢，排除事故隐患，对公共设施和人民的生命财产建立全方位的立体防护，为人民群众的安全出行提供有效的保障服务。

6.3.1 依托 AI 识别技术，打造电梯"智慧眼"

随着物联网、人工智能、云计算、大数据、图像算法等新兴技术的应用，数字化、智能化的控制技术赋予了电梯更多的功能，运用 AI 识别技术，为电梯打造"一双智慧的眼睛"，使电梯具有滞留物品识别、人脸识别、特定人员识别、客流量统计、大件行李识别、婴儿车识别、自行车识别、电动自行车识别等功能。

电梯 AI 识别技术与电梯刷卡系统的人脸识别技术相似，通过在电梯轿厢安装 AI 摄像头，对摄像头内置图像和现场图像进行分析、对比，从而识别特定的人员、车辆和特定的物品等。近年来，为了防止电动车自燃、电池爆炸起火等引起的安全事故，在防止电动车进入电梯轿厢方面，AI 摄像头发挥了重要的作用。

通常，安装于电梯轿厢内的 AI 识别电梯控制系统由 AI 摄像头、智能传感器、电梯网关等几部分组成，如图 6-29 所示。

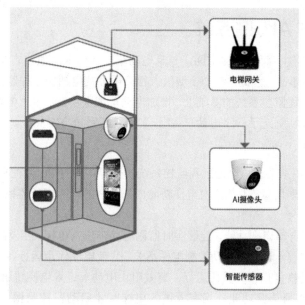

图 6-29

AI 识别电梯控制系统的功能通常包括以下方面。

- 可以识别各种电动车（电瓶车）类型。
- 可以进行人脸识别、人形识别。
- 可选自行车识别功能；可过滤婴儿车、轮椅等进入电梯而不触发报警。
- 可选控制或不控制电梯的关门操作。
- 可兼容电梯远程监控系统。
- 支持 TF 卡本地存储记录。
- 支持移动侦测、事件记录，在无人乘梯时，不启动录像，节省内存空间。
- 可记录现场视频、语音以及双向语音对讲。
- 支持消息推送，支持手机远程监控。
- 可以通过电梯网关接入小区局域网/广域网，实现远程监控管理，如图 6-30 所示。

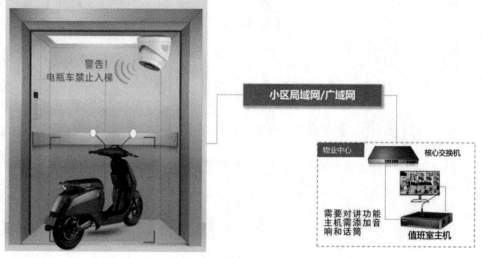

图 6-30

6.3.2 电动车 AI 识别系统

电梯轿厢是一个狭小而封闭的空间，一旦电动车进入轿厢时发生自燃而人又无法及时脱困，很容易发生安全事故。因此，在一个城区人行天桥公共电梯的远程监控项目中，项目方要求在原有天桥电梯远程监控系统的基础上，增加电动车识别功能，阻止电动车进入电梯，以消除事故隐患。为此，特制定了一个电动车 AI 识别系统，系统方案如下。

一、系统功能

（1）电动车 AI 识别系统与电梯远程监控系统相兼容，通过 PC 监控平台和手机 App 能够实时监控天桥电梯的现场运行情况，对电梯轿厢内部乘客的行为实行监控和录像记录，必要时可以回放分析。

（2）具有电动车自动识别功能，能够实时监测电动车进入电梯，当发现电动车违规进入电梯时发出报警和语音提示，同时自动控制电梯不关门，使电梯停止运行，直到电动车退出电梯轿厢后，电梯才自动恢复正常、关门运行，有效阻止电动车进入电梯轿厢。

（3）具有移动侦测录像功能，当有人进入电梯时才启动监控录像，电梯无人进入及停止运行时停止录像，这样可以节省存储空间，加快网络传输速度，也可以方便查看事件的回放。如果采用长期固定录像的方式，则不但浪费大量存储空间、加速设备损耗，更重要的是影响查看事件的回放的效率。因为在长达几天或几个小时的录像中，有时为了搜索查看几分钟甚至几秒内发生的事件有效录像是很困难的，十分耗费时间和精力，有用的录像瞬间也很容易被忽略。

（4）电动车 AI 识别系统采用监控摄像头和 4G 传输服务器（电梯物联网网关）一对一实时传输，可在 PC 监控端和手机 App 监控端双平台显示，在办公室监控中心的大屏幕控制台和手机上都可以随时查看监控画面，方便办公监控中心随时调度人员，也方便维护人员随时用手机监控现场情况，第一时间快速处理现场突发情况，如图 6-31、图 6-32 所示。

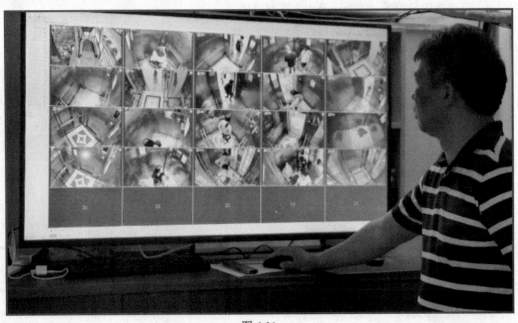

图 6-31

图 6-32

（5）该监控系统可以转移到其他用户使用，且无须增设其他平台。

由于采用互联网云平台监控系统，只要有可用通信网络，在全国各地都可以实时查看电梯画面，也可以增加和删除某个监看用户，对人员的流动、设备的移交管理都可以方便地通过增减用户来实现。

（6）系统检测识别功能。

能进行电动车智能识别检测、移动侦测、遮挡报警、报警输入、报警输出、联动电梯控制输出。

二、电动车AI识别系统的组成和系统架构

电动车AI识别系统的组成和系统架构如图6-33所示，禁止电动车进入电梯的警示画面如图6-34所示。

图 6-33

图 6-34

电动车 AI 识别系统由 AI 摄像机、物联网网关、4G 网络/internet、服务器、数据库、云平台、维保监控中心、手机 App 等组成，其中 AI 摄像机负责对电梯电动车的识别、侦测、报警和输出到电梯的关门联动系统；物联网网关和 4G 网络/internet 负责图像数据的传输；服务器、数据库、云平台负责对数据的存储、分析和管理。公司监控中心和上级监管部门可通过计算机和大屏幕查看整个系统的运行情况，维保单位和维保人员可通过计算机和手机 App 查看现场情况，随时对电梯实行现场处理和维护。

三、系统的工作过程

电动车 AI 识别系统的工作过程如图 6-35 所示。

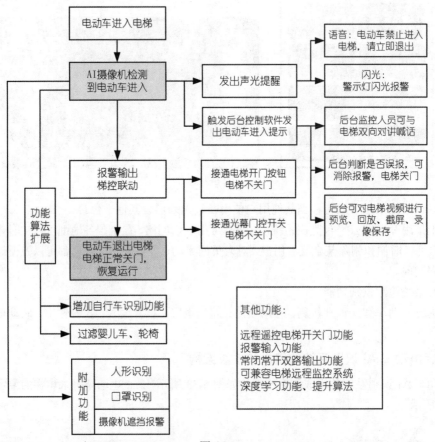

图 6-35

当电动车进入电梯时，AI 摄像机检测到电动车进入轿厢后，立即进行声光提醒，警示灯闪光，同时发出"电动车禁止进入电梯，请立即退出"的语音警报；与此同时，AI 摄像机报警输出端与电梯梯控联动，接通电梯开门按钮，电梯不关门；或接通光幕门控开关，电梯不关门。在系统后台控制中心的监控人员可与电梯双向对讲，并喊话；如果后台发现是系统误报，则可消除报警，远程控制电梯关门；后台监控人员可以对电梯视频进行预览、回放、截屏和录像保存，以便日后查看。

当违规进入的电动车退出电梯轿厢后，电梯关门，恢复正常运行。

通过系统的功能算法扩展，还可以增加自行车识别功能，过滤婴儿车、轮椅等允许进入的车辆，部分电动车 AI 识别系统还带有人形识别、戴口罩识别、摄像机遮挡报警等功能。通过深度学习，电动车 AI 识别系统还可以加强算法，提升识别率，使识别更准确、功能更强大。

四、电动车 AI 识别系统的技术要点及实施方案

（1）电动车 AI 识别系统的技术要点。

① 电动车 AI 识别系统的关键是电动车的识别技术，本系统采用电梯专用 AI 识别摄像机，具有完备的电动车 AI 算法检测性能，能有效阻止电动车进入电梯，同时可排除婴儿车、轮椅等进入电梯的误判报警的情况。

② 摄像机对电梯的联动联控是整个电梯智能识别系统得以实施的关键部分。由于天桥电梯建设的时间和施工项目的差异，不同时期、不同施工方采用的电梯品牌、型号各有不同，因此电梯的开关门机构和安全保护光幕的控制也有不同的连接方式，要有针对性地对每台电梯的门控系统加以分析，部分电梯要对智能识别摄像机的输出控制信号进行转换，以实现精准的电梯门联动联控。

③ 资料数据的传输也是重要的一环。首先要保障网络的畅通和较快的网络传输速率，使图像、视频等数据资料及时上传到服务器和监控中心，以便及时发现问题，第一时间通知维保人员前往处理。由于天桥电梯分布广，工作频繁，而且现场没有稳定的 Wi-Fi、WLAN 等网络，因此本方案采用将摄像机与 4G 传输服务器（电梯物联网网关）一对一配合实时传输的方法，利用覆盖广阔的 4G 网络信号，将现场图像资料迅速上传至服务器及监控中心，使电梯维保公司和上级管理部门都可以随时查看监控现场，实现智能化、数据化统一管理。

④ 在方案实施过程中，还有网络设备和网络运营商的选择问题。不同类型的 4G 传输服务器有不同的性能特性，不同的网络运营商也有不同的物联网流量卡类型。这样，不同的组合在网络信号质量、覆盖范围、连接速度等方面都有较大的差异，要在不同的组合中反复测试，找到一个最佳的连接方案。

（2）电动车 AI 识别系统的实施方案。

在电动车 AI 识别系统的现场安装调试中，对 AI 摄像头的设定要根据具体功能事件的不同来进行。

① 在普通事件设定中，有设置固定录像和移动侦测录像的不同选择，还有时间设定、输入关联、输出关联、录像关联等，都要根据具体的使用需求分别进行设定。

② 在智能事件检测识别的设定中，有的智能摄像头可提供不同的事件和场景识别侦测，如通道堵塞检测识别、值班人员离岗检测识别、电动车进入识别等几个选项，实际应用中可在这几种事件、场景中选择其中一种。在本系统中，我们选择电动车识别事件选项，选择后还必须设定检测空间范围，只有进入此检测空间范围才会启动识别报警，退出此检测空间范围时（如退出电梯轿厢范围），则不再启动检测，以避免影响电梯正常运行。

③ 根据不同的应用场景，要设定不同的检测灵敏度和警示时间，如果检测目标是识别电动车进入，则可设定较快的识别时间，如两秒到三秒等，这个时间要小于电梯的关门等待时间，以提高检测识别的效率。

④ 防遮挡的功能设定，遮挡报警可以联动报警输出，并设置一定的延时时间。

五、智能识别监控系统的连接、配置和注意事项

（1）电梯门联动联控的连接。

① 电梯电动车识别的最终目的是阻止电动车进入电梯轿厢，也就是说当发现轿厢内有电动车停留时，则发出报警，同时使电梯不能关门，这样就需要使报警输出信号与电梯开门控制按钮或安全光幕的门控信号产生联动，这个连接要根据不同的光幕控制信号进行处理，必要时

可以增加信号的转换模块来实现不同触发信号要求的转换。

② AI 摄像机的报警输出接口通常采用无源的继电器常开输出，当检测到电动车进入后，继电器输出端闭合。如果需要常闭输出信号，则需要外接继电器进行转换。

（2）门控联动的几种接线方式。

AI 摄像机的输出接口通常有 DC 12V 电源接口、网络接口、Audio OUT 音频接口和 ALARM 报警接口等，如图 6-36 所示。

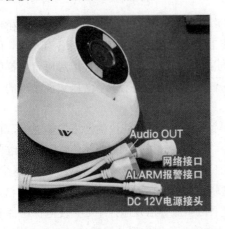
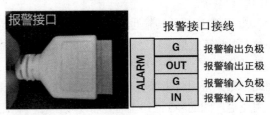

图 6-36

AI 摄像机的报警输出与电梯门控的联动有多种接线方式，可根据具体的现场情况来确定，不同的电梯品牌、型号的控制接线方式有所不同，一般来讲，可以采用以下方法。

① 并联电梯开关门控联动接线方法如图 6-37 所示。

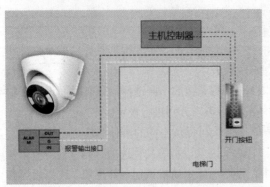
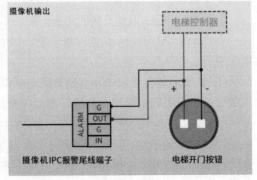

图 6-37

AI 摄像机的报警尾线端子直接并联电梯开门按钮，OUT 连接正极，G 连接负极，输出端默认采用常开继电型输出，当 AI 摄像机检测识别到电动车进入电梯而触发报警后，OUT 和 G 导通闭合（相当于电梯开门开关被按下），电梯一直开门，不启动运行。当电动车退出电梯，报警消除后，输出端断开，电梯门关闭，电梯正常运行。

需要说明的是，如果电梯按钮开关工作电压大于 12V，或按钮触点电流大于 300mA，则需要使用中间继电器转接的方法（如图 6-38 所示），否则直接连线可能会有烧坏输出端接口的风险。继电器使用直流型继电器，电压不超过 12V，线圈阻抗约 40Ω。默认采用常开型输出，AI 摄像机检测识别到电动车进入电梯而触发报警后，OUT 和 G 导通，使继电器闭合，5、9 触点导通，触发电梯开门。

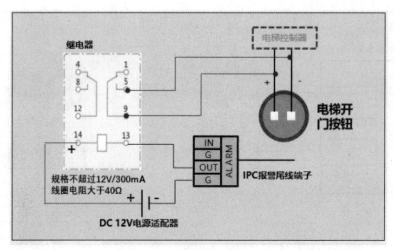

图 6-38

② 对接光幕控制器的门控联动接线方法 1（常开输出转常闭）如图 6-39 所示。

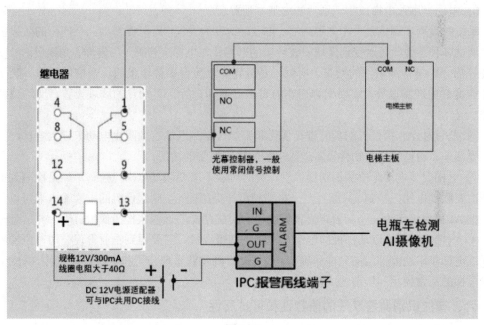

图 6-39

我们知道，通过光幕控制器可以触发电梯门打开，光幕控制一般采用常闭信号，由于 AI 摄像机的报警输出是常开信号，因此通过使用中间继电器转接的方法可以把常开输出转换成常闭输出，当摄像机检测识别到电动车进入时，继电器动作使连接于光幕控制器的常闭触点断开，光幕控制器向电梯主板发出触发信号（相当于光幕信号被阻挡），电梯主板控制输出使电梯开门，直到电动车退出电梯，报警消除后，电梯门关闭，电梯正常运行。

③ 对接光幕控制器的门控联动接线方法 2（常闭输出控制）如图 6-40 所示。

对于具有继电器常开常闭双路输出的摄像机报警输出端口，梯控输出接线就比较简单，可以根据不同的使用要求选择不同的端口；摄像机报警输出常闭端口 NC 与电梯主板的光幕控制接口连接，摄像机报警输出公共端口 COM 与光幕控制器的 NC 接口连接，如图 6-40 所示。

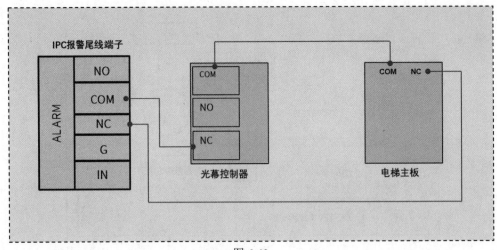

图 6-40

（3）智能识别监控系统的配置和注意事项。

① 电动车进入电梯侦测识别功能的基本配置。

系统的设置和调试是一个需要耐心、细致、认真的过程，有时要得到一个理想的效果需要反复调试多种参数，还要受到现场安装环境的影响，如电梯广告牌、广告屏、光线反射、安装角度等都会影响检测识别的效果。所以，要得到一个符合多种要求的综合应用效果，除了选择性能良好的产品以外，还要配合切实的实施方案和进行认真细致的区域设置、现场调试等工作。

② 及时对 AI 摄像机的功能进行优化和升级，做到既能有效阻止电动车进入电梯，又可排除婴儿车、轮椅等正常物件设备进入电梯的误判报警的情况。

③ 电梯安装电动车检测识别摄像机，有时可能不需要联动电梯门控制，如果检测到电动车不需要联动电梯门控制，只配置声光报警和语音提醒即可，则摄像机的报警输出端可以不接线，把 AI 摄像机作为一个配置声光报警和语音提醒功能的远程监控摄像机。

④ 电梯安装需要联动梯控的电动车检测识别摄像机，需要得到物业管理公司、电梯维保公司或电梯年审检测部门的允许和确认，最好能得到物业管理公司和电梯维保公司的配合，避免给电梯的正常使用和年审造成影响。

六、智能识别监控系统的兼容性和可扩展性

智能识别监控系统采用的 AI 摄像机具有多项智能侦测技术。并通过 AI 深度学习算法，实现对电动车的检测、分析、识别，准确锁定电动车目标，发出语音报警和抓拍现场图片，并把抓拍图片上传云端服务器，同时联动电梯暂停运行。

系统采用全新的 H.265 编码技术，使画面更流畅，存储空间更小，传输速度更快，同时系统的兼容性和扩展性强，可以兼容电梯远程监控系统，兼容计算机端和手机 App 移动端，满足多平台管理的项目要求。

电动车 AI 识别系统的实施，可充分发挥 AI 识别技术在交通安全管理中的积极作用，有效降低电动车在电梯运行中的安全事故隐患，在为市民的出行提供便利的同时，提升了人民群众出行的品质和安全感，提升文明城市的管理水平，为新时代的城市建设提供更好的安全保障。

系统的扩展可以作为电梯远程监控数据分析中心，与前端系统、上级管理系统等进行对接，纳入智慧城市、平安城市的管理体系，实现更大范围的功能覆盖，如图 6-41 所示。

图 6-41

6.4 机器人乘梯控制

机器人是一种能够全自主或半自主工作的智能机器，也是一种用于移动各种材料、零件、工具或专用装置，通过可编程动作来执行各种任务，并具有编程能力的多功能操作机。机器人具备一些与人或生物相似的能力，如感知能力、规划能力、动作能力和协同能力，是一种具有高度灵活性的自动化机器，能够通过编程和自动控制来执行诸如作业或移动等任务。

机器人具有感知、决策、执行等基本特征，可以辅助甚至替代人工完成危险、繁重、复杂的工作，提高工作的效率与质量，服务于人类生活，扩大或延伸人的活动及能力范围。

随着传感器技术、自动感应技术和人工智能技术的发展，机器人已越来越多地走进我们的现实生活。但机器人并不能完全满足各方面的应用需要，机器人与人的有效协同将会是未来常见的工作模式与生活模式，这样，人类的创新能力与机器人的超强能力才能更好地发挥各自的作用。

6.4.1 机器人的特征条件和机器人的分类

机器人的历史很长，早期的机器人智能化程度不高，只能做一些简单、重复的工作，随着人工智能的发展，机器人才得到了飞速的发展，主要的原因是人工智能促进了语音识别、图像识别、自然交互能力的提升，人工智能与机器人结合，使机器人的应用得到了飞速的发展。未来，很多工作将会由智能机器人完成，特别是固定性、重复性的工作。

一、机器人应具有的 3 个特征条件

（1）脑、手、脚等三要素。

（2）非接触传感器（用眼、耳接收远方信息）和接触传感器。

（3）平衡觉和固有觉的传感器。

机器人具有的特征条件强调了机器人应当具有仿人的特点，即它靠手进行作业，靠脚实现移动，由脑来完成统一指挥的任务。非接触传感器和接触传感器相当于人的五官，使机器人能

够识别外界环境，而平衡觉和固有觉的传感器则是机器人感知本身状态所不可缺少的。

机器人的以上 3 个特征条件主要描述的是自主智能机器人而不是工业机器人。

📑 知识扩展：平衡觉

感觉是由物体作用于感觉器官引起的，按照刺激来源于身体的外部还是内部，可以把感觉分为外部感觉和内部感觉。平衡觉是由身体内部刺激引起的感觉，因此属于内部感觉。

平衡觉又叫静觉，其感受器是人体内耳中的前庭器官，包括耳石和 3 个半规管。平衡觉反映的是人体的姿势和地心引力的关系。凭借平衡觉，人们就能分辨自己是直立还是平卧，是在做加速运动还是减速运动，是在做直线运动还是曲线运动。

二、机器人的分类

关于机器人的分类，国际上并没有统一的标准，从不同的角度可以有不同的分类方式。

机器人从功能用途上大概可以分为以下 3 类。

（1）工业机器人：用于工业制造领域应用的机器人。工业机器人一般具有多关节机械手或多自由度，通常固定于某一位置操作，完成具体的工序或任务，比如生产线上的操作机器人、机械手等，负责焊接、拧螺丝、搬运机件等生产制造工作。

（2）服务机器人：用于非制造业并服务于人类生活的机器人。服务机器人具有移动功能，可代替人进行一般的送物、迎宾、导购、清洁等工作，功能更强的机器人可代替人从事危险、恶劣（如辐射、有毒等）环境下的作业和人所难以进行的工作，如宇宙空间、管道、水下等特殊的环境下的作业，比一般机器人具有更强的机动性和灵活性，效率也更高。

服务机器人按照移动方式可分为轮式移动机器人、步行移动机器人（单腿式、双腿式和多腿式）、履带式移动机器人、爬行机器人、蠕动式机器人和游动式机器人等；按服务方式可分为扫地机器人、迎宾机器人、快递送物机器人、商业导购机器人、医疗机器人等；随着 AI 技术的广泛应用，还有聊天机器人、陪护机器人、私人定制的个性化机器人等；按照服务对象还可以划分为家用机器人、商用机器人和特种机器人等。

（3）特殊用途机器人：也称为特种机器人，就是指服务于特殊任务的机器人，是服务机器人的一个分支，比如防爆机器人、扫雷机器人、地下探测机器人、海洋探测机器人、娱乐机器人、军用机器人、农业机器人等。

我们本节讨论的机器人乘梯主要是服务机器人中的商用机器人及其在服务过程中自主乘坐电梯的控制方法和乘梯过程。

6.4.2　机器人乘梯过程

机器人乘梯主要应用在宾馆、酒店、写字楼、餐厅、智能工厂等场合，为机器人建立梯控解决方案，响应多种类型机器人的远程乘梯请求，智能调度电梯，以满足机器人在建筑大楼内自主乘梯的垂直交通智能化需求（通常机器人乘梯是指乘坐垂直电梯）。

商用机器人，特别是商业办公楼和酒店机器人的功能应用主要有送物件、引领、信息宣传、迎宾、送快递、送外卖等。本小节讨论的机器人乘梯过程主要是迎宾机器人、酒店清洁机器人、送餐送物机器人等商用机器人的乘梯过程。商用机器人如图 6-42 所示。

迎宾和导购机器人

酒店清洁机器人

送物机器人

迎宾机器人

图 6-42

一、机器人自主乘梯

机器人乘梯是电梯物联网技术应用的充分体现，它要求电梯与机器人之间能进行双向、自主的无线联系。通过采用 Wi-Fi、RFID、4G/5G 网络、云计算、云服务平台等技术手段，使机器人与梯控系统实现双向互动和双向通信联系，可以对机器人乘梯实现过程控制和调度管理，实现机器人的水平通行（门机门禁通行）和垂直通行（乘坐电梯），以及门机联动、无接触自主乘梯、出发和返回的全过程。机器人自主乘梯如图 6-43 所示。

图 6-43

二、机器人的乘梯过程

下面以酒店送物件机器人乘梯为例，简述机器人的乘梯过程。

一个完整的机器人送物服务流程通常包括：接收工作行动指令（把物件送到某一层楼的某个房间）→出发→到达电梯间→无线呼梯→无线选层→进入电梯→到达目的楼层→出电梯→到达目的房间→拨打房间电话→客人接到电话后出门取物→送物服务完成返回→按乘梯步骤返回所属楼层→返回充电桩充电待命，如图 6-44 所示。

图 6-44

6.4.3　机器人乘梯的应用环境和电梯接入控制

前面讲过，要实现机器人乘梯，就要求电梯与机器人之间能进行双向、自主的无线联系，使机器人与梯控系统实现双向互动和双向通信的智慧交互对接，以便梯控系统对机器人乘梯实现过程控制和调度管理，这样，就必须对机器人和电梯的技术应用环境和控制性能提出一些基本的要求。

一、机器人乘梯的技术应用环境

机器人乘梯的技术应用环境包括电梯的技术应用环境和机器人本身的技术应用环境，要使电梯与机器人之间用双方都能"听得懂"的语言进行互动交流，并进行无接触的指令传递，就需要双方能够进行双向自主的无线交互通信。

（1）电梯的技术应用环境。

能够响应机器人乘梯请求的电梯必须是按照国家标准 GB/T 7588.1—2020 设计制造的乘客电梯和载货电梯，并且具有与机器人进行无线通信的能力，不管是通过电梯原厂控制系统的底层统一通信协议，搭建双向互通的机器人-梯控互动平台还是建立 Wi-Fi 无线网关，或者通过装设 4G/5G 网络通信模块、电梯物联网模块等手段，其目的都是建立一个能与机器人双向联系的、适用于无线网络通信的技术应用环境。

（2）机器人本身的技术应用环境。

对于机器人的技术应用环境要求如下。

- 乘梯机器人是移动式服务机器人。
- 机器人必须具备精确定位并到达指定位置的能力，能自行到达指定电梯的厅门外等候，判断电梯门的开和关，自行进入和离开轿厢。
- 机器人或机器人平台必须能与电梯进行双向通信，具备发送乘梯任务指令到梯控调度平台的能力。
- 机器人必须具备能够从梯控调度平台实时获取任务指令的能力，能自主进入电梯，自主离开电梯。
- 机器人必须具备能上报自身乘梯进度（成功进入电梯和成功离开电梯）到梯控调度平台的能力。
- 机器人因障碍物或其他因素无法成功进入或离开电梯时，须在保障自身安全的情况下，向梯控调度平台发送开门指令。

不同的厂商有不同的乘梯模式和不同的乘梯要求，目前并没有统一的标准。由于机器人种类和品牌的多样性，不同的厂商也在陆续开发不同的乘梯协议，后续的机器人乘梯模式也将越来越多，越来越成熟。

总的来讲，机器人乘梯需要获得电梯的状态数据，包括电梯停靠的楼层、电梯的开关门状态、电梯上行和下行的信息等；电梯也需要能接收机器人的呼梯信息和目的站层信息，保证双方有互通的对接协议。

二、机器人乘梯的几种方案

目前，随着人工智能技术、无线网络技术、大数据技术、云计算技术、物联网控制技术以及电梯软硬件控制技术的发展，已出现了多种先进的机器人乘梯方案，有机器人公司与电梯厂家合作的乘梯方案、机器人统一集成以及调度管理方案，以及机器人物联网模块与梯控系统改造的对接方案等几种。

（1）机器人与电梯厂家合作的乘梯方案。

有的机器人公司通过与电梯厂家合作，共同开发新一代的梯控系统。如配送机器人只需与电梯进行通信对接，无须对电梯进行二次开发，即可实现机器人自主使用电梯，机器人使用梯控系统的统一协议呼叫电梯，使机器人可以自主上下电梯，实现低延迟和高安全的双重功效。当机器人到达电梯门口时，它会通过无线的方式给电梯中控系统下命令以"按下"电梯按钮，订单需要送到几楼它就会给电梯中控系统发相应指令。不用担心机器人进入电梯后会"调皮、捣乱"，它会像普通用户一样，进入电梯后安静地等待到达的目的地。

（2）机器人统一集成以及调度管理方案。

针对多品类、多品牌机器人的乘梯应用，有的机器人公司推出了机器人统一集成以及调度管理方案，以实现空间上的人、机无感通行，人和机器人共用一套设备系统（不需要另外增加投资），通过同一套智能化系统就可以实现人的授权使用以及机器人的自主乘梯和全通道的授权通行。

这种机器人乘梯方案采用先进的 AI 物联网技术和云计算技术，在统一底层技术平台的基础上，构建具备统一顶层设计、统一授权的人机智慧通行云平台，打造面向机器人智慧通行、乘梯调度的专业平台——机器人统一调度与安全管控平台，实现多品类机器人统一集成调度、多梯调度、人机共用。在乘梯过程中，机器人与梯控系统可实现双向互动、双向通信，可以对机器人乘梯做到过程控制、多层次防错纠错、防夹防撞，确保机器人进出电梯的安全有序，通过 Wi-Fi 无线网络等方式交互通信，实现机器人自主开门、乘梯上楼，在楼宇间水平（门禁通行）和垂直（乘梯）的无障碍通行。

机器人统一集成，是指通过人机智慧通行云平台，对全国多品类、多品牌机器人进行统一集成管理，把所有机器人打包进一个 App，统一集成、统一管理，客户可以根据需求任选机器人；而机器人统一调度，是指人机智慧通行云平台可以对已对接的不同品类的机器人进行统一调度管理，用户通过一个 App 就可以实现对多种机器人的物联网导航使用。

（3）机器人物联网模块与梯控系统改造的对接方案。

这种方案相对来说是目前比较容易实现的机器人乘梯方案，它不需要很大的投入和复杂的设备，也不需要专门开发新的梯控系统和管理平台，只需要通过对配送机器人和电梯梯控系统进行物联网改造，就可以实现机器人自主乘坐电梯。

首先，机器人厂家在生产配送机器人的同时，开发一套与机器人配套的电梯物联网梯控模块，安装于电梯的操纵箱内，对操纵箱进行简单的梯控改造，在电梯内增加 Wi-Fi 设备，以便使电梯能与机器人上安装的 Wi-Fi 无线路由器实现双向通信互动，发送和接收指令。电梯物联网模块与机器人后台系统连接，机器人就能知道电梯是否到站、门是开的还是关的、电梯是上行还是下行，并且可以给电梯梯控系统发送各种指令，通过程序指令到达目的楼层，在确定电梯轿厢停靠在目的楼层的情况下，离开电梯轿厢。

电梯新技术、智能机器人技术、AI 技术和物联网技术的不断发展，必将催生出越来越多的机器人乘梯方案。通过不同的机器人乘梯方案，使机器人能够实现对电梯的自主开门、乘梯上楼，犹如给机器人装上一双"大长腿"，使机器人真正实现楼宇间的无障碍通行，机器人将可在智慧医疗、智慧物流、智慧餐饮、智慧金融、智慧酒店等领域实现送药、送货、送餐、接待指引等应用，大大拓宽机器人的使用范围和业务领域。

三、机器人的传感器系统和功能模块

（1）机器人的传感器系统。

要实现机器人自主乘梯，机器人一般应具有相应的传感器系统和相关的功能模块，以便与电梯的相关控制功能模块对接。

机器人具有感知能力全靠安装有丰富的传感器系统，用以在行动中实现距离感应、声音感应、方向感应和位置感应等，常见的传感器和功能模块包括以下几种。

- 位移传感器：对于有肢体动作的机器人，需要用位移传感器来判断肢体动作的大小。
- 速度和加速度传感器：机器人需要移动以完成迎宾、导购宣传和送物，这就需要用到速度和加速度传感器。
- 触觉传感器：要体现机器人的触觉智能，通常都会在机器人某个部位被摸到的时候，进行不同的反应和语音提醒，这就需要用到触觉传感器。
- 超声波传感器和红外线传感器：超声波传感器和红外线传感器用于检测外在物体的存在和测量距离。机器人在运动过程中，需要对障碍物进行探测、规避，这就需要用到判定距离远近的不同传感器。
- 声音传感器：主要用于机器人与人的互动，如进行语音沟通，这就需要有听觉，这些都要靠声音传感器来实现，通常采用麦克矩阵来进行声音的采集，用小型喇叭进行声音输出。
- 视觉传感器：机器人对人员和物体进行识别，需要靠视觉传感器来实现，一般体现为不同类型的高清摄像头、AI 摄像头等。
- 激光雷达：激光雷达用于机器人行动地图的构建与位置的实时定位。
- 4G/5G 模块或 Wi-Fi/网络模块：用于实现机器人与电梯控制系统的双向无线通信，以及梯控调度。
- 无线电话模块：无线电话模块用于货物到达目的地后，机器人打电话与客户沟通，包括自动拨打电话和自动应答通话。
- 梯控模块：梯控模块用于无线呼叫电梯，通常与电梯内的梯控模块配合使用。

当然，并不是所有的机器人都具有以上传感器和功能模块，但很多机器人的传感器不仅于此，对于不同的功能与要求，配置也不同，机器人越高级，身上的传感器就会越多。更多的传感器就不在这里一一列举了。

（2）机器人的结构和传感器等功能模块应用实例。

机器人的传感器就如同人的感觉器官，能够"看到""听到"并"感触到"外面的现场环

境，设置的传感器越多，机器人的功能就越强大。

　　下面以某品牌的一款酒店服务机器人为例，看看酒店服务机器人通常的结构和传感器等功能模块的分布，如图 6-45 和图 6-46 所示。

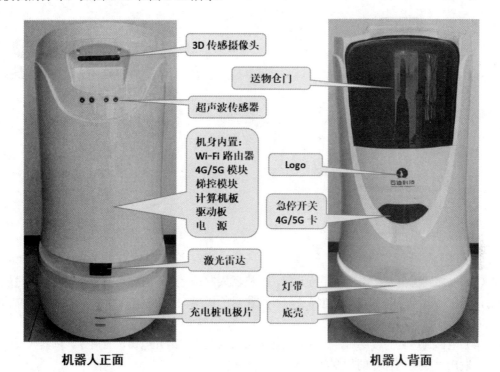

图 6-45

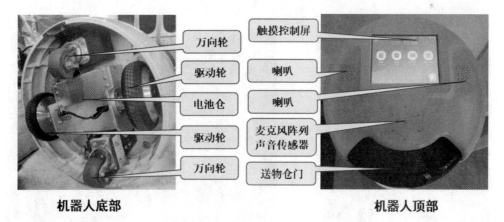

图 6-46

　　由此可见，上面的这款机器人具备基本的传感器和无线通信模块以及梯控模块，当它与电梯的无线梯控系统模块对接成功时，就可以实现机器人自主乘梯送物的功能。

四、机器人乘梯应用场景

　　如前面所述，当一个酒店服务机器人与电梯的无线梯控系统模块对接成功后，就可以实现机器人自主乘梯送物的功能。下面以机器人送物到酒店房间为例，简述机器人的乘梯送物过程。

　　一个机器人自主乘梯送物的场景通常有以下几个流程。

（1）机器人获取乘梯任务，接收送物任务指令并前往出发楼层候梯，如图 6-47 所示。

（2）机器人平台下发乘梯任务指令给梯控平台，如图 6-48 所示，调度电梯；梯控平台下发调度指令给电梯网关；梯控设备控制电梯前往出发层。

图 6-47　　　　　　　　　　　　　　　　　　图 6-48

（3）电梯到达出发楼层后，保持开门，给机器人发送"进入电梯"的指令。机器人进入轿厢后，发出"成功入梯"的指令，电梯关门并前往目的楼层。机器人可选择接入电梯轿厢 Wi-Fi，如图 6-49 所示。

（4）电梯到达目的楼层后，保持开门，给机器人发送"离开电梯"的指令。机器人离开轿厢后，发出"成功出梯"的指令，电梯关门，释放电梯。

（5）机器人到达目的楼层出梯后，前往任务目标房间，自动拨打房间电话通知客人，客人出门取物，机器人完成送物任务，如图 6-50 所示。

图 6-49　　　　　　　　　　　　　　　　　　图 6-50

（6）机器人完成送物任务后，按照乘梯步骤自主乘梯返回，接收下一个任务，如图 6-51 所示。

（7）如果暂时没有新的任务，则机器人返回充电桩自行充电，等待下一个任务指令，如图 6-52 所示。

图 6-51 　　　　　　　　　　　　　　　　　图 6-52

在乘梯过程中，如果机器人尝试数次仍无法成功进入或离开电梯，在得到机器人主动发出的"释放开门"指令前，电梯会一直保持开门，避免机器人被电梯门卡压或剐碰，发生事故。

6.5　电梯物联网平台在电梯故障预警与"智慧电梯"中的应用

6.5.1　电梯物联网概述

一、电梯物联网的组成

电梯物联网是为了解决电梯安全问题而提出来的。前端数据采集部分、网络数据传输部分、后台数据中心处理部分以及应用软件几部分共同构成了完整的电梯物联网监控系统，其组成与电梯远程监控系统的组成（如图 6-26 所示）类似。前端数据采集部分采集电梯运行数据进行分析并通过网络上传到后台数据中心处理部分，结合应用软件，用户通过登录电梯物联网平台和授权，使电梯制造厂商、维保单位、物业管理公司、政府监管部门、电梯使用单位等相关企业、单位都可以查询电梯的运行情况和有关数据，进行事前、事后的数据分析和数据的交换，从而实现各相关单位对电梯实时、有效的监管维护，实现电梯的智能化管理，保障电梯运行的可靠性与稳定性。

二、电梯物联网企业应用平台

为了规范和统一电梯物联网企业应用平台和监测终端的要求，国家市场监督管理总局和国家标准化管理委员会于 2023 年 5 月 23 日批准发布了国家标准《电梯物联网　企业应用平台基本要求》（GB/T 24476—2023）和《电梯物联网　监测终端技术规范》（GB/T 42616—2023），这两项标准均自 2023 年 12 月 1 日起实施。这预示着在国家政策和市场需求两方面，都将大力推动电梯物联网技术应用的深入和发展。

在国家标准《电梯物联网　企业应用平台基本要求》中，明确了电梯物联网企业应用平台（enterprise IoT application platform for equipment）是由企业建立的基于物联网和信息技术的应用平台，可以监测设备实时状态，用于快速处置设备的故障、事件及报警等，并有数据管理、统计分析及与电梯安全公共信息服务平台数据交互等功能。

同时，在《电梯物联网 企业应用平台基本要求》中，还对平台的基本要求、平台界限、平台功能、平台安全、平台数据管理、图像系统、设备统计信息等方面做了具体的规定，可参照相关的国家标准对接。

有兴趣的读者可查阅国家标准《电梯物联网 企业应用平台基本要求》的相关规定和内容。

标准规定的电梯物联网企业应用平台界限如图6-53所示。

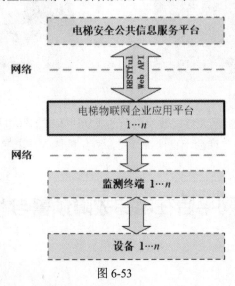

图 6-53

三、物联网技术在电梯中的应用优势

物联网技术在电梯中的普及应用，使电梯的生产、维保和使用单位都可以实现远程监测，有利于打造"智慧电梯"，推进电梯的"按需维保"及"智慧维保"；有利于电梯使用单位及时了解电梯质量安全状况；有利于电梯安全监察部门建设电梯应急处理平台，推进电梯的"智慧救援"，提高电梯困人救援效率，监督维保单位履行维保质量目标承诺，并为建立统一的电梯质量安全评价体系、追溯体系提供技术保障，大力促进电梯的"智慧监管"。

6.5.2 电梯侍卫·FAS 柔性分析系统

随着城市建设的快速推进和电梯的广泛应用，为了缓解人们对电梯出行安全的忧虑和解决政府监管的难题，通过电梯远程监控、大数据分析、云计算和强大的物联网功能构建的电梯运行与故障预警分析系统，可实现对电梯故障的提前预警、故障应急救援和安全监管三大目标。通过在电梯的机房、轿厢和底坑安装声、光、电等传感器，采集电梯的主要部件情况、轿厢内情况和运行环境数据，进行24h数字化监控，对采集的数据进行故障趋势分析。通过中心监控平台、物业管理平台和维保管理平台，实现故障预警和及时报警，让电梯管理部门、维保单位和政府监管机构能第一时间掌握电梯的安全情况，化被动为主动。当发生电梯事故、电梯困人等时，系统将第一时间通知物业管理公司和电梯维保公司，安排离现场最近的维修人员前往处理，快速处理故障，并在事后进行事故记录，以便后续进行故障分析。

广东马上到网络科技有限公司开发的电梯侍卫·FAS 柔性分析系统是电梯物联网平台在电梯运行与故障预警分析中的一个具体应用。

　　电梯侍卫·FAS 柔性分析系统融合了多种功能传感器、移动互联网技术、电梯物联网技术和电梯管理云平台等，通过在电梯运行的关键区间安装传感器和终端采集仪，对电梯运行的整体状况进行检测和数据采集，实时上传到管理云平台并进行数据分析，对实时数据与正常状态下的数据进行对比分析，以便对电梯的运行状态进行实时监测、评估，实现对电梯运行环境异常报警、电梯主要部件故障预警、轿厢内乘客危险动作报警、视频监控存储和回放、运行时安全回路断路报警、电梯运行健康指数监测、电梯困人智能报警、电梯意外移动报警等 8 类功能，如图 6-54～图 6-57 所示。

图 6-54

图 6-55

图 6-56

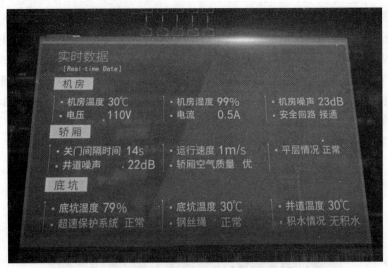

图 6-57

电梯侍卫•FAS 柔性分析系统对采集的数据进行综合处理，从而对运行中的电梯进行故障趋势分析，对电梯故障做出预警，及时处理和排除故障隐患，预防和减少电梯事故的发生。

电梯侍卫•FAS 柔性分析系统的部分传感器、数据终端采集仪和网络通信网关等设备和移动终端显示信息如图 6-58～图 6-61 所示。

图 6-58

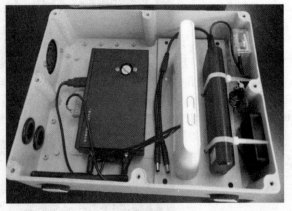

图 6-59　　　　　　　　　　　　　　　　　　图 6-60

图 6-61

电梯侍卫·FFAS 柔性分析系统以及电梯物联网技术的广泛应用，使电梯管理进入了全新的数字化管理模式，可实现电梯基本信息、维保信息、年审信息和运行情况的综合管理和分析统计，为物业管理公司、电梯维保公司和政府监管部门搭建一个良好的沟通平台，可以实现数据共享和安全保障的快速反应，为城市的公共交通安全带来积极、有效的影响。

6.5.3 巧用物联网技术打造"智慧电梯"

近年来，随着数字化、信息化等科学技术的迅速发展，物联网技术在人们的生活中发挥着越来越重要的作用。很多融合了物联网技术、移动互联网技术和人工智能识别技术的新一代产品（如智能门禁、数字物管、智能家居等）已经走进家庭，为智慧城市、智慧社区的建设助力，为人民的日常生活带来了便利。

2022 年 5 月印发的《关于深入推进智慧社区建设的意见》（以下简称《意见》），明确了智慧社区建设的总体要求、重点任务和保障措施等。

《意见》明确提出，到 2025 年，要求基本构建起网格化管理、精细化服务、信息化支撑、开放共享的智慧社区服务平台，初步打造成智慧共享、和睦共治的新型数字社区。

《意见》还提出，从集约建设智慧社区平台、拓展智慧社区治理场景、构筑社区数字生活新图景、推进大数据在社区应用、精简归并社区数据录入、加强智慧社区基础设施建设改造等 6 个重点任务入手，推动各类社区信息系统联网对接，实现跨部门业务协同、信息实时共享等目的。

我们知道，智慧社区是智慧城市建设的重要一环，涉及智能家居、智能楼宇、智慧安防、智慧物业等多个系统建设。楼宇电梯作为高层建筑小区最为重要的垂直交通工具，也朝着智慧化管理的方向发展，成为智慧物业管理的重要组成部分。借助物联网技术、4G/5G 技术、云计算、人工智能等新技术，通过电梯故障预警分析系统，可以及时掌握电梯内的运行数据，发现乘客行为异常、电梯困人等情况，就能及时跟踪处理；通过 AI 识别系统，就能发现电动车违规进入电梯和在楼道停放（如图 6-62 所示），一旦发现可疑人员，也能迅速发出警报……为社区居民提供一个安全、舒适、智能、便捷的现代化社区居住环境。

图 6-62

通过对小区电梯的智慧化改造，在电梯内安装数据采集仪、AI 人脸识别装置、电动车识别装置等电梯物联网设备，建设电梯物联网管理平台，构建一个多方共享的数字化电梯管理系统，利用电梯物联网平台可以完成高效的数据分析，可以更好地解决电梯运行安全问题，可以帮助物业管理公司和电梯维保公司将电梯安全的事后查证转变成事前预警、预防，能快速发现潜在的安全风险和故障隐患，让电梯运行更安全、乘梯更便利，打造现代化、安全、高效的智慧电梯，为智慧社区的建设打下坚实的基础，如图 6-63 所示。

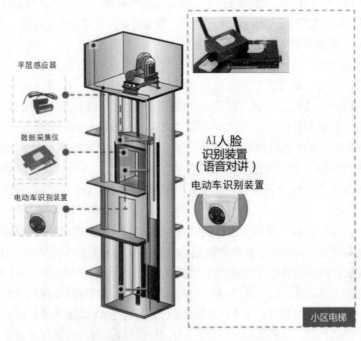

图 6-63

随着人工智能和物联网技术在智能化城市管理、交通、物流、智能安防等方面的深入应用，并通过 4G 无线移动网络、AI 识别技术、定位跟踪技术等手段建立全方位的立体防护。兼顾了整体城市管理系统、交通管理系统、应急指挥救援系统等应用的综合体系，为现代化城市的建设和管理提供更好的应用服务。也可以通过电梯智能监控的应用和数据分析，提高电梯产品质量和功能品质，从而提升从中国制造到中国智造的整体水平。

【任务总结与梳理】

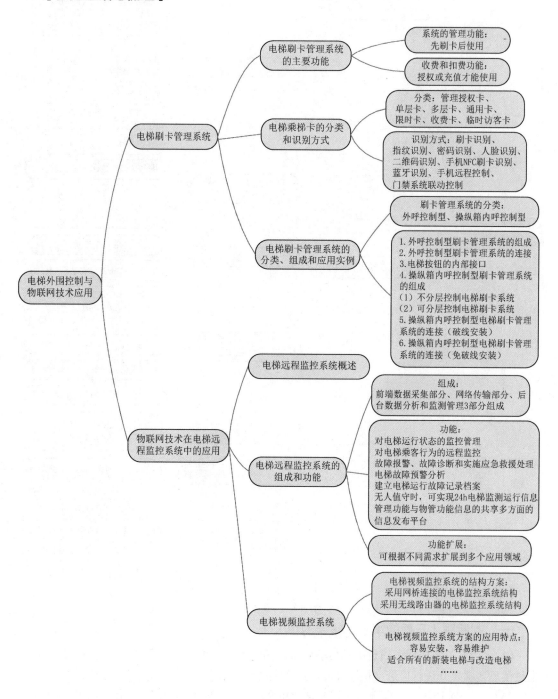

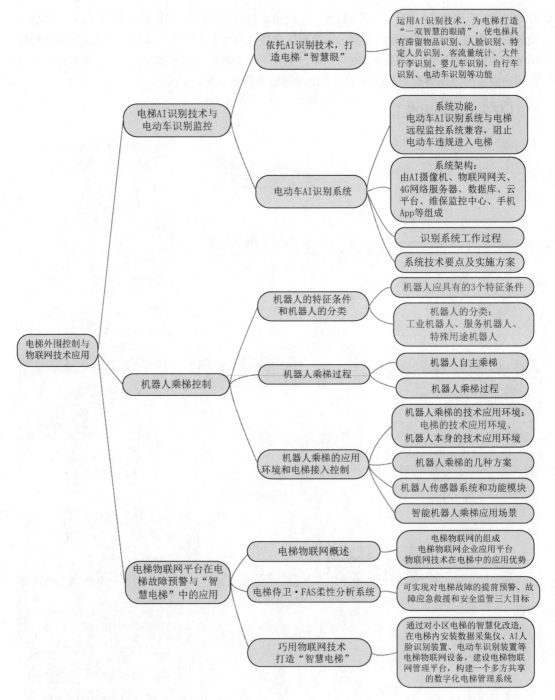

【思考与练习】

一、判断题（正确的填√，错误的填×）

（1）（　　）物联网可通过信息传感设备，按约定的协议，将任何物体与网络连接，物体通过信息传播媒介进行信息交换和通信，以实现智能化识别、定位、跟踪、监管等功能。

（2）（　　）通过对电梯刷卡系统的管理和使用，可以使电梯应用更方便（刷卡直达）、更高速、更安全（限制无关人员）。

（3）（　　）电梯刷卡系统还可以与门禁考勤系统、访客系统等结合，实现与楼宇控制系统的联动对接功能。

（4）（　　）网络传输部分用于把电梯运行前端采集的数据由电梯网关通过 4G/5G 移动网络、Wi-Fi、LAN 等接入互联网，把数据传送到电梯云平台或后台数据分析和监测管理中心的计算机和服务器。

（5）（　　）在电梯远程监控系统的基础上，增加电动车识别功能，是为了阻止电动车违规进入电梯，以消除事故隐患。

（6）（　　）声音传感器主要用于机器人对人员和物体进行识别。

二、单选题

（1）设置的传感器（　　），机器人的功能就越强大。

　　A．越多　　　　　　　B．越少　　　　　　　C．越大

（2）要实现机器人乘梯，就要求电梯与机器人之间能进行双向、自主的（　　）。

　　A．有线联系　　　　　B．无线联系　　　　　C．总线控制

（3）超声波传感器和红外线传感器用于检测外在物体的存在和测量（　　）。

　　A．时间　　　　　　　B．速度　　　　　　　C．距离

三、多选题

（1）电梯远程监控系统通常由（　　）部分、（　　）部分、（　　）等 3 部分组成。

　　A．前端数据采集　　　　　　　　　　B．网络传输

　　C．电气控制　　　　　　　　　　　　D．后台数据分析和监测管理

（2）机器人具有（　　）等基本特征，可以辅助甚至替代人类完成危险、繁重、复杂的工作，提高工作的效率与质量，服务于人类生活，扩大或延伸人的活动及能力范围。

　　A．感知　　　　　B．决策　　　　　C．指挥　　　　　D．执行

四、简答题

（1）简述外呼控制型电梯刷卡控制系统的优缺点。

（2）简述物联网技术在电梯中的应用优势。

第7章

电梯节能技术与运行管理

【学习任务与目标】

- 了解电梯节能的几种方式。
- 了解电梯变频器的四象限节能技术。
- 掌握电梯能量回馈技术的几种技术特点。
- 熟悉电梯运行智能调度的几种方式。
- 掌握电梯的休眠技术和电梯变频感应启动技术的原理。
- 了解电梯的运行状态和正常使用条件以及电梯安全使用规范与电梯安全操作规程。

【导论】

电梯是现代城市生活中不可或缺的交通工具。同时，电梯又是一种高能耗的动力运输设备，特别是在高层建筑中，电梯运行消耗的能源仅次于空调，属于高层建筑的耗电大户。随着我国电梯产量和保有量的不断增加，高能量的消耗给城市供电和环境保护带来了不小的压力。特别是在倡导节能环保的今天，采取有效的节能措施对降低电梯能源消耗、保护环境、降低运行成本都有着更加重要的意义。

那么，如何有效地降低电梯的能源消耗，在不影响电梯正常运行的基础上达到节能环保的效果？下面从电梯节能的几种方式、电梯变频器的四象限节能技术、电梯能量回馈技术、电梯的智能调度与节能管理、电梯的运行管理等几个方面来分析电梯节能技术的应用。

7.1 电梯节能的几种方式

电梯运行的功耗与电梯的功率、电梯的机械传动系统、电气控制系统、电梯的平衡系统、电梯的运行管理和日常维护等多方面有关。因此，电梯运行的节能措施也包括多个方面，常见的电梯节能方式主要有以下几种。

一、电梯的选型和设计

电梯的设计和选型是影响能源消耗的重要因素，应从安装规划的源头上做好电梯的选型和设计，根据电梯的用途、安装现场环境、使用性质等几个方面做好电梯的选型和设计。在设计电梯时，应该考虑到电梯的负载、速度、行程等多方面的因素，以达到最佳的能源利用效率。同时，在选型时，应选择能够满足需求的电梯，避免过度设计，浪费空间和能源。

二、采用高效率的电梯机械传动方式和电力拖动方式

从电梯的机械传动方式和电力拖动方式两方面的改进来降低电梯的能耗,特别是在老旧电梯的升级改造方面,对一些交流双速、交流调压调速的老旧电梯进行改造,采用新型的永磁同步电动机和变压变频调速拖动技术,可以明显降低电梯的能耗。

(1)改变机械传动方式。

将传统的蜗杆蜗轮减速器改为行星齿轮减速器,其机械效率可提高 15%~25%;如果采用无齿轮传动的永磁同步电动机,则比采用有齿轮电动机至少节能 25%。

(2)改变电力拖动方式。

根据测算,采用交流调压调速方式相较交流双速方式节约用电 10%~13%,采用交流变压变频调速方式相较交流调压调速方式又节省电力 8%~12%,而采用永磁同步变压变频调速方式相较异步电动机有齿轮传动变频调速方式又节约电力 20%左右。

三、采用电梯能量回馈技术

电梯能量回馈技术是将电梯处于制动发电状态时输出的电能回馈至电网的控制技术,它利用变频器的交-直-交的工作原理,将电梯制动机械能产生的交流电转化为直流电,并利用电能回馈器将直流电电能回馈至交流电网。在电梯运行控制中安装能量回馈装置,能有效地将电梯变频器电容储存的再生电能转换成交流电能回送到电网,让电梯变成绿色"发电厂"为其他设备供电,具有节约电能的作用,综合节电效率可达到 20%~50%。此外,由于代替了制动电阻的耗能,有效降低了机房的环境温度,也改善了电梯控制系统的运行温度,延长了电梯的使用寿命,同时节省了机房使用空调等降温设备,也间接降低了电力消耗。

四、在电梯软件运行控制和运行管理中实现节能、降耗

在电梯软件控制中设定最佳的运行模式,实现节能、降耗,如建立有效控制的交通模式,将电梯运行模式设置成加减速度变参数,尽量减少电梯的停站次数,通过仿真软件模拟,确定出不同楼层之间的最佳运行曲线。

此外,电梯的运行管理和智能调度也是电梯实现节能、降耗的重要一环,在高层住宅、办公大楼、商场等人流量大、安装电梯数量较多的场合,可采用电梯并联控制、群控、目的楼层选层控制等高效节能的智能调度模式,提高电梯的运行效率,避免重复的能源消耗。

五、更新电梯轿厢照明系统

更新电梯轿厢照明系统,把传统的照明灯具改成 LED 节能照明灯具,可节省照明电量 90%左右,并且,LED 灯具的寿命是常规灯具的 40 倍左右,节能又美观。

六、采用先进的电梯控制技术

采用先进的电梯控制技术,包括电梯休眠技术、驱动楼宇智能管理技术等,在电梯客流的空闲时间和晚间轿厢无人时自动关闭轿厢照明和风机,有人进梯时再重新开启,可达到良好的节能效果。

七、采用自动扶梯变频感应启动技术

采用自动扶梯变频感应启动技术等先进的电梯控制技术,在自动扶梯无人乘梯时,自动扶梯自动平稳过渡到节能运行模式,自动扶梯以低速爬行或停止运行;当有人乘梯时,自动扶梯采用变频启动自动平稳过渡到额定速度运行。自动扶梯变频启动保证了启动时的平滑、舒适。在无人乘梯时既节约了电能,也降低了自动扶梯的损耗。

八、合理配置电梯的平衡系数

平衡系数是曳引驱动电梯的重要性能指标,其大小的选取对电梯的安全性能及工作能耗等多方面都会产生影响。在特种设备安全技术规范 TSG T7001—2009《电梯监督检验和定期检验规则——曳引与强制驱动电梯》中,要求曳引电梯的平衡系数应当在 0.4～0.5。根据电梯的使用情况和实际流量,合理配置电梯的平衡系数,使电梯的运行更加平稳,也有助于降低电梯的能耗。

九、加强电梯后期的养护管理

通过加强对电梯后期的养护管理,采取有效的运行养护、维修管理措施,确保电梯运动部件的运行顺畅或有良好的润滑等,可以减少电梯故障的发生率,延长电梯使用寿命,也是电梯节能管理措施的体现。

电梯的节能方案不是单一的一项节能措施,而是需要从多方位来考虑,制定切实可行的电梯节能、降耗方案,多管齐下,才能达到较好的节能效果。

7.2 电梯变频器的四象限节能技术

电梯节能很重要的一种方式是使用变频器四象限节能技术。

让我们先来看看四象限变频器与两象限变频器的区别。

我们知道,变频器的工作模式是交-直-交,变频器工作时先把输入端的交流电经过整流器转换成直流电,再把直流电通过逆变器转换成电压和频率都可以调节的交流电,用以控制曳引机的调速运行。普通的变频器大多数都采用二极管整流桥将交流电转换成直流电,然后采用 IGBT 大功率复合半导体器件逆变技术将直流电转化成电压和频率皆可调整的交流电以控制交流电动机。这种变频器只能工作在电动状态,所以被称为两象限变频器。由于两象限变频器采用二极管整流桥,无法实现能量的双向流动,所以无法将电动机回馈系统的能量回馈给电网。在一些电动机要回馈能量的应用中,比如电梯、提升机、离心机系统、抽油机等,只能在两象限变频器上增加大功率制动电阻单元,将电动机回馈的能量通过发热消耗掉。这样就无可避免地提高了设备的温度,某些制动电阻的温度达到了 100℃ 以上,给机房环境也造成了一定的影响。另外,二极管整流桥还会对电网产生严重的谐波污染。

采用二极管整流桥的普通变频器调速系统如图 7-1 所示。图中,R1 为充电限流电阻,R2 为制动电阻,C 为滤波电容。

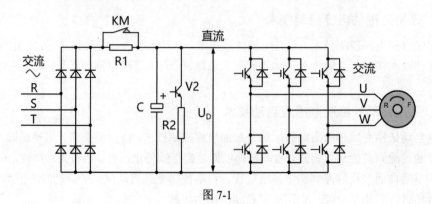

图 7-1

IGBT 大功率复合半导体器件逆变技术可以将直流电转化成交流电，实现能量的双向流动。如果采用 IGBT 作为整流桥，用高速度、强运算能力的控制器产生的空间矢量脉宽调制（SVPWM）控制脉冲，一方面可以调整输入的功率因数，消除对电网的谐波污染，让变频器真正成为"绿色产品"，另一方面可以将电动机回馈产生的能量反送到电网，达到节能的效果。

采用 IGBT 大功率复合半导体器件作为整流和逆变技术转换的变频器就是可以工作在四象限的变频器，除了正转和反转以外，它还可以工作在电动和制动发电的状态。单独对于电机来说，所谓四象限是指其运行机械特性曲线在数学轴上的 4 个象限都可运行。第一象限为正转电动状态，第二象限为回馈制动状态，第三象限为反转制动状态，第四象限为反转电动状态。如图 7-2 所示。

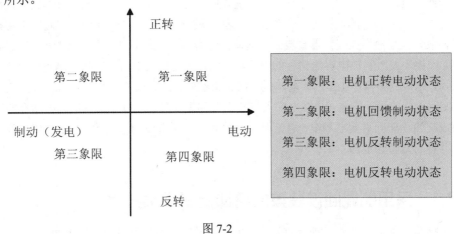

图 7-2

能够使电机工作在四象限的变频器才称得上是四象限变频器。简单地说，两象限普通变频器只能拖动电动机正转或者反转。电动机惰走时的动能只能浪费掉（指电动机的制动发电）。四象限变频器不仅能拖动电动机正反转，并且能把电动机惰走时的动能转换成电能回馈到电网，使电动机工作在发电机的状态下。

四象限变频器能满足各种工业应用需求，特别适用于在起重提升设备等大惯量位能负载下，设备的转动惯量较大，属于反复、短时、连续的工作制，从高速到低速的减速降幅较大，而且制动时间又较短，又要强力制动效果的场合（如电梯曳引机），或者需要长时重载电气制动的场合。为了提高电梯节能效果，减少制动过程中的能量损耗，可采用四象限变频器，将减速能量回收反馈到电网，达到节能环保的效果。

四象限变频器的优点如下。

相比普通的两象限变频器，四象限变频器更节能。四象限变频器由于采用了 IGBT 大功率复合半导体器件作为整流装置，实现了能量的双向流通，在不需要外加其他装置的情况下，可以把再生能量回馈到电网，达到节能运行的效果。

四象限变频器可以减少电网侧的谐波电流，在满载时功率因数接近 1。普通两象限变频器由于采用二极管整流方式，会产生比重很大的谐波成分，对电网产生严重的波纹污染，严重时会干扰其他设备的正常工作，甚至会引起其他设备的损坏。而四象限矢量变频器采用 IGBT 大功率复合半导体器件作为整流装置，通过双 PWM 控制脉冲，可以调整功率因数，最大限度地消除将能量回馈到电网时产生的谐波污染，提高供电系统的用电效率。

7.3　电梯能量回馈技术

根据国家标准的规定，曳引驱动电梯的平衡系数是 0.4～0.5，为了使电梯均衡驱动负载，当电梯轿厢的载重量为额定载重量的 40%～50% 时，电梯的轿厢侧和对重侧处于平衡状态，此时电梯运行的能耗是最小的。当电梯重载上行或轻载下行时，处于耗能状态，需要消耗电能，曳引机作为电动机工作，为电梯运行提供驱动力。

当电梯轻载上行时，对重侧的重量大于轿厢侧重量，对重侧在重力的作用下拖动轿厢上升，曳引机处于发电机工作状态；当电梯重载下行时，轿厢侧的重量大于对重侧重量，轿厢侧在重力的作用下拖动对重上升，曳引机也处于发电机工作状态。

因此，电梯在轻载上行时或重载下行过程中，曳引机均处于发电机工作状态。此时，电梯在运行中产生的多余的机械能（含势能和动能）转化为电能（再生电能），通过电动机和变频器转换成直流电储存在变频器直流回路的滤波电容中。回送到电容中的电能越多，电容电压就越高，如果不及时释放电容器储存的电能，那么，直流母线中的电压就会迅速升高，产生过电压故障，造成变频器停止工作，电梯就无法正常运行，此时需要用制动电阻将多余的电能消耗掉。使用电梯能量回馈技术，在电梯上安装能量回馈装置，能有效地将电容中储存的直流电能转换成交流电能回送到电网中，避免因使用制动电阻而造成的系统效率低、环境温度过高等问题，并且有效节约能源。

7.3.1　采用能量回馈装置的电梯能量回馈技术

根据能量回馈装置和变频器的关系，电梯能量回馈装置可以分为以下两类。

一、能量回馈装置独立于变频器

能量回馈装置独立于变频器的电梯能量回馈技术，适用于普通变频器。它是将由 IGBT 组成的有源逆变单元直接作为变频器的一个外围装置，并联到变频器的直流侧，同时取消了制动电阻单元，将再生电能直接回馈到电网中。采用独立能量回馈装置的变频器调速系统如图 7-3 所示。

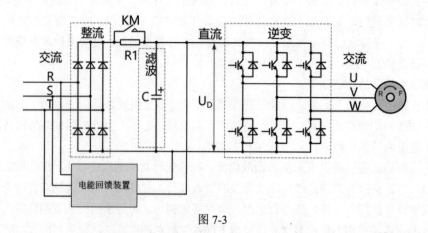

图 7-3

这种能量回馈装置取代了原来的制动电阻单元，消除了电阻发热源，有效地降低了控制柜和机房的环境温度，改善了控制系统的工作环境；能量回馈装置把变频器电容中存储的直流电能回馈到电网，供其他周边设备使用，节约了用电成本，可节约用电20%～40%。这种电能回馈装置只在电动机处于发电状态时才进行工作，成本低、结构简单、可靠性高，但是功率因素较低、电网侧的谐波污染较大。

二、能量回馈装置和变频器一体化

能量回馈装置和变频器一体化结构，直接在变频器上增加能量回馈装置，变频器的整流部分采用可关断的IGBT器件，应用PWM控制技术，使直流侧的能量直接回馈到电网中。这种电能回馈装置和变频器一体化的装置由于在电源输入整流器端也采用由可关断的IGBT器件组成的可逆PWM整流控制系统，而输出端本身就是PWM逆变器，因此通常也称为双PWM变频器。

（1）双PWM可逆整流控制系统的构成。

双PWM可逆整流控制系统由PWM整流器和PWM逆变器构成，无须增加其他的附加电路，通过对变频器的开关器件按照一定的控制规律进行通断控制，就可消除对电网侧的谐波污染，实现高功率因素运行以及能量的双向流动，实现电动机的四象限运行，并且电机动态响应时间短，是高质量能量回馈技术的代表之一，也是能量回馈技术的发展方向。但是，这种双PWM可逆整流控制系统控制过程复杂，成本较高。

双PWM可逆整流控制系统的构成如图7-4所示。

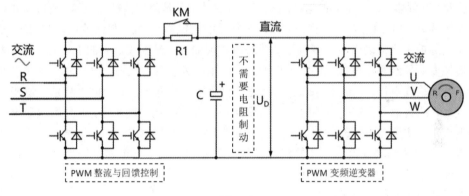

图7-4

（2）双PWM可逆整流控制系统的工作原理。

当电动机处于启动加速拖动状态时，能量由交流电网经过整流器对中间滤波电容充电，逆变器在PWM控制下将能量传送到电动机，电动机工作于第一象限的电动状态。

当电动机处于减速运行状态时，会在负载的惯性等作用下进入发电状态，相当于负载拉动电动机在运行，其再生能源经逆变器中的开关元件和续流二极管对中间滤波电容充电，使中间直流母线电压升高，此时整流器中的开关元件在PWM的控制下将能量回馈到交流电网，完成能量的双向流动。

PWM整流器在可逆整流控制系统直流电压、输入电流双闭环控制下，使变频器直流母线电容端的直流电能转变为与交流电网同频率、同相位、同幅度的三相对称正弦波电能并回馈给电网，最大限度地减少能量回馈过程对电网的谐波污染。

（3）电能回馈变频器一体化控制系统实现四象限运行的条件。

电梯电能回馈变频器一体化控制系统要实现四象限运行，必须满足以下的条件。

● 电网侧输入端需要采用可控整流器。当电动机工作于能量回馈状态时，为了实现将电能回馈至电网，电网侧整流器必须工作于逆变状态。

- 直流母线电压要高于设定的回馈电压阈值。变频器要向电网回归能量，直流母线电压值一定要高于回馈电压阈值，只有这样才能够向电网侧输出电流。电网电压和变频器耐压性能决定阈值大小。
- 回馈电压的频率与相位必须和电网电压的频率与相位相同。只有回馈过程中输出的电压频率与相位和电网电压的频率与相位相同，才能避免引起浪涌冲击，同时最大限度地减少对电网的干扰。

7.3.2 采用共用直流母线的电梯能量回馈技术

在同一个电力拖动系统中的一个或多个传动中有时会发生从电机端发电得到的能量回馈到传动的变频器中来，这种现象叫"再生能量"。这种情况一般发生在电机被动地拖着走的时候，或者是当传动的电机发生制动以提供足够的拖动力的时候，这时变频器从电机吸收的能量都会保存在直流母线的电解电容中，最终导致母线上的电压升高。如果配备制动单元和制动电阻，通过短时间接通制动电阻，使电能以热量的方式消耗掉。只要充分考虑到制动时最大的电流容量、负载周期和消耗到制动电阻上的额定功率，就可以设计合适的制动单元，并以连续的方式消耗电能，最终能够保持母线电压的平衡。

因此，变频器上制动单元的这种制动工作方式其实就是用来消耗电能的，所以需要设计一种既能保持母线电压稳定，又能充分利用回馈能量的装置，共用直流母线就可以实现这个功能。

在实际的生产活动中，如多台驱动器联机实现的生产装配线，有的电机处于电动状态，需要消耗变频器经整流桥提供的直流电源；有的电机处于发电状态，比如放卷系统中的传动电机，电梯重载下行、轻载上行或制动减速等过程中，发电状态下的再生能量经逆变器回馈到母线上，那么把多台控制系统的直流母线并联，回馈到母线上的能量就会用到处于电动状态的电机上，实现能量的充分利用。这是一种非常有效的工作方式。在这种方式下，考虑到还需要一个快速制动或紧急停止的状态，那就需要加上一个一定容量的制动单元和制动电阻，以便在需要的时候起制动作用。

采用共用直流母线的变频器调速系统如图 7-5 所示。

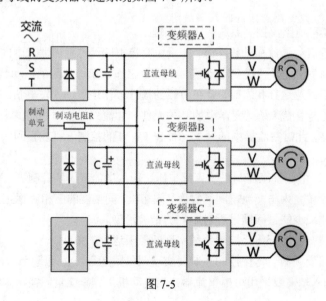

图 7-5

共用直流母线的原理就是将变频器分解为两个部分，即整流器部分与逆变器部分。例如：一台较大功率的整流装置可以供应多台变频器逆变装置，每一台变频器的直流母线均并联在一起，这样，变频器逆变装置反馈的能量可以彼此利用，多台变频器设备共用直流母线的电能。

在图 7-5 所示的采用共用直流母线的变频器调速系统中，3 台变频器（变频器 A、变频器 B、变频器 C）的直流母线并联在一起，变频器 A 驱动处于电动状态，变频器 B、变频器 C 处于发电状态时，处于发电状态下的变频器 B、变频器 C 会通过并联的公共直流母线向系统回馈电能，供给电动状态下的变频器 A 使用；如果系统回馈的电能不能够满足变频器 A 的使用，则通过交流电输入整流供电的电能接到直流母线上补充给电动状态下的变频器 A 使用。

在这种方式中，变频器 B、变频器 C 仅作为逆变器使用。当两台变频器处于电动状态而 1 台变频器处于发电状态时，如果系统回馈的电能不能够满足驱动的消耗，则所需的电能由交流电输入通过整流所得来补充。

采用共用直流母线的能量回馈方式可以共用直流母线和共用制动单元，从而大大减少整流器和制动单元的重复配置，结构简单，经济可靠；而且，只要公共直流母线中的并联电容储能容量足够大，共用直流母线的中间直流电压就相对恒定，各电动机工作在不同状态下，能量互补互用，优化系统的动态特性，提高系统的功率因素，降低电网的谐波电流；所有逆变器能量不足的部分再由电源输入整流桥补充，由电网供电。因此这种应用方式节电效率高，可有效地提高系统的用电效率。

共用直流母线是针对在同一系统中的多个传动方式产生的再生能量情况而提出的通用变频器调速方案，该方案已经在很多行业中使用。但是，在共用直流母线的能量回馈方式中，处于发电状态下的容量通常远小于处于电动状态下的容量，因此典型应用于造纸机械、印刷机械和离心机等，在电梯系统中较少使用。

公共直流母线能量回馈装置的使用注意事项如下。

- 逆变器需共享整流装置，此整流装置为共用直流母线专用装置。
- 逆变器尽量安装在一起，避免远距离配线，最好在同一个电气机房内。
- 每一台逆变器都必须另外做隔离保护装置。
- 不能使用一般变频器作为公共直流母线。
- 多台电机的功率容量可以不同，但必须考虑部分电机停机时，公共直流母线上的能量回馈能否被用掉。
- 一组公共直流母线一般以运转台数在 3～10 为佳（电机功率容量可以不同），具体连接数量要看每台电机的功率容量和整流器的额定功率。
- 逆变器可以驱动永磁同步电动机，解决启动的冲击问题。

综合来说，电梯是使用频率较高的交通工具，每年消耗的电能是巨大的，采用电梯能量回馈技术是降低电梯运行能耗、提高供电系统用电效率的有效措施。

此外，"电梯能量回馈装置"是一种相当成熟的技术，新型的能量回馈装置具有十分完善的保护功能和扩展功能，既可以用于现有电梯的改造，也适用于新电梯控制柜的配套使用。新电梯控制柜采用新型能量回馈装置供电，不仅可以大大节约电能，还可以有效提高输入电流的质量，达到更高的电位兼容标准。

7.4　电梯的运行控制与节能管理

电梯在正常运行的过程中，具有多种不同的运行模式，分别对应于不同的服务需求和应用场合。电梯的运行是由电梯的电气控制系统和操作装置来控制完成的，包括操作控制方式（指手柄控制、按钮控制、信号控制、集选控制、并联控制、楼群控制等多种操作控制方式）和运行控制方式（指电梯的正常运行、检修运行、紧急电动运行、第三方对接操作运行、消防运行控制等）。

本节从提高电梯运行效率、节能降耗的角度对电梯的运行控制与节能管理进行讨论，包括电梯运行的智能调度、电梯休眠技术和电梯变频感应启动等方面，立足于电梯运行的实际情况，对其运行控制方式和运行操作管理做相应的分析。

7.4.1　电梯运行的智能调度

一、电梯运行的并联控制、群控和目的楼层选层控制

如前文所述，在高层住宅、办公大楼、商务中心、大型商场等人流密集、电梯使用频繁的场合，电梯安装的数量都比较多。高层建筑大楼内电梯的配置数量是根据大楼内的人流量以及在某一段时间内疏散乘客的要求和缩短乘客等候电梯的时间等多方面因素综合决定的。在电梯的电气控制系统中，必须考虑到如何提高电梯群的运行效率。若多台电梯均各自独立运行，则不能提高电梯配置梯群的运行效率。

从电梯电气控制系统的角度看，这种合理调配（或称电梯的智能调度）按其调配功能的强弱，可以分为并联控制、群控和目的楼层选层控制等几大类。并联控制就是两台到三台电梯共享一个外召信号，控制系统按预先设定的调配原则，自动地调配某台电梯去应答厅外的召唤信号。而群控和目的楼层选层控制，则具有更优、更好的智能调度控制性能，几台电梯除了共享一个厅外召唤信号外，还可以根据厅外召唤信号的多少、电梯每次负载的情况和到不同目的楼层的乘客数量等不同的需求，自动合理地调配和指派电梯应答，使各台电梯处于最佳的服务状态，最大限度地缩短候梯时间和乘客到达目的楼层的乘梯时间，提高电梯的运输效率，减少电梯的停靠次数和启动次数，同时达到节省能源的效果。

群控电梯的系统组成如图7-6所示。

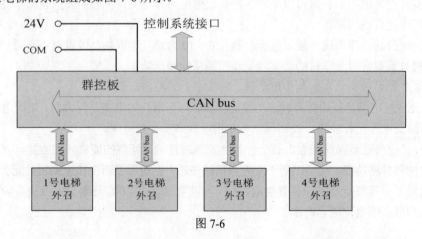

图 7-6

在群控电梯的系统组成中，每一台电梯都需要配置有群控调度功能的群控模块，每台电梯

的外召板通过 CAN bus 与控制系统的群控板进行连接，集中接收外召信号并统一调配电梯。

二、电梯的分区管理、分层响应和单双层停靠

除了以上的电梯智能调度，节省电梯能耗的措施还有电梯的分区管理、分层响应、单双层停靠等运行管理方式。

一般情况下，电梯在相邻两个楼层间停层时，只能做低速运行（即短距离的低速慢走），还没有达到设计速度就要减速停车；要使电梯达到额定运行速度必须在两到三个以上的楼层距离运行。因此，减少电梯在相邻两个楼层间的停层就可以达到提高电梯运行效率的目的。图 7-7 所示为电梯行驶楼层距离与速度曲线。

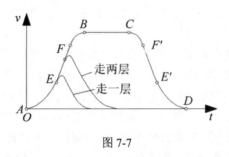

图 7-7

电梯的合理使用也是影响能源消耗的重要因素。在使用电梯时，尽量减少空载或轻载运行，避免电梯无谓地空走和频繁开关门，就可以降低电梯能耗以及减少机械磨损、延长电梯的使用寿命，提高电梯运行效率。

电梯每停一次梯，减速、开门、关门、加速一般需要 7～10s 的时间，对于运行速度为 2m/s 的电梯，7s 可以运行将近 5 层楼；而且，一般电梯的启动电流可达到正常运行电流的 3～5 倍，不必要的减速、加速不仅大大增加了能耗，而且机械磨损也比正常运行的要大得多，频繁的开关门使电梯门的磨损大大增加。因此，要使电梯节能增效、减少磨损，减少电梯不必要的停层是简单而行之有效的方法之一。

减少电梯在相邻两个楼层间停靠的最直接的办法就是电梯分单双层运行或分高低区等不同的区域运行。例如：一栋 32 层的大楼配置了 4 台电梯，则可以设置 1 号和 2 号电梯在 1 层～16 层之间运行，3 号和 4 号电梯在 1 层，17 层～32 层之间运行；或者，更细致的设定还可以设置为 1 号电梯在 1 层～16 层之间的单层运行停靠，2 号电梯在 1 层～16 层之间的双层运行停靠等，具体的使用设定可根据实际的层间人流数量和使用的频繁程度综合考虑。

7.4.2　电梯休眠技术

电梯的运行可划分为 3 个主要的耗能环节，各环节的耗能比例大致如下。
- 电梯驱动主机（驱动回路）拖动轿厢负载消耗的电能占电梯总耗电量的 70% 以上。
- 电梯门机开关轿门、厅门所消耗的电能占电梯总耗电量的 20% 左右。
- 电梯轿厢照明、通风、控制系统等其他环节消耗的电能占电梯总耗电量的 10% 左右。

基于这样的能耗比例，由于门机系统已经采用比较成熟的变频调速技术，可挖掘的节能空间不多，所以电梯驱动主机拖动负载和电梯轿厢照明、通风和控制系统等环节的节能就成了电梯节能的关键。

电梯驱动主机拖动负载环节的节能和电梯控制系统的节能技术在前文已经做了介绍，下面

主要介绍电梯休眠技术。

电梯休眠技术主要包括两个部分。

通过先进的控制管理系统消除电力的浪费，使电梯在待机时的电力消耗降至最低。在设定的时间内，如果没有乘客需要服务，轿厢内的照明灯与风扇自动关闭，电梯控制系统的无关功能设备关闭，轿厢内显示器和设在各层站的楼层显示器都将处于低亮度节电休眠状态。一旦有人需要乘坐电梯，电梯照明灯与风扇自动开启，轿厢内显示器和楼层显示器也将恢复正常显示状态，控制系统正常工作。没有电梯抵达或没有乘客候梯时，门厅的照明灯也处于低亮或自动关闭状态，这也可以大幅降低建筑大楼的照明能耗。

在非高峰使用时间段，通过智能群控管理系统自动减少电梯运行的台数，让部分电梯处于休眠状态。在电梯休眠时，轿厢会停靠在指定的楼层（多设置为返回基站），从而降低闲置电梯的电力消耗。

另外，电梯轿厢照明使用新型 LED 代替常规使用的白炽灯、日光灯等照明灯具，可节约照明用电 90%左右。LED 灯具功率一般仅为 1～5W，发热量小，而且能实现各种外形设计和光学效果，美观大方，在实现电梯轿厢新颖装潢的同时又能节约电能，降低能耗。

电梯的运行工作特点是断续工作制，待机时间通常远远大于轿厢上下运行的时间，采用电梯休眠技术，使电梯在待机空闲时间自动休眠，可以降低待机功耗；待机时驱动系统、轿厢照明和通风装置等仍在通电工作状态，自动休眠可以减少不必要的电能消耗。

7.4.3 电梯变频感应启动

电梯变频感应启动通常应用于自动扶梯，自动扶梯由于可以连续不断地运行而无须等待，也不会困人，具有安全性能好、输送能力强、可以在短时间内输送大量人流等特点，因此被大量配置在大型的商场、车站、商业大厦等人员流动密集的场所，但此类场所的客流频率通常不稳定，黄金时间和交通高峰时客流很多，而空闲时间和休息时段客流又很少，自动扶梯的连续运行能源消耗很大，既浪费用电又增加设备的磨损消耗。

一、自动扶梯变频感应启动技术

采用自动扶梯变频感应启动技术，就是当无人乘梯时，经过一段设定的时间后，自动扶梯自动平稳过渡到节能运行，进入低速运行、慢速爬行甚至停止运行（可以选择当无人乘梯时，自动扶梯自动停止的功能）的状态；当自动扶梯检测到有人要乘梯时，采用变频启动并自动平稳过渡到额定速度运行。自动扶梯的变频启动保证了启动时的平稳性和舒适性，在无人乘梯时也节约了电能，减少了自动扶梯的损耗。目前，自动扶梯变频感应启动技术已得到了大量的应用。

与垂直电梯变频调速的原理相似，自动扶梯从零速启动运行到额定速度，要求有一个平滑、舒适的过渡过程，因此，目前大多数的自动扶梯均采用变压变频调速方式运行，使自动扶梯具备平稳启动、节能运行和检修运行的功能。自动扶梯启动时，避免产生很大的启动电流；无人乘梯时，自动扶梯由额定运行速度转为低速运行，既节约了能源，减少了机械磨损，也为乘客明确指示了自动扶梯的运行方向。

自动扶梯的变频运行通常有两种主流的运行模式。

（1）快慢变频运行模式。

快慢变频运行模式就是可以快速运行，也可以慢速运行。具体来说，就是当有人乘坐自动扶梯时，自动扶梯按设计速度高速运行，进入快速运行模式；当没有人乘坐自动扶梯时，自动扶梯按设定的低速度运行，进入慢速运行模式。

通常的运行流程：当自动扶梯开启后，以自动运行方式按正常操作启动运行，在自动扶梯上下出入口处安装传感器（可用光电、压力等形式的传感器），一旦传感器检测到有乘客进入自动扶梯（距梳齿板 1.3m 左右），自动扶梯就开始启动，并加速至正常速度运行，如果乘客继续进入自动扶梯，自动扶梯将一直以额定速度正常运行。如果在预先设定的时间内没再检测到有乘客进入自动扶梯或自动扶梯出口侧传感器检测到最后一个乘客离开自动扶梯，在预先设定的时间内也没有检测到再有乘客进入自动扶梯，则自动扶梯将自动降低运行速度，进入低速节电慢速运行模式；当再次有人乘坐自动扶梯时，自动扶梯再次切换成快速运行模式，如此循环地快慢变频运行。

图 7-8 所示为自动扶梯的乘客检测装置。

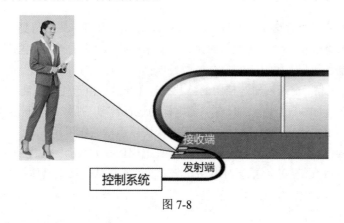

图 7-8

（2）快慢停变频运行模式。

快慢停变频运行模式就是可以快速运行，可以慢速运行，也可以停止运行。具体来说，就是当有人乘坐自动扶梯时，自动扶梯按设计速度高速运行，进入快速运行模式；当没有人乘坐自动扶梯时，自动扶梯进入慢速运行模式；当低速运行一段时间还没有人乘坐自动扶梯时，自动扶梯进入待机状态，停止运行。

具体的运行流程：自动扶梯采用变压变频调速控制方式，当自动扶梯开启后，进入自动运行模式，自动扶梯开始运行时通过变频器启动，当自动扶梯达到 100%（0.5m/s）额定速度运行后，如果无乘客乘梯，自动扶梯会由 100%额定速度自动降为 20%（0.1m/s）速度爬行（如果自动扶梯在 20%速度下运行很长一段时间仍无人乘梯，则自动扶梯会自动平缓地停梯待命，该功能可自行设定）；如果安装在自动扶梯出入口处的传感器检测到有乘客乘梯，则自动扶梯速度马上平缓地升至100%额定速度，如果乘客继续进入自动扶梯，自动扶梯将一直以额定速度正常运行；如果在预先设定的时间内自动扶梯入口处的传感器没再检测到有乘客进入自动扶梯，则自动扶梯将自动降低速度至爬行速度运行，如果自动扶梯在 20%爬行速度下运行较长一段时间仍无人乘梯，则自动扶梯会自动平缓地进入待机状态，停梯待命，如此循环。

二、自动扶梯变频感应启动技术的优点和节能效果

（1）自动扶梯变频感应启动技术的优点。

自动扶梯变频感应启动技术的优点是显而易见的，自动扶梯采用变频感应启动技术后，能平滑地调整自动扶梯转速，启动平缓，运行平稳，有效减少了对机械设备和电网电压的冲击；在无人时，系统经过延时自动转入爬行运行或停机状态，以达到节能的目的，同时降低了设备的机械磨损，减少了机械故障，延长了使用寿命；节能运行时的运行噪声也明显降低，故障的

减少也降低了维修维护的费用支出，省电又省钱。

（2）自动扶梯变频感应启动技术的节能效果。

自动扶梯电机的负载是恒转矩负载。自动扶梯在采用变频感应启动技术后，由于自动扶梯电机在无人时转速降低到正常转速的 20%甚至停机，电机耗电功率可降低到原来的 30%以下。根据实际运行负荷情况，节电率可达 30%～50%。

如果一些客流不大的自动扶梯每天的实际使用时间不多（有的实际运行时间不到 20%），则其余 80%的时间就可以节约用电 70%以上，节能效果明显。

7.5　电梯的运行管理

电梯作为一种重要的垂直交通工具，在公寓、写字楼、商场等场所得到了广泛的应用，随着电梯安装成本的降低和人们生活水平的提高，甚至一些私人的住宅、别墅等也安装了电梯。为保障电梯的正常运行和人民财产的安全，做好电梯的运行管理非常必要。

在地铁、人行天桥、交通枢纽等使用的公共交通型电梯，由于使用频繁、负荷重、强度高、磨损大，出现故障时的影响面也大，只有加强电梯的运行管理，抓好、做好电梯维修保养工作，使电梯处于良好的工作状态，才能更好地发挥电梯快捷运输的作用。

电梯属于特种设备，而且随着电梯的广泛使用，电梯已成为社会关注度非常高的特种设备。《中华人民共和国特种设备安全法》，对电梯安全方面的责任认定做了具体的规定，对特种设备生产、维护保养、使用单位的安全责任有具体、细化的法律规定，避免一旦出现电梯运行事故，各方相互推诿责任。规定要点如下。

- 第二十二条规定：电梯制造单位对电梯安全性能负责。
- 第三十六条规定：电梯的运营使用单位应当对电梯的使用安全负责。
- 第四十五条规定：电梯的维护保养单位应当对其维护保养的电梯的安全性能负责。

其中"使用单位"是指电梯设备的产权单位，应当加强对电梯的使用管理，按要求进行电梯设备注册登记、电梯设备档案建立，按要求进行电梯定期检验，并由专业的、取得相关资格的电梯维修保养和改造的法人单位对电梯进行维修保养工作。同时，要切实做好电梯的运行管理。

如果使用的电梯设备属于共有产权的，则共有人可以委托物业服务单位、维修保养的法人单位或者其他管理人管理特种设备，受托人履行法律规定的特种设备使用单位的义务，承担相应的责任。

国家相关标准对接

《中华人民共和国特种设备安全法》相关规定内容。

《中华人民共和国特种设备安全法》由中华人民共和国第十二届全国人民代表大会常务委员会第三次会议于 2013 年 6 月 29 日通过，自 2014 年 1 月 1 日起施行。

第二十一条　特种设备出厂时，应当随附安全技术规范要求的设计文件、产品质量合格证明、安装及使用维护保养说明、监督检验证明等相关技术资料和文件，并在特种设备显著位置设置产品铭牌、安全警示标志及其说明。

第二十二条　电梯的安装、改造、修理，必须由电梯制造单位或者其委托的依照本法取得相应许可的单位进行。电梯制造单位委托其他单位进行电梯安装、改造、修理的，应当对其安装、改造、修理进行安全指导和监控，并按照安全技术规范的要求进行校验和调试。电梯制造单位对电梯安全性能负责。

第三十六条　电梯、客运索道、大型游乐设施等为公众提供服务的特种设备的运营使用单位，应当对特种设备的使用安全负责，设置特种设备安全管理机构或者配备专职的特种设备安全管理人员；其他特种设备使用单位，应当根据情况设置特种设备安全管理机构或者配备专职、兼职的特种设备安全管理人员。

第三十七条　特种设备的使用应当具有规定的安全距离、安全防护措施。

与特种设备安全相关的建筑物、附属设施，应当符合有关法律、行政法规的规定。

第三十八条　特种设备属于共有的，共有人可以委托物业服务单位或者其他管理人管理特种设备，受托人履行本法规定的特种设备使用单位的义务，承担相应责任。共有人未委托的，由共有人或者实际管理人履行管理义务，承担相应责任。

第四十五条　电梯的维护保养应当由电梯制造单位或者依照本法取得许可的安装、改造、修理单位进行。

电梯的维护保养单位应当在维护保养中严格执行安全技术规范的要求，保证其维护保养的电梯的安全性能，并负责落实现场安全防护措施，保证施工安全。

电梯的维护保养单位应当对其维护保养的电梯的安全性能负责；接到故障通知后，应当立即赶赴现场，并采取必要的应急救援措施。

第四十六条　电梯投入使用后，电梯制造单位应当对其制造的电梯的安全运行情况进行跟踪调查和了解，对电梯的维护保养单位或者使用单位在维护保养和安全运行方面存在的问题，提出改进建议，并提供必要的技术帮助；发现电梯存在严重事故隐患时，应当及时告知电梯使用单位，并向负责特种设备安全监督管理的部门报告。电梯制造单位对调查和了解的情况，应当做出记录。

7.5.1　电梯的运行状态和正常使用条件

一、电梯的运行状态

电梯的运行状态（或者说运行模式）是由电梯的电气控制系统程序化设定的，通常电梯的运行状态有正常运行状态、检修运行状态、紧急电动运行状态、对接操作运行状态、消防运行状态等几种，其中正常运行状态又分为有司机操作和无司机操作两种运行状态。

（1）有司机操作运行状态。

电梯的有司机操作运行状态是由经过专门训练的、有合格操作证的、经授权操作电梯的人员设置的运行状态。

（2）无司机操作运行状态。

无司机操作运行状态也称为自动运行状态，是电梯处于无司机操作时的运行状态，即由乘客自己操作电梯的运行状态，目前的电梯运行大多数是无司机操作的自动运行。

（3）检修运行状态。

电梯的检修运行状态是只能由经过专业培训并考核合格的持证技术人员才能操作电梯的运行状态。电梯的检修运行状态是电梯各种运行状态中优先级别最高的，在检修运行状态下，切断了控制回路中所有正常运行环节和自动开关门的正常环节，电梯只能慢速上行或下行，紧急电动运行、对接操作运行、消防运行、正常运行等操作均无效。

（4）紧急电动运行状态。

电梯的紧急电动运行是在电梯发生故障时紧急救援用的。当电梯发生限速器、安全钳联动或者电梯轿顶冲顶、蹲底时，可以通过紧急电动运行操作电梯离开故障区域。因此，紧急电动运行状态开关可以使限速器、安全钳、电梯上行超速保护装置、缓冲器、极限开关等 5 个电气安全保护开关暂时短接失效，使技术人员可以操作电梯离开故障位置以实施紧急救援，如轿厢内困人，可以快速把人放出来，也可以及时把故障电梯恢复正常。

（5）对接操作运行状态。

电梯的对接操作运行通常讲的是与第三方系统对接，如一卡通系统、安防系统、机器人乘梯系统等进行功能性对接运行。

（6）消防运行状态。

电梯的消防运行状态可以分为下面两种情况加以分析。

- 一种是普通电梯的消防运行，即不具备防火功能的电梯，就是当发生火灾时，消防开关动作后，电梯不再应答轿内指令信号和层站外召唤信号（外呼和内选信号均无效），轿厢直接返回基站，正在上行的电梯就近停车，且停车时不允许开门，转向下行返回基站；正在下行的电梯，中途不再应答任何外召唤和执行轿内指令而是直达基站，轿厢门自动打开，此时的电梯应该处于停止使用状态。
- 另一种是消防电梯的消防运行，就是当发生火灾时，消防开关动作后，电梯不响应外召唤信号，轿厢直接返回基站，轿厢门自动打开，此时的电梯进入消防运行状态待命，等待消防员或专业人员操作。

消防电梯进入消防运行状态以后，控制系统应做到以下两点。

- 电梯进入消防运行状态时，只应答轿内指令信号，而不应答层站外召唤信号，且轿内指令的执行都是"一次性的"，即控制系统只能逐次地执行操作，运行一次后将全部消除轿内指令信号，再运行需要再一次内选要去的楼层的按钮。
- 门的自动开关功能消失，进入点动运行状态。除门保护装置外，其他各类安全保护装置仍起作用。到达目的楼层后，电梯不自动开门，只有持续按开门按钮才开门，门未完全打开时，松开开门按钮电梯门会立即自动关闭；关门也是只有持续按关门按钮才关门，门未完全关闭时，松开关门按钮电梯门会立即自动打开。

当消防开关复原后，电梯应能立即转入正常运行，这也是消防运行的基本特征。

二、电梯设备的正常使用条件

电梯作为一种使用频繁的特种运输设备，其使用安全关系到广大人民群众的切身利益和安全，电梯的使用环境应符合电梯的正常使用条件，并加强设备的运行管理。

电梯设备的使用应符合以下的正常使用条件。

（1）安装地点的海拔高度不超过 1000m。对于海拔超过 1000m 的电梯，其曳引机及其他电气设备应按国家标准的相关要求进行修正，使其电气性能和指标符合特殊环境条件及高原用低压电器技术要求。

（2）机房内的空气温度应保持在 5～40℃。运行地点的空气相对湿度在最高温度为 40℃时不超过 50%，在较低温度下最大相对湿度不超过 90%。若可能在电气设备上产生凝露，应采取相应措施。

（3）供电电压相对于额定电压的波动应在 7%范围内。供电系统采用三相五线制（三相380V，单相时为220V，50Hz），中性线和地线始终分开。

（4）环境空气中不应含有腐蚀性、易燃性气体和导电尘埃，污染等级不应大于 GB/T 14048.1—2012《低压开关设备和控制设备 第 1 部分：总则》中的 3 级。

（5）电梯整机和零部件应有良好的维护，使其保持正常的工作状态，需润滑的零部件应有良好的润滑。

电梯设备的正常使用条件是电梯正常运行的环境条件，不仅是保证其安全、稳定运行的基础，也是对使用在特殊地区、特殊环境下的电梯进行针对性设计或改进的依据。如果电梯的实际工作环境与标准的工作条件不符，电梯难以正常运行，或造成故障率增加、使用寿命缩短；在特殊环境下使用的电梯在订货时应根据使用环境提出具体要求，制造厂应据此进行设计、制造。

7.5.2 电梯运行使用的基本条件和安全使用要求

根据电梯设备的产品特点，电梯是一种零散复杂的机电综合产品，产品部件结构具有可组合性，工厂生产出来的电梯产品只是一种半成品，必须完成最后的安装调试才能正常工作，现场安装调试的质量直接影响到电梯的整体性能和运行质量。因此，电梯从产品设计、生产制造到安装调试都必须符合国家有关标准，并检验合格，才能最终投入正式运行。

同时，电梯也是使用频繁的特种设备，必须经检验机构进行验收检验或定期检验，在当地质量技术监督部门办理特种设备使用登记证，并对安全检验合格标志予以确认、盖章后，方可投入运行使用，电梯运行操作员（使用说明书注明需司机操作的）和电梯维修操作人员必须经过培训，考取质量技术监督部门颁发的特种设备作业操作证，方可上岗操作。

一、电梯运行使用的基本条件

（1）特种设备出厂时，应当随机器设备附有安全技术规范要求的设计文件、产品质量合格证明、安装说明、电气原理图及电气控制说明书、电气接线图、部件安装图、调试说明书，以及机房、井道的平面布置图和土建结构图、电梯设备的使用维护保养说明、监督检验证明等相关技术资料和文件；还有配件备件明细表，国家有关电梯设计、制造、安装等方面的技术文件，规范及标准等资料或材料，并在特种设备的显著位置设置产品铭牌、安全警示标志及其说明。

（2）电梯的制造与安装必须符合相关的国家标准和安全规范要求（参见 GB/T 7588.1—2020 和 GB/T 7588.2—2020《电梯制造与安装安全规范》、GB 16899—2011《自动扶梯和自动人行道的制造与安装安全规范》等标准规范文件）。

（3）电梯制造单位委托其他单位进行电梯安装、改造、修理的，应当对其安装、改造、修理进行安全指导和监控，并按照安全技术规范要求进行校验和调试；电梯制造单位对电梯的安全性能负责。

（4）电梯设备安装、改造、修理竣工后，安装、改造、修理的施工单位应当在验收后 30 日内将相关技术资料和文件移交给电梯设备使用单位。

（5）电梯设备使用单位应当建立健全电梯安全技术档案，将相关技术资料和文件存入该特种设备的安全技术档案，并妥善保存，以备查验。

（6）电梯电气设备的一切金属外壳，按规定必须采取保护接地措施，其技术要求和指标必须符合有关规定。

（7）机房内必须备有消防设备，机房应具有防盗措施与装置，机房内环境温度应符合电梯使用条件的规定，清洁卫生。

（8）井道内应有永久照明灯，轿顶和底坑应有照明灯，灯具安全可靠，照明电压应符合相关安全标准。

（9）轿厢内应设有应急照明灯，在正常电源中断时，应能自动接通应急电源。应急电源应至少供 1W 灯泡用电 1h，且能保证轿厢内有一定的照度。

（10）电梯应具有消防功能装置，轿厢内必须装有与外界联系的电话或对讲机等通信装置。

二、电梯的使用单位

（1）使用单位的含义。

一般规定：所谓使用单位，是指对电梯使用履行安全管理义务、承担安全责任的单位或者个人。具体来说就是指具有电梯使用管理权限的单位（包括公司、机关事业单位、社会团体等具有法人资格的单位和具有营业执照的分公司、个体工商户等）或者具有完全民事行为能力的自然人，一般是电梯的产权单位（产权所有人），也可以是产权单位通过符合法律规定的合同关系确立的电梯实际使用管理者。电梯属于共有的，共有人可以委托物业服务单位或者其他管理人管理电梯，此时的受委托人是使用单位；共有人未委托的，实际管理人是使用单位；没有实际管理人的，共有人是使用单位；电梯用于出租的，出租期间，出租单位是使用单位（或者依据出租合同的约定，明确使用单位）。

特别规定：新安装且暂未移交业主的电梯，因装修或者其他需要使用电梯时，项目建设单位是使用单位；委托物业服务单位管理的电梯，物业服务单位是使用单位；产权单位自行管理的电梯，产权单位是使用单位。

（2）使用单位的职责。

电梯使用单位的主要负责人是指电梯使用单位的实际最高管理者，对其单位的电梯使用安全负总责。电梯使用单位是电梯使用安全的责任主体，对电梯的安全运行负责，其主要职责包括以下几方面。

- 使用符合国家现行安全技术规范、标准以及取得制造许可生产的、经过政府主管门监督检验合格的电梯，不得采购和安装国家明令淘汰或已经报废的电梯。
- 制定并且有效实施电梯安全管理制度、操作规程，建立完整的电梯安全技术档案，并做好记录，妥善保存。
- 为公众提供运营服务的，或者在公众聚集场所使用 30 台以上（含 30 台）电梯的使用单位，应当设置电梯安全管理机构，配备足够数量的取得《特种设备安全管理和作业人员证》的专职电梯安全管理人员，确保在电梯运行期间至少有一名安全管理人员在岗。建立人员管理台账，开展安全培训教育，保存人员培训记录。
- 安装在学校、医院、地铁、地下通道、车站、商场、体育场馆、旅游景点、会展场馆、公园等公共聚集场所的电梯，应当在人流高峰期设置专人引导，并指导公众安全、文明乘用电梯。
- 保持电梯视频监控设施、电梯的五方通话设备、紧急报警装置完好有效，使其处于良好工作状态，能随时与使用单位安全管理机构或者值班室人员实现有效联系。
- 配合通信运营商完成电梯井道内部通信信号的覆盖，保持移动通信设备的信号畅通。
- 在电梯轿厢内部进行装修或者设置广告设施时，应采用阻燃材料，注意节能环保，并请电梯维护保养单位确认及对电梯进行相应的调整，确保电梯安全、可靠并舒适地运行。
- 在电梯轿厢显著位置或自动扶梯、自动人行道显著位置张贴、悬挂有效的使用标志，包括乘客正确使用电梯的方法、应当禁止的危险行为、安全注意事项、安全警示标志以及应急救援电话和投诉电话、电梯发生故障或困人时正确的紧急报警方法等。

- 依据《中华人民共和国特种设备安全法》《特种设备安全监察条例》等法律法规的规定，委托具有相应资质许可的电梯维护保养单位承担维护保养工作。使用单位的安全管理人员应现场监督电梯改造、修理和维护保养工作的实施，做施工记录（包括改造记录、修理过程记录、完工报告及记录、维修及急修记录）并签字确认；若电梯发生故障需要暂停使用，应停止使用电梯并设置警示标志。

- 制定电梯突发事件和事故应急专项预案，每年至少进行一次应急演练并保存演练记录。

- 突然发生停电事故、电梯出现故障或者发生异常情况时，应派员检查是否有乘客被困电梯轿厢内的情况，如果有乘客被困在电梯轿厢内，应首先安抚被困乘客，同时迅速通知维保单位并告知电梯轿厢有困人，需要紧急救援，之后等待专业救援人员到达现场处理。

- 电梯发生事故时，应迅速排险和抢救，保护事故现场，并于事故发生一小时内报告当地特种设备安全监管部门和其他有关部门，配合事故调查处理等。事故处理完成后，应监督维保单位及时排查电梯故障，消除电梯事故隐患后，方可将其重新投入使用。

- 电梯设备需要整改时，应按照特种设备安全监督管理部门、电梯检验、检测机构提出的整改要求，及时整改并确保整改质量。

- 电梯使用单位应当在电梯投入使用 30 日内，向所在地的特种设备安全监督管理部门办理电梯使用登记，取得使用登记证书，登记标志应当放置在电梯轿厢内的显著位置；如果电梯报废或拆除，电梯使用单位应当自报废或拆除后，及时到原登记部门办理注销手续，注销时交回使用登记证；如果电梯改造或者使用单位发生变更，电梯使用单位应当自改造完成及使用单位变更后，在电梯投入使用前或者投入使用后30 日内，到原登记部门办理变更等手续。

- 按照国家现行的安全技术规范要求，在电梯检验合格有效期届满前一个月向特种设备检验机构提出定期检验要求，将定期检验合格标志放置在电梯轿厢内的显著位置，未经定期检验或者检验不合格的电梯，不得继续使用。

- 电梯存在严重事故隐患，无改造、修理价值，或者达到安全技术规范规定的其他报废条件的，电梯使用单位应当依法履行报废义务，并向原登记的负责特种设备安全监督管理部门办理使用登记证书注销手续。

- 电梯停用一年以上的，使用单位应当采取有效的保护措施，并且设置停用标志，在停用后 30 日内，告知原登记机关备案；重新启用时，使用单位应当进行自行检查或者依托专业维保单位进行自行检查，到原登记机关办理启用手续；超过电梯定期检验有效期的，应当按照定期检验的有关要求进行检验，检验合格后才能投入使用。

- 使用单位应保证电梯的用电、消防、防雷、接地、通风等系统安全可靠；使用单位应保证机房、井道、底坑无漏水、渗水现象，电梯井道和电梯轿厢内不应安装与电梯无关的其他设施。

- 使用单位应保证通往机房、底坑、滑轮间、井道安全门的通道畅通无阻，照度满足要求；使用单位应保证电梯机房温度、湿度、照度等使用环境符合国家相关标准要求。

- 使用单位应在电梯显著位置标明使用单位名称、维护保养单位名称及救援电话，如果遇见紧急情况，使用单位管理人员和维保单位进行抢修时必须按照《突发事件应急预案管理办法》进行操作。

三、电梯的安全使用要求

电梯的运行和安全使用关系到乘客的生命和人民财产的安全，至关重要。电梯的设计、制造、安装必须符合国家有关标准，才能投入正式运行。电梯的安全使用要求可以分为通用要求和专项要求两部分。

（1）电梯的安全使用要求（通用要求部分）。

电梯在使用过程中要想做到安全运行，必须满足以下基本使用要求。

① 根据国家有关规定，重视加强对电梯的管理，建立健全电梯管理规章制度，并认真执行。

② 根据电梯的配置数量、分布情况、使用忙闲程度，合理配备电梯管理、维修保养人员及司机。根据具体情况设置相应的管理机构，对于电梯管理人员、电梯维修技术人员、电梯司机，必须经过安全技术培训和专业培训，并考试合格，取得国家统一的特种设备作业人员资格证书，才能上岗操作，无特种设备作业人员资格证书的人员不得操作电梯。

③ 建立电梯设备安全技术档案。每台电梯的维保记录必须及时归入电梯设备安全技术档案，并且至少保存 4 年。

④ 有司机控制的电梯必须配备专职司机，无司机控制的电梯必须配备管理人员。除司机和管理人员外，如果本单位没有维修许可资格，应及时委托有许可资格的电梯专业维修单位负责维护保养，并将维护保养记录存入电梯设备安全技术档案，如图 7-9 所示。

图 7-9

⑤ 制定并坚持贯彻司机、乘用人员的安全操作规程，严格按照安全操作规程操作电梯，绝不允许违章作业，不准私自离岗。

⑥ 坚持监督维修保养单位认真执行电梯维护保养规则（具体规则参见特种设备安全技术规范 TSG T5002—2017《电梯维护保养规则》），按合同要求做好日常的设备维修保养和正常的检修工作，保障电梯运行顺畅。电梯门地坎要经常清理，保障电梯开关门无异响、不卡顿，如图 7-10 所示。

图 7-10

⑦ 司机、管理人员等发现电梯存在不安全因素时，应及时采取措施处理，发现电梯有异常情况时，立即停梯，及时通知电梯维修人员进行检查，排除故障。绝不允许电梯"带病"运行。排除故障后，经试运行正常，方可正式投入运行。

⑧ 停用超过一周后重新使用时，使用前应经维修单位认真检查和试运行正常方可交付继续使用。

⑨ 电梯司机、维修人员及电梯管理人员应具有在紧急情况下能及时、正确处理问题的能力。

⑩ 机房内应备有灭火设备，照明电源和动力电源应分开供电。

⑪ 电梯的工作条件和技术状态应符合随机技术文件和有关标准的规定。

⑫ 使用单位宜为电梯安装远程监控、物联网系统，以适应大数据技术下电梯的科学使用管理。

⑬ 公众聚集场所的使用单位应当在客流高峰期时采取疏导措施，防止拥挤发生危险。

⑭ 为保证电梯安全运行，使用单位应保证必要的资金投入（如维护保养费、定期检验费、部件更换费以及维修费等）。

⑮ 电梯停用时，使用单位应将电梯驶回基站，确认电梯轿厢内无滞留人员后，将电梯置于锁梯状态并标记停用标识。

⑯ 电梯在运行中发生下列意外情况时，使用单位应采取一定措施。

● 电梯出现故障、停电造成困人时，电梯司机（乘客）应利用一切通信设施（如紧急报警装置、电话等）通知有关人员，耐心等待救援，不应强行自救。

● 发生地震时应立即就近平层，电梯司机（乘客）离开轿厢。

● 楼层发生火灾时，应按动消防按钮，电梯运行到疏散层后，轿厢内乘客迅速撤离，切断电源，并将层门、轿门关闭。对于无消防按钮的电梯，应当立即将电梯驶至基站或将电梯停于火灾尚未蔓延的楼层并切断电源。

● 井道内或轿厢发生火灾时，应就近平层，乘客离开轿厢后，应切断电源并通知相关部门和人员立即处置。

● 相邻建筑物发生火灾时，也应停梯，以避免因火灾停电造成困人事故。

● 井道内进水时，应立即停梯，切断电梯总电源，防止短路、触电事故的发生。

（2）电梯的安全使用要求（专项要求部分）。

① 载货电梯的使用要求。

载货电梯的使用应遵守以下规定。

按规定需要配备电梯司机的，司机必须经过专业培训方可上岗工作。

在装载货物时，搬运人员应均匀放置货物，以防止电梯轿厢倾斜偏载运行。

应在轿厢显著位置标示电梯的额定载重量，禁止电梯超载运行。

禁止除电梯司机以外的其他人员乘坐载货电梯。

当采用机械设备进行装载作业时，应做好相应防护措施，防止对轿厢壁、轿门及厅门装置的撞击和损坏电梯设备。

对具有对接功能的载货电梯进行对接操作时，应做好相应的保护措施，确保电梯对接操作时的安全。

装载易燃、易爆危险或腐蚀、挥发性物品时，应事先采取相应的安全防范措施。

② 病床电梯的使用要求。

病床电梯的使用应遵守以下规定。

专门运送患者的病床电梯，必须由经过专业培训的电梯司机操作。

电梯司机应随时检查轿厢扶手是否牢固可靠。

当病床电梯用于运送危重患者时，应将电梯设置为独立运行状态，医护人员及患者陪护人员以外的其他人员禁止使用该病床电梯。

运送患者的医用推车进入轿厢后，电梯司机应采取相应的措施，防止医用推车在电梯启动或停止时突然移动。

病床电梯突发故障或者停电等原因造成困人时，电梯司机应与医护人员做好对患者及陪护人员的安抚工作，同时与电梯维护保养单位和本单位电梯安全管理人员取得联系，配合救援人员实施救援。

③ 高速观光电梯的使用要求。

高速观光电梯的使用应遵守以下规定。

高速观光电梯必须由经过专业培训的电梯司机操作。

乘客乘坐高速观光电梯时应知晓乘客须知，防止因自身身体不适导致发生事故。

电梯司机在操作高速观光电梯时，应主动向乘客告知乘坐时的注意事项和禁止行为。

电梯司机应随时制止乘客的不安全行为。

④ 杂物电梯的使用要求。

杂物电梯的使用应遵守以下规定。

应在每个层站入口的显著位置设置"杂物电梯（或传菜电梯、图书专用电梯等），禁止人员进入电梯轿厢"的警示标志。

运行时任何人不得随意开启杂物电梯的层门，不得将头和身体探入井道内。

在轿厢内或在每个层站的入口处应清晰地标明电梯的额定载重量。

⑤ 防爆电梯的使用要求。

防爆电梯的使用应遵守以下规定。

使用前应对电气装置的防爆防护装置的完整性进行检查，确认完好无损后，方可使用防爆电梯。

应根据防爆电梯的性能，对装卸的货物进行识别，并在装卸过程中采取相应的防护措施。

⑥ 自动扶梯和自动人行道的使用要求。

自动扶梯和自动人行道的使用应遵守以下规定。

运行前，应认真检查各梯级是否清洁，有无异物、裂纹、变形、缺损；梳齿板有无连续断齿，裙板、盖板螺丝是否松脱；急停按钮是否有效；防夹、防攀爬等装置是否完好。

启动时，应确认梯级上无人。

运行时，应观察扶手带和梯级是否同步，裙板和梯级有无摩擦，其他部件有无异常响声。

停梯时，确认梯级上无人。

乘客大量集中时，应采取必要的疏导措施，防止拥挤或踩踏等危险情况的发生。

停运时，应采取有效措施，防止自动扶梯和自动人行道作为步行楼梯或者人行通道使用（电梯生产时已考虑其作为紧急出口使用的除外）。

7.5.3 电梯安全使用规范与电梯安全操作规程

为了做好电梯的安全使用管理，使用单位应根据本单位的条件和具体情况，建立电梯安全使用规范与运行管理制度。其内容应包括：电梯司机和维修人员必须经过一定的培训，并由有关部门批准方能上岗；根据本单位的实际情况建立值班和交接班制度及记录；电梯司机应对电梯运行情况、异常现象及故障做好记录，并在需要时填写申请修理报告；维修人员要做好日常电梯维修保养记录，并在每次排除故障后做好记录；制定司机守则，制定电梯维修周期计划。

一、电梯安全使用规范

（1）电梯在投入使用之前必须进行运行前的检查和试运行，以检查各部位是否工作正常，有无异响及异味，通风、照明是否良好，观察有无其他异常现象。经检查确认无问题后，才能正式投入使用。

（2）搞好轿厢、轿门、层门的清洁卫生，清理门槛滑槽内的杂物，保证电梯门的正常开闭。

（3）在电梯首层层门外和轿厢内，应贴有电梯安全使用守则和乘客乘梯须知。乘客在层门外等候时，不准随意拍打或扒开层门，更不能破坏按键及层门等电梯相关设备。

（4）绝不允许站在层门与轿门之间等候或闲谈。乘客在进、出轿门时应尽量迅速，不要在层门与轿门之间停留。

（5）严禁电梯超载运行，禁止运送超大、超长或未知重量的大型物件。

（6）轿厢内不允许携带易燃、易爆、易破碎等危险物品。

（7）电梯正常运行期间，任何人禁止使用三角钥匙打开层门。

（8）电梯运行中发生故障时，应启动紧急报警装置，电梯管理人员应立即切断电梯电源，及时通知电梯维修企业进行处理。

（9）电梯困人救援操作规程：电梯管理员或救援人员应联系轿厢内被困人员，使其保持镇静，等待救援，不可盲目自救，被困人员不可强制扒门、不可将身体任何部位伸出轿厢外；救援人员应准确判断轿厢位置，保证电梯轿门、层门可正常关闭；在安全救援区域用三角钥匙打开层门、轿门，疏散乘客；关闭电梯轿门、层门，填写援救记录并存档，通知电梯维护保养企业进行处理。

（10）用三角钥匙打开电梯层门后，须检查紧急开锁装置是否可靠复位，确保层门的开锁及锁紧装置安全有效。

（11）发生火灾时禁止搭乘电梯逃生。电梯管理人员应立即按动"消防开关"，使电梯进入消防运行状态，当电梯到达基站后疏导乘客迅速离开轿厢。若是井道或轿厢内失火，应设法使轿厢到达就近层站，尽快撤离，电梯管理人员切断电梯电源后采用绝缘灭火器灭火。

火灾结束后，电梯维修人员严格检查或维修电梯，确认无问题后方可投入使用。

（12）发生地震时禁止乘坐电梯逃生，应设法使电梯到达就近层站，尽快撤离，电梯管理人员应立即切断电梯电源。地震停止后，电梯维修人员严格检查或维修电梯，确认无问题后方可投入使用。

（13）电梯井道内进水时，一般情况下，电梯管理人员在将电梯开到高于进水高度的楼层后，应立即切断电梯的电源。如果水已经将轿厢浸湿或淋湿，无论处于何层应立即停用电梯，且切断电梯电源，然后组织人员堵水源，水源堵住后进行除湿处理，如热风吹干。水灾过后，电梯维修人员严格检查或维修电梯，确认无问题后方可投入使用。

（14）电梯停驶时，应停在规定的层站，仔细检查轿厢内外有无异常现象，然后按停梯的操作程序去做，将电梯轿门和层门关好，锁梯后方可离梯。

（15）电梯管理人员交接班时，应严格按照管理制度操作。

二、电梯运行管理制度

为保障电梯的正常运行和乘客的安全，使用单位应制定必要的电梯运行管理制度，电梯运行管理制度应包括以下内容。

（1）安全管理。

建立完善的安全管理制度，设置应急预案，调配应急救援人员、设备和物资，针对电梯意外事故及时处理，以确保人员安全。

（2）定期维修。

根据电梯使用的频率和运行状况制定电梯的大修、中修和维护计划，定期对电梯进行维护，保证电梯设备的正常运行。电梯维护内容应包括电梯的清洁、升降机钢丝绳的检查、控制装置及安全装置的检测等，以保证电梯设备及运行的安全可靠。

（3）进出管理。

加强电梯的进出管理，如来访人员登记管理、限制非员工使用电梯、设置访客通道和特定卡通道进入电梯区域等，以确保电梯设备的正常运行和安全。

（4）安全设施和警示标识。

安装并定期检测安全设施，如紧急呼叫器、安全门、限重器等，同时在电梯区域设置警示标识，如禁止超载、禁止扒门、禁止玩耍、禁止追逐打闹、禁止攀爬等，以提升电梯乘客的安全意识。

（5）年检保养。

按照国家对有关电梯的安全条例规定，对电梯进行年检保养，核实相关报告，确保电梯经过调试和检测后达到使用标准和使用规范。

（6）档案管理。

建立电梯档案管理制度，对电梯的维护记录、检测报告等进行归档管理，建立用工质量检测制度和标准。

以上是电梯使用中的一些常见的运行管理措施，使用单位应根据不同的使用场所和电梯管理需求，结合实际情况来制定具体的电梯运行管理制度和电梯使用规定。

三、电梯安全操作规程

电梯安全操作规程与管理制度是由各地区或单位，依据本地区、本单位的具体情况加以制定的。由于各单位电梯制造厂家的规格、型号和功能的差异以及具体使用情况的不同，电梯安全操作规程应包括以下内容。

（1）有司机操作控制电梯的管理与一般要求。

一般工厂车间的专用载货电梯、医院的病床电梯等由于运载对象的关系，通常都配置专职的电梯司机进行操作控制，这类电梯司机的安全操作规程如下。

- 每天开梯运行时，应开着电梯上下全程试运行一到两趟，检查电梯的运行状况，搞好电梯轿厢、轿门、层门的环境卫生，确认电梯的各项功能正常，再投入正式运行工作。
- 不准超载运行，轿厢装载的货物不应超过电梯的额定载重量，电梯超载信号发出时，应减少轿内装载的货物或人员，直至超载信号消除。
- 禁止用手以外的物件操纵电梯。
- 电梯运行中不得突然换向。
- 禁止用检修速度作为正常速度运行。
- 客梯不能作为货梯使用。
- 不许用急停按钮消除信号或呼梯。
- 关门前禁止乘客在厅门、轿门中间逗留、闲谈，更不准乘客胡乱触动操纵盘上的开关和按钮。
- 提醒乘客不得依靠轿门，防止轿门突然开启。
- 司机有事需要临时离开轿厢时，可将电梯置于自动运行模式，办完事后可通过厅外召唤按钮召回电梯，并重新置于司机操作模式。
- 电梯司机或电梯日常运行管理员下班时，应对电梯进行检查，并做好交接班手续，将工作中发现的问题及检查情况记录在运行检查记录表和交接班记录本中，并交给接班人。

（2）无司机操作控制电梯的管理与安全操作规程。

目前的电梯大多数都是全集选控制、可由乘客自行操作的电梯。除工厂的专用载货电梯、医院的病床电梯由于运载对象的关系配置专职司机进行操作控制外，其他地方装设的电梯一般都不配置专职的司机；无司机操作控制电梯的运行由乘客自行操作控制。无司机操作控制电梯的管理与安全操作规程包括以下要点。

- 电梯候梯厅或轿厢内应贴有电梯使用操作规程和注意事项，并标注值班室电话、应急救援电话等信息。
- 电梯安全管理责任人每天应开着电梯上下全程跑一到两趟，确保电梯处于良好状态才将电梯置于无司机控制模式，由乘客自行操作控制；若发现问题一定要及时通知签约维保单位派员处理，不能让电梯"带病"运行。电梯投入运行后，应注意检查电梯的操作使用情况，督查乘客正确使用电梯，发现问题则及时纠正。
- 乘客召唤或乘坐电梯时，只能用手指点按一下召唤箱或操纵箱上相应的按钮，按钮灯亮表示要求信息已被登记，此后不要再去按动按钮。
- 用电梯搬运货物时，要注意所搬物品的尺寸与重量，严禁用电梯搬运超长、超宽、超重物品。
- 不可用电梯运载易燃、易爆等危险物品。不可用电梯运载搭人车辆（非轮椅），包括自行车、摩托车、电瓶车。
- 不可超载运行。电梯超载报警信号发出后，后上电梯的乘客应自觉退离轿厢，直至超载报警信号消除为止。
- 电梯自动平层开门大约4～6s后就要自动关门，电梯轿门上装有安全触板或光幕，在等候他人或需长时间搬运货物时，要使电梯开门时间延长，可以用手按住电梯开门按钮，或用手指按压安全触板或用手掌遮挡安全光幕，不要试图用身体或物品阻挡梯门关闭，这是非常危险的，一旦电梯意外启动，很容易造成剪切事故。
- 乘坐电梯时，应尽量站在轿厢中间位置或轿厢两侧，不要依靠轿门，特别是有些贯通门的电梯，要防止电梯轿门的突然开启。

- 装运装修材料和搬家时应通知电梯安全管理责任人，并采取必要的安全措施。
- 禁止未成年人及小孩在轿厢内开电梯玩耍、打闹、嬉戏。小孩乘梯应有成人陪同。
- 行动不便的老人、残疾人乘梯时应有其他成人陪同，以便电梯出现异常情况（如困人或其他事故）时，能通过紧急电话与外界联系，保持沟通，告知轿内情况，并等候救援处理。
- 不得破坏电梯内任何物件（包括电梯防护板、防护膜、合格证、宣传栏等物件），损坏电梯物件者，照价赔偿。
- 乘搭电梯过程中应文明礼让，不可有争搭电梯行为，以免造成多方不必要的损伤。
- 爱护环境卫生，不可乱涂、乱画，不可在电梯内吸烟。
- 遇电梯维修、保养时，不可靠近电梯，以免发生意外。
- 若电梯发生故障被困轿厢，请拨打紧急电话或值班室电话求助，不可盲目自救。在日常搭乘电梯过程中，如果发现电梯有任何异常情况，应立即致电管理处反映情况。

（3）检修操作时的注意事项。

- 正在维修保养的电梯，厅门口应设置护栏，其基站层门口应挂"检修停用"标志，轿内挂"人在轿顶，不准乱动"等安全警示标牌。
- 在电梯检修慢速运行时，应不少于两人配合操作。
- 检修慢速运行，必须要注意安全，两人互相没有联系好时，绝不允许独自操作运行，尤其是在轿厢顶上操纵运行时，更要注意安全。
- 在轿厢顶进行检修运行时，必须要把所有电梯厅门闭合，方可慢速运行；轿顶维护保养修理人员在电梯运行过程中不得倚靠轿顶护栏。
- 当慢速运行至某一位置需进行井道内或轿底作业时，检修人员必须按下轿顶检修盒上的急停开关或轿厢操纵箱上的急停按钮后，方可进行操作。
- 每次进入轿顶后都应先按下急停按钮，再扳动照明灯开关，并将电梯轿顶检修开关置于轿顶检修模式。准备工作完成后再使急停按钮复位。进行维护保养操作时也应坚持先按下急停按钮再进行维护保养操作。
- 在井道内不得用汽油清洗电梯零部件和其他物品。
- 每次下井道底坑时都应先按下急停按钮，再扳动照明灯开关。离开井道底坑时应先关灯后复位急停按钮。

（4）不安全状态下的操作及注意事项。

电梯在运行中发生意外情况时，电梯司机（或乘客）应使电梯停止运行，并采取以下措施。

- 电梯失控而安全钳尚未起作用时，司机（或乘客）应保持镇静，并做好承受因桥厢急停或冲顶蹲底而产生冲击的思想准备和动作准备（一般采用屈腿、弯腰动作），电梯出现故障后，司机（或乘客）应利用一切通信设施（如紧急电话、警铃按钮、通信电话等）通知有关人员，不得自行脱离轿厢，耐心等待救援。
- 发生地震时应立即就近靠站平层，使电梯停止运行，电梯内所有人员迅速撤离。
- 发生火灾时，司机应尽快将电梯开到安全楼层（一般着火层以下的楼层比较安全），将乘客引导到安全的地方，待乘客全部撤出后切断电源，并将各层厅门关闭。
- 井道内进水时，一般将电梯开至高于进水的楼层，将电梯的电源切断。
- 电梯失去控制时，立即按下急停按钮，仍不能使电梯停止运行时，梯内操作人员应保持冷静，切勿打开轿门跳出。应用紧急报警电话联系梯外救援人员，说明情况，请求救援。

【任务总结与梳理】

电梯节能技术与运行管理
- 电梯节能的几种方式
  1. 电梯的选型和设计
  2. 采用高效率的电梯机械传动方式和电力拖动方式
  3. 采用电梯能量回馈技术
  4. 在电梯软件运行控制和运行管理中实现节能、降耗
  5. 更新电梯轿厢照明系统
  6. 采用先进的电梯控制技术
  7. 采用自动扶梯变频感应启动技术
  8. 合理配置电梯的平衡系数
  9. 加强电梯后期的养护管理

- 电梯变频器的四象限节能技术
  1. 相比普通的两象限变频器，四象限变频器更节能。四象限变频器由于采用了IGBT大功率复合半导体器件作为整流装置，实现了能量的双向流通，在不需要外加其他装置的情况下，可以把再生能量回馈到电网，达到节能运行的效果
  2. 四象限变频器可以减少电网侧的谐波电流，在满载时功率因数接近1。普通两象限变频器由于采用二极管整流方式，会产生比重很大的谐波成分，对电网产生严重的谐纹污染。而四象限矢量变频器通过双PWM（脉冲宽度调制）控制脉冲，可以调整功率因数，最大限度地消除将能量回馈到电网时产生的谐波污染，提高供电系统的用电效率

- 电梯能量回馈技术
  - 采用能量回馈装置的电梯能量回馈技术
    - 电能回馈装置独立于变频器
    - 电能回馈装置和变频器一体化
  - 采用共用直流母线的电梯能量回馈技术
    - 公共直流母线能量回馈装置的使用注意事项

- 电梯的运行控制与节能管理
  - 电梯运行的智能调度
    - 并联控制、群控和目的楼层选层控制
    - 分区管理、分层响应和单双层停靠
  - 电梯休眠技术
    - 电梯休眠技术主要包括两个部分：通过先进的控制管理系统消除电力的浪费，使电梯在待机时的电力消耗降至最低；在非高峰使用时间段，通过智能群群管理系统自动减少电梯运行的台数，让部分电梯处于休眠状态
  - 电梯变频感应启动
    - 自动扶梯变频感应启动技术
    - 变频感应启动技术的优点和节能效果

- 电梯的运行管理
  - 电梯的运行状态和正常使用条件
    - 电梯的运行状态
    - 电梯设备的正常使用条件
  - 电梯运行使用的基本条件和安全使用要求
    - 电梯运行使用的基本条件
    - 电梯的使用单位
    - 电梯的安全使用要求
  - 电梯安全使用规范与电梯安全操作规程
    - 电梯安全使用规范
    - 电梯运行管理制度
    - 电梯安全操作规程

【思考与练习】

一、判断题（正确的填√，错误的填×）

（1）（　　）采用交流调压调速的电梯与采用永磁同步电动机和变压变频调速拖动技术的电梯，可以明显降低能耗。

（2）（　　）采用无齿轮传动的永磁同步电动机，比有齿轮电动机至少节能 25%。

（3）（　　）能量回馈技术是将电梯处于启动状态时输出的电能回馈至电网的控制技术。

（4）（　　）两象限变频器不仅能拖动电动机正反转，并且能把电动机惰走时的动能转换成电能回馈到电网。使电动机工作在发电机的状态下。

（5）（　　）一体化的能量回馈装置由于在电源输入整流器端也采用 IGBT 器件组成的可逆 PWM 整流控制系统，而输出端本身就是 PWM 逆变器，因此通常也称为双 PWM 变频器。

（6）（　　）电梯的变频感应启动通常应用于客梯。

（7）（　　）电梯的运营使用单位应当对电梯的安全性能负责。

二、单选题

（1）当电梯轿厢的载重量为额定载重量的（　　）时，电梯的轿厢侧和对重侧处于平衡状态，此时电梯运行的能耗是最小的。

　　　　A．10%～20%　　　B．30%～40%　　　C．40%～50%　　　D．50%～60%

（2）电梯电能回馈电压的（　　）必须和电网电压的（　　）相同。

　　　　A．频率　　　　　B．相位　　　　　C．频率或相位　　　D．频率与相位

（3）供电电压相对于额定电压的波动应在 7%范围内。供电系统采用三相五线制，中性线和地线（　　　）。

　　　　A．可以分开　　　B．可以共用　　　C．始终分开　　　D．始终合并

（4）建立电梯设备安全技术档案。每台电梯的维保记录必须及时归入电梯设备安全技术档案，并且至少保存（　　　）。

　　　　A．1 年　　　　　B．2 年　　　　　C．3 年　　　　　D．4 年

（5）电梯的维护保养单位应当对其维护保养的电梯的（　　）负责。

　　　　A．使用安全　　　B．舒适高效　　　C．安全性能　　　D．快速稳定

三、多选题

（1）电梯在以下（　　　）运行过程中，曳引机处于发电机工作状态。因此，电梯在运行中产生的多余的机械能转化为再生电能。

　　　　A．轻载上行　　　B．轻载下行　　　C．重载上行　　　D．重载下行

（2）电梯的智能调度按其调配功能的强弱，可以分为（　　　　）等几大类。

　　　　A．独立运行　　　　　　　　　　　B．并联控制

　　　　C．群控　　　　　　　　　　　　　D．目的楼层选层控制

四、简答题

简述自动扶梯变频感应启动技术的运行模式。

第 **8** 章

电梯控制功能解析

【 学习任务与目标 】

- 了解电梯的标准功能和选配功能。
- 了解电梯的控制功能和功能分类。
- 了解电梯的运行控制功能和功能解析。
- 了解电梯的安全控制功能和功能解析。
- 了解电梯的应急控制功能和功能解析。
- 了解电梯的节能控制功能和功能解析。

【 导论 】

　　随着电梯技术产品的不断更新，电气控制系统的功能越来越强。除了单台电梯本身的控制功能以外，还有各种并联控制、群控、目的楼层选层控制功能以及外接控制功能等。此外还有第三方对接控制，包括机器人乘梯控制、无感乘梯控制等附加功能。

　　本章尝试以电梯的标准功能与选配功能做引导，再将电梯的控制功能按运行控制功能、安全控制功能、应急控制功能、节能控制功能等几个方面逐一解析，逐次展开介绍电梯的扩展控制功能，以求对电梯的多种控制功能进行较为全面的讲解。

8.1　电梯的控制功能简述

　　作为现代社会常见的交通工具之一，电梯的重要性不言而喻，但是我们经常乘坐的电梯，却有着很多不为我们所知的功能，了解和熟悉电梯的必备功能，并加以掌握和利用，可以有助于电梯更好地为我们服务，掌握电梯的应急和自救援功能，关键时刻还可以发挥重要作用。

　　目前生产的电梯型号、功能众多，控制功能各有所异，功能名称也不尽相同，但从基本操作功能上可划分为标准功能和选配功能，这些功能有的是厂家作为标准功能配置在电梯上的，有的是可以按用户要求选配的；电梯在安装完成、投入使用后，具体在使用操作中每一台电梯的控制功能会有所不同，有的是单台电梯独立运行控制，有的是并联控制或群控，有的是功能更优异的目的楼层选层控制，有的还加入了第三方对接控制。

　　本章前半段按一台典型电梯的标准功能和选配功能来进行描述；后半段按运行控制功能、安全控制功能、应急控制功能、节能控制功能等 4 个方面对电梯的综合控制功能进行解析；这些功能的界定和划分不一定按照统一的一个标准，也并不代表所有电梯都有这些功能，有些功能既是运行功能也是安全功能，有些电梯也可能包括更多的功能。在此只是做一个电梯有关功能的描述，作为电梯控制功能的解析和参考。

为了使电梯运行的性能更加符合安全性、可靠性、舒适性几个方面的要求，很多电梯厂商开发的产品具有更多优异的性能，特别是物联网技术和智能控制技术的应用和发展，使乘客在使用电梯的过程中可以享受良好的人机界面和具有舒适的乘坐体验，可以预见的是，电梯的功能将会越来越强，技术的提升也会使乘坐电梯的安全性和保障性越来越高，电梯的功能将越来越趋向于智能化和人性化。

8.2　电梯的标准功能和选配功能

标准功能一般是指单台电梯出厂时的标配功能。除此之外，还有根据不同客户的使用需要而设置的部分选配功能。

以下是新时达 AS380S 一体化控制器的电梯操作功能描述及设置方法。

一、标准功能

（1）故障记录可下载。

故障记录可以下载到操作器，保存为.txt 文档，并可以通过计算机查看。

（2）基极封锁。

硬件的基极封锁，当门锁或 KMY 断开时，都会给驱动发出基极封锁信号。解决运行中断门锁过电流问题。

另外，结合安全回路采样，可实现输出接触器不拉弧。

（3）平衡系数的评估监视功能（具有平衡自学习功能）。

通过设置额定载重和测试载重的参数，分别执行空载测试和载重测试，电梯自动从底层运行到顶层后显示平衡系数。

（4）电机过热降速运行。

电机过热后，电梯先就近停靠，然后减速运行。通过参数 F76 设置：0 表示就近停靠，然后降速到额定速度的 60%，可以继续运行；1 表示就近停靠到门区停车开门。

（5）全集选控制。

在正常运行状态下，电梯在运行过程中，在响应轿内指令信号的同时，自动响应上下召唤按钮信号，在任何楼层的乘客，都可通过登记上下召唤信号召唤电梯。

（6）检修运行。

检修运行是在检修或调试电梯时使用的操作功能。当符合运行条件时，按上/下行按钮可使电梯以检修速度点动向上/向下运行。持续按下按钮，电梯保持运行，松开按钮则停止运行。

（7）慢速自救运行。

当电梯处于非检修状态下，且未停在平层区时，只要符合启动的安全要求，电梯将自动以慢速运行至平层区，开门放客。

（8）测试运行。

测试运行是为测试或考核新梯而设计的功能。将一体化控制器的某个参数设置为测试运行时，电梯就会自动运行。自动运行的总次数和每次运行的间隔时间都可通过参数设置。

（9）时钟控制。

系统内部有实时时钟，因此进行故障记录时可记下发生故障的确切时间；另外，某些涉及时间控制的功能以此时钟为基准。

（10）保持开门时间的自动控制。

全自动运行时，电梯到站自动开门后，会按延时设定的时间自动关门。

（11）本层厅外开门。

如果本层召唤按钮被按下，轿门自动打开。如果按住按钮不放，门保持打开。

（12）关门按钮提前关门。

全自动状态下，按下关门按钮后，可取消开门保持功能，门开到位后会立即关门。

（13）开门按钮开门。

电梯停在门区时，可以在轿厢中按开门按钮使电梯已经关闭或尚未关闭完的门打开。

（14）门机种类选择。

通过参数设置可以选择多种类型的门机，可分为开门力矩保持、关门力矩保持及开关门力矩保持等。

（15）换站停靠。

如果电梯在持续开门超过设定时间后，开门限位尚未动作，电梯就会处于关门状态，并在门关闭后，自动运行到相邻楼层开门。

（16）错误指令取消。

乘客按下指令按钮被响应后，发现与实际要求不符，可在指令登记后连按 2 次错误指令的按钮，该登记的指令就被取消，该功能可通过参数设置开通。

（17）反向时自动消指令。

当电梯到达最远层站将要反向时，原来所有后方登记的指令全部消除。

（18）直接停靠。

电梯按照距离原则减速，平层时无任何爬行。

（19）满载直驶。

在全自动状态下，当轿内满载时（一般为额定负载的 80%），电梯不响应经过的召唤信号而只响应指令信号。

（20）待梯时轿内照明灯、风扇自动断电。

在全自动状态下，如果电梯无指令和外召登记超过 3min（3min 是默认值，此时间可通过参数设置调整），轿厢内照明灯、风扇自动断电。但在接到指令或召唤信号后，又会自动重新上电投入使用。

（21）自动返基站。

全自动运行时，如果设定自动返基站功能有效，当梯群中无指令和召唤时，电梯在一定时间（时间可通过参数设置）延迟后自动返回基站。

（22）重复关门。

为防止门机系统的偶然性故障或异物卡在门中间导致的门不能闭合而提供重复关门功能，在上述情况发生时，可尝试再次关门。

（23）故障历史记录。

可记录 20 条最近的故障，包括发生时间、楼层、代码。

（24）井道数据自学习。

在电梯正式运行前，启动系统的井道学习功能，可学习井道内各种数据，并永久保存这些运行数据。

（25）服务层的任意设置。

通过手持操作器可以任意设置电梯在哪些层站停靠，哪些层站不停靠。

（26）楼层显示字符设置。

通过手持操作器可以设置每一层楼显示的字符，如设置地下一楼显示"B"等。

（27）司机操作。

通过操纵箱拨动开关可以选择司机操作。司机操作时，电梯没有自动关门功能，电梯的关门是在司机持续按关门按钮的条件下进行的。同时还具有司机选择定向和按钮直驶的功能。

（28）独立运行。

独立运行即专用运行，此时电梯不接受外召唤登记，也没有自动关门，其操作方式同司机操作相似。

（29）显示器。

厅外和轿内显示器可以显示楼层位置、运行方向、电梯状态等信息。

（30）自动修正楼层位置信号。

系统运行时，在每个终端开关动作点和每层楼平层感应器动作点都可以对电梯的位置信号以自学习时得到的位置数据进行修正。

（31）锁梯服务。

全自动运行或司机状态下，锁梯开关被置位后，消除所有召唤登记，只响应轿内指令直至没有指令登记，而后返回基站，自动开门后关闭轿内照明灯和风扇，点亮开门按钮灯，在延时10s 后自动关门，之后电梯停止运行。当锁梯开关复位后，电梯重新开始正常运行。

（32）门区外不能开门保护措施。

安全起见，在门区外，系统设定不能开门。

（33）门光幕保护。

当两扇轿门的中间有东西阻挡，导致光幕或安全触板动作时，电梯就会开门。光幕保护在消防操作时不起作用。

（34）超载保护。

当超载开关动作时，电梯不关门，且蜂鸣器鸣响。

（35）轻载防捣乱功能。

当电梯处于轻载状态时，轿厢指令数达到或超过设定值，系统将消除所有指令。

（36）逆向运行保护。

当系统检测到电梯连续一段时间的实际运行方向与指令方向不一致时，会立即紧急停车，发出故障报警。

（37）运行时间限制器。

电梯运行过程中，如果连续运行了运行时间限制器规定的时间（最大45s）发现平层感应器没有动作，就停止运行。

（38）减速开关故障保护。

在减速开关失效的状态下，电梯紧急停靠，防止冲顶或蹲底。

（39）防终端越程保护。

电梯的上下终端都装有终端减速开关和终端极限开关，以保证电梯不会超越行程。

（40）接触器、继电器触点检测保护。

系统检测继电器、接触器触点是否可靠动作，如果发现触点的动作和线圈的驱动状态不一致，将停止运行。

（41）安全回路故障保护。

系统收到安全回路故障信号就紧急停车，并在有故障时防止电梯运行。

（42）主控 CPU WDT 保护。

主控板上设有 WDT（看门狗定时器）保护，当检测到 CPU 有故障或程序有故障时，WDT 回路强行切断主控制器输出点，并使 CPU 复位。

（43）超速保护。

为速度超出控制范围的运行导致的安全问题而设置的保护。

（44）低速保护。

为防止电梯在控制范围外低速运行导致安全问题而设置的保护。

（45）平层感应器故障保护。

为了防止平层感应器发生故障引起电梯异常情况而采取的一种安全保护。

（46）CAN 通信故障保护。

当 CAN 通信发生故障时防止电梯继续运行导致危险。

（47）安全触板保护。

在门尚未关闭的状态下，门安全触板开关动作，电梯会自动开门或保持开门状态，防止夹住乘客。

（48）抱闸开关触点检测保护。

系统通过抱闸开关检测抱闸是否可靠动作，如果发现抱闸不能可靠动作，则进行保护动作。

（49）井道自学习失败诊断。

由于井道数据是控制系统进行快车运行的依据，没有正确的井道数据，电梯将不能正常运行，因此在井道自学习未能正确完成时应设置井道自学习失败诊断。

（50）马达温度保护。

为防止马达过热导致的运行危险而设置的保护。

（51）门锁故障保护。

系统检测门锁发生异常时防止电梯继续运行，确保电梯安全。

（52）运行中门锁断开保护。

运行中检测到门锁断开，停止电梯的运行。

（53）并联运行。

两台电梯通过 CAN 串行通信总线进行数据传送以实现协调两台电梯各个层站召唤的功能，从而提高电梯的运行效率。

（54）平层微调。

通过软件在一个微小范围内调整每层楼的平层感应器位置，免去调整平层板位置的烦琐工序。

（55）强迫关门。

当开通强迫关门功能后，如果由于光幕动作或其他原因使电梯连续开门而没有关门信号，电梯就强迫关门，并发出强迫关门信号。

（56）基站开门待梯功能。

通过参数设置使电梯在基站时开门待梯。

（57）时间段楼层封锁功能。

在特定的时间对指定的楼层进行特定的封锁服务。特定的封锁服务指的是可以单独封锁外呼登记、单独封锁指令登记、封锁指令和外呼登记，也可以不封锁。

（58）外呼板查询功能。

通过操作器查询每一层的外呼板是否正常工作。

（59）CAN 通信干扰评估。

通过操作器检测 CAN 通信的质量。

（60）编码器干扰评估。

通过操作器检测编码器信号的干扰情况。

（61）轿厢调试。

提供一种创新性的电梯调试方式，工作人员在轿厢中可以直接调试电梯、监控电梯运行状态，使得对电梯平层等功能的调试更加人性化。

（62）智能调试。

- 快速上传下载参数。
- 增加故障操作说明和故障细化功能。
- 优化平层调整和平层微调功能。
- 增加常开常闭自学习功能。
- 地址智能自学习功能。

（63）防打滑保护。

运行 F62 时间内，平层感应器没有变化，就报 20 号故障。

（64）抱闸力测试。

电梯开门时，防止发生轿厢意外移动，提供手动和自动抱闸力测试功能。

（65）UCMP（电梯轿厢意外移动保护）功能。

在层门未被锁住且轿门未关闭的情况下，由于轿厢安全运行所依赖的驱动主机或驱动控制系统的任何单一元件失效引起轿厢离开层站的意外移动，电梯将停止运行。

（66）门旁路功能。

为了维护层门、轿门和门锁触点，可以对控制柜侧厅门或轿门锁做旁路处理。当进行门旁路操作时，电梯只能检修运行，同时通过轿顶控制板输出提示信号。

（67）门回路检测。

当轿厢停在开锁区域内，轿门开启、层门锁释放时，应当检查轿门锁和厅门锁的正确动作。如果检测到门触点故障，电梯将停止运行。门回路的检测通常要配合提前开门板。

二、选配功能

（1）电动松闸。

输入点重定义：当此点有输入时，电动松闸才有输出；如果输入点无此定义，默认为电动松闸输入一直有效。

输出点重定义：电动松闸有输入时，一直输出，除非电梯停在门区，或者电梯到了平层区，或者速度大于 0.3m/s。

（2）第二抱闸。

此功能的实现需要加装第二抱闸硬件，比如夹绳器。

平时第二抱闸保持开启状态，发生故障停梯后延时 2s 切断电源，期间第二抱闸闭合。

（3）提前开门。

选配该功能后，电梯在每次平层过程中，到达提前开门区就马上提前开门，从而提高电梯的运行效率。

（4）开门再平层。

当电梯楼层较高时，由于钢丝绳的伸缩，乘客在进出轿厢的过程中会造成轿厢上下移动，导致平层不准，系统检测到这种情况后会开着门以较低的速度使轿厢平层。

（5）火灾紧急返回运行。

当遇到火灾时，将火灾返回开关置位后，电梯立即消除所有指令和召唤，以最快的方式运行到消防基站，开门停梯。

（6）消防员操作。

当遇到火灾时，将消防员操作开关置位后，电梯立即消除所有指令和召唤，返回消防基站，而后进入消防员操作模式。

（7）副操纵箱操作。

在有主操纵箱的同时，还可选配副操纵箱。乘客可以通过副操纵箱登记指令和门操作。

（8）后门操纵箱操作。

当电梯的轿厢前后有两扇门时，可选配后门操纵箱。乘客可以通过后门操纵箱登记指令和门操作。

（9）残疾人操纵箱操作。

电梯可选配残疾人操纵箱，供残疾人进行特殊操作。

（10）群控运行。

通过群控控制器协调群组中电梯各个层站召唤的功能，从而提高电梯的运行效率，并可提供高峰服务，分散待梯等功能。本系统最多可对 8 台电梯进行群控。

（11）物联网监控。

通过加装物联网系统硬件，与控制系统通过 CAN 通信线相连，通过 DTU（数据传输单元）中 SIM 的无线信号，与基站以及电梯星辰物联网服务器平台相连，用户可以通过预先获得的用户名、密码，在电梯星辰物联网平台上监控到电梯的楼层位置、运行方向、故障状态等情况。另外，可以根据账户设置的权限，管理相应电梯的对应功能。

（12）小区监控。

通过 CAN 通信线，控制系统与装在监控室的 PC 相连，可以在 PC 上监控电梯的楼层位置、运行方向、故障状态等情况。

（13）地震运行功能。

配有地震运行功能时，如果发生地震，地震检测装置会动作，该装置将触点信号输入控制系统，控制系统控制电梯就近停靠，而后开门放客、停梯。

（14）轿厢到站钟。

在电梯减速平层过程中，装在轿顶或轿底的上、下到站钟会鸣响，以提醒轿内乘客和厅外候梯乘客电梯正在平层，马上到站。

（15）厅外到站预报灯。

选配该功能时，每一层的大厅里都装有上、下到站预报灯，用以告诉乘客该电梯即将到站，并同时预报该电梯的运行方向。

（16）厅外到站钟。

选配该功能时，每一层的大厅里都装有上、下到站钟，用以告诉乘客该电梯即将到站。

（17）前后门独立控制。

乘客可根据需要对前门和后门进行独立操作，分别开关门。

（18）VIP 贵宾层服务。

为 VIP 乘客提供的一项特殊功能，使得 VIP 乘客可以以最快速度到达目的楼层。

（19）停电应急平层。

当由于大楼停电导致运行中的轿厢不在门区而困人时，停电应急平层装置就会启动，驱动电梯低速运行到就近门区开门放人。

（20）开关控制服务层切换。

通过轿厢内的开关来切换电梯服务层。

（21）语音报站功能。

系统在配有语音报站功能时，电梯在每次平层过程中，语音报站器将报出即将到达的楼层，在每次关门前，报站器会预报电梯的运行方向等。

（22）称重补偿。

根据称重装置检测到的轿厢载荷数据，给出启动的负载补偿值，以改善电梯启动的舒适感。

（23）开门保持按钮操作功能。

通过开门保持按钮，使电梯延时关门的一种功能。

（24）暂停服务显示输出功能。

在电梯不能正常使用时告知乘客。

（25）轿厢 IC 卡楼层服务控制。

配有该功能时，轿厢操纵箱上有一个读卡器，乘客必须刷卡才能登记指令。

（26）厅外 IC 卡呼梯服务控制。

配有该功能时，每一层楼的召唤盒上有一个读卡器，乘客必须持卡才能登记该层楼的召唤信号。

三、群控系统的基本特点

（1）Smart Com Ⅱ群控系统采用集中控制的群控技术，即由一个群控计算机专门负责层站召唤的信号登记和分配。召唤信号的分配采用最小等待时间原则，充分考虑电梯的楼层距离、召唤和指令的登记情况、超越情况、反向情况等因素，实时调配具有最短响应时间可能性的电梯来应答每一个召唤，从而充分挖掘电梯的运输能力，大大提高电梯的运行效率。

（2）Smart Com Ⅱ群控系统的设计最大群控能力达到 8 台电梯群控，最大楼层数为 48 层，因此，适应范围很广。

（3）群控计算机与单梯主控计算机之间的信号传递采用 CAN bus 的串行通信方式，从而保证大量数据的高速、可靠传送。

（4）群控系统具有后备运行功能。万一群控计算机发生故障或处于维修、保养状态，群控计算机的电源关断，各单梯还可进行后备运行。后备运行时，电梯的操作功能与单梯运行时相同，一旦群控计算机恢复正常，电梯就立即自动转换成群控运行。

（5）群控系统具有自动切除怠慢电梯功能。如果系统发现某台电梯在收到分配到的召唤信号后，迟迟不关门运行，系统就会切除该台电梯，重新分配召唤，从而保证乘客不会长时间等待。

（6）当单梯主控计算机通电时，每台电梯的层站召唤按钮信号通过单梯主控计算机转送到群控计算机，群控计算机又把召唤按钮的登记信号通过每台单梯主控计算机送到各层站召唤控制器点灯。如果某一单梯主控计算机失电，群控计算机就与该台电梯的召唤按钮直接通信，从而保证即使某台电梯主控计算机失电，该台电梯的召唤按钮仍能继续在群控中发挥作用。

（7）群控计算机板上装有发光二极管，可通过发光二极管直接监视群控计算机与单梯主控计算机之间的通信是否正常。群控计算机板上的各输入点也可通过对应的发光二极管监视其是否导通。

（8）群控板内有实时时钟，可自动定时开启和关闭某些群控操作功能。

（9）既可通过 PC 的群控设置软件，也可通过手持操作器来修改群控板参数、时间以及查阅群控板软件版本，为电梯调试提供方便。

四、群控系统主要功能

（1）返基站功能。

在群控系统中，当通过群控设置软件或手持操作器开通返基站功能（返基站参数设为 1）后，一旦基站没有电梯，而且最容易达到基站的那台电梯没有召唤分配和指令登记，那么，这台电梯就会立即返基站关门待梯，从而提高电梯在基站的运输能力。此时，如果通过参数设置将开通待梯层指定功能设置成无效，则返基站电梯台数为 1；如果将开通待梯层指定功能设置成有效，则可通过参数设置确定返基站电梯台数，同时返基站的延迟时间也可由参数设置确定。

（2）分散待梯功能。

当通过群控设置软件或手持操作器开通分散待梯功能后，电梯在空闲时会自动分散待梯。此时，如果通过参数设置将开通待梯层指定功能设置成无效，分散待梯就以如下的自动模式进行：当群控系统的所有电梯都保持待梯状态一分钟时间时，群控系统就开始分散待梯运行。

- 如果基站及基站以下楼层都没有电梯，系统就发一台最容易到达基站的电梯到基站闭门待梯。
- 如果群控系统中有两台以上电梯正常使用，而且中心层以上楼层没有任何电梯，系统就分配一台最容易到达上方待梯层的电梯到上方待梯层闭门待梯。如果通过参数设置将开通待梯层指定功能设置成有效，分散待梯就以人工指定模式进行，可通过参数设置设定待梯楼层（其数量最多不超过 4 个楼层，每个楼层不能相同，同时待梯楼层数不可以超过总的群控电梯数量减去设定的自动返基站电梯数后的值）和延迟时间，在电梯空闲延迟设定的延迟时间后，根据电梯就近原则，相关电梯分别分散运行到设定的待梯楼层待梯。

（3）上班高峰服务功能。

如果系统选择该功能（通过群控设置软件或手持操作器开通上班高峰服务功能），在上班高峰时间（通过设定时间参数内部自动定时，或外部时间继电器触点输入），当从基站向上运行的电梯在电梯关门前就已具有 3 个以上的指令登记时，系统就进入上班高峰服务运行模式。此时，系统中所有电梯在响应完指令和召唤信号后都会立即自动返回到基站；在上班高峰服务运行模式中，如果基站没有电梯，基站的上召唤按钮灯会自动点亮（表示客人不需要再登记该召唤信号）；如果所有电梯都在基站且没有一台电梯接收到 3 个或 3 个以上的指令登记，系统会恢复到正常状态；当过了上班高峰时间（也由时间参数内部自动定时，或由外部时间继电器触点输入确定）时，电梯也会恢复到正常状态。注意：可通过设定另外的一个对应参数来确定上班高峰服务功能是由外部开关启动还是由内部定时启动。

（4）下班高峰服务功能。

如果系统选择该功能（通过群控设置软件或手持操作器开通下班高峰服务功能），在下班高峰时间（通过设定时间参数内部自动定时，或外部时间继电器触点输入），一旦发生基站上方的电梯向下运行时有满载现象，系统就进入下班高峰服务运行模式。此时，系统中所有电梯在响应完指令和召唤信号后会立即自动返回到最高层待梯。当过了下班高峰时间（也由时间参数内部自动定时，或由外部时间继电器触点输入确定）或连续两分钟基站上方的电梯向下运行时没有达到过满载，系统就会恢复正常状态。注意：可通过设定另外的一个对应参数来确定下班高峰服务功能是由外部开关启动还是由内部定时启动。

（5）非服务层控制功能。

Smart Ccom Ⅱ群控系统预设两组特定条件下电梯停层的方案供客户选择，分别通过两个开关控制（也可通过设定时间参数内部自动定时）。当其中一个开关合上时（或内部定时启动后），电梯就按对应的一组方案停层服务，而当另外一个开关合上时（或另一内部定时启动后），电梯就按另一组方案停层服务。如果两个开关都没有合上（或都不在定时状态），电梯就按正常状态停层服务。每组方案需要预先设定，它可以指定每一台电梯在哪些楼层响应指令，在哪些楼层响应上召唤及在哪些楼层响应下召唤。注意：可通过设定另外的一个对应参数来确定每组方案是由外部开关启动还是由内部定时启动。

（6）正常群分割功能（第一设置软件中群分割模式设成 0）。

群控板中设有一个群分割开关输入点，当这个开关合上时，群控系统根据预先设定分成两个独立的群控系统运行，当开关断开时，电梯又恢复正常状态。

（7）紧急供电状态运行功能。

如果大楼备有后备电源，当正常电源突然停电，切换到后备电源供电时，就需要选择这一功能，此时群控系统按次序逐一让每台电梯返回到基站开门放客待梯。当所有电梯都返回到基站后，群控系统根据预先设定，指定哪几台电梯继续正常使用，哪几台电梯关梯休息，这样可保证后备电源不会超负荷运行。

（8）实时时钟功能。

上班高峰服务、下班高峰服务、服务层切换方案一和服务层切换方案二这些功能，都可通过参数设定，实现自动定时开启和关闭。为了实现上述功能，事先必须通过群控设置软件或手持操作器将群控板内的实时时钟正确设定，当然还必须设定所选功能开启和关闭的时间参数。

（9）部分不完全群分割功能。

① 问题的提出。

在群控电梯中，经常会出现其中有几台电梯有地下室（可能有地下几层），而另外几台电梯没有地下室；或者在一组群控电梯中，有几台电梯可以到最高层（如 28 层），而另外几台电梯最高只能到中间某一层楼（如 18 层）。在上述使用条件下，目前常用的群控系统都存在这样一个问题：在第一种情况下，一位想去地下室的乘客，在上面某一层站呼梯时，由于系统不知道乘客要去哪层楼，有可能分配一台不能去地下楼层的电梯来响应，而且在这台电梯离开该层站之前，别的电梯不会再来响应该召唤。为此，在很多情况下乘客只能先乘电梯到 1 楼，再换乘电梯到地下楼层。同样，在上述第二种情况下，从下面到 19 层以上的乘客，也有需要换乘电梯的问题。另外还有第三种情况：群控系统中，有的电梯层层都停，但有的电梯中间有几层不停，乘客要去这些楼层时，很难召唤到正确的电梯。因此，目前普通的群控系统在上述使用环境中，都会给乘客带来一定的不便。

② 部分不完全分割方式的介绍。

针对上述问题，引入部分不完全分割方式，其基本概念：将能去地下楼层（或上方楼层）的电梯和不能去的电梯分割成两组，所谓的部分是指对上述第一种情况只对下召唤分割，上召唤不分割；而对上述第二种情况只对上召唤分割，下召唤不分割。所谓的不完全是指在上述第一种情况下，对下召唤的分割也不是完全的分割，如果按的是能去地下楼层电梯的下召唤按钮，说明乘客要去地下楼层，所以召唤信号是分割的，只有那些能去地下楼层电梯的下召唤按钮灯才会点亮，系统也只分配能去地下楼层的电梯来响应；而如果按的是不能去地下楼层电梯的下召唤按钮，说明乘客不是去地下楼层，所以召唤信号不需要分割，所有电梯的下召唤按钮灯都点亮，系统可分配任何一台电梯来响应。同样的做法适用于上述第二种情况（几台电梯能去上方楼层，另外几台电梯不能去上方楼层），只不过换成上召唤的不完全分割。针对第三种情况，上、下召唤都采取不完全分割，即组合了上述两种情况。采用部分不完全分割方式后，在群控系统中，乘客如需前往某个楼层，只需按下能够层层停靠的电梯召唤按钮，否则，可选择其他电梯召唤按钮，使群控系统内所有电梯都能参与服务。这样既能确保召唤到目标电梯，避免出现类似普通群控系统中的换乘电梯问题，同时又能最大限度地发挥群控系统效率。

③ 设置方法。

为了开通部分不完全分割方式功能，必须先将群控板中的群分割模式参数设成根据上述 3 种情况对应的 1、2 或 3，并将层层停靠的电梯设成"Y"组，其他的电梯设成"X"组。最后还必须将群控板上的群分割输入触点（JP4.19）接通。

五、召唤按钮信号的输入及召唤按钮灯的控制

在正常情况下，控制柜通电，转换继电器吸合，SM-01 与 SM.GC/C 通信线连通。SM-04 就把按钮信号送到 SM-01，SM-01 再通过另一 CAN 口（CAN1）把按钮信号转送到 SM.GC/C 处理按钮信号。SM.GC/C 把处理后的按钮点灯信号先送到 SM-01，SM-01 再通过 CAN 口将点灯信号送到 SM-04，SM-04 最后根据接收的信号控制按钮灯的点亮或熄灭。如果某台电梯的控制柜断电，则控制柜内的转换继电器的常闭触点连通 SM.GC/C 的 CAN 通信线和 SM-04，SM.GC/C 就可以直接与该电梯的 SM-04 通信，它可以直接接收这一路的 SM-04 送来的按钮触点信号，同时直接向 SM-04 发送点灯信号。

六、总体调配原则

在群控系统中，召唤信号的登记和销号统一由 SM.GC/C 处理。SM.GC/C 根据以下介绍的调配原则，动态地对每台电梯计算每楼层召唤按钮的罚分，从而实时地把每个按钮分配给具有最佳响应条件的电梯。一旦任意召唤被登记，SM.GC/C 就立即根据预先计算的结果，分配给具有响应该召唤按钮资格的电梯。

总体调配原则的宗旨是实现每个乘客在召唤电梯后，等待时间最短。为此，调配原则主要考虑以下几点。

（1）距离罚分。

根据召唤按钮与电梯之间的距离，计算一个罚分。通常每层楼为 1 分。但是，如果某一层楼楼高特别高，也可设置成 2 分或者 3 分等。

（2）反向罚分。

考虑电梯运行中的顺向优先原则，在计算罚分过程中，增加一个反向罚分。主要分以下几种情况考虑。

- 对电梯上方的下召唤或下方的上召唤按钮，根据不同情况分别给予 3～8 分的罚分。
- 如果电梯正在向上运行，但前方没有指令登记或上召唤分配，则给予其下方的下召唤按钮 3 分的罚分。
- 如果电梯正在向下运行，但前方没有指令登记或下召唤分配，则给予其上方的上召唤按钮 3 分的罚分。

（3）指令或召唤罚分。

考虑到电梯响应每一个已登记的指令或召唤信号时需花去不少时间，所以在计算每一个召唤按钮对每台电梯的罚分时，对于该电梯在与那个按钮之间的每一个已登记的指令或已分配到的同向召唤，都给一个 3 分的罚分。

（4）超越罚分。

为了提高电梯的运行效率，减少电梯相互之间的超越现象，在计算每一个按钮对每台电梯的罚分时，还要加上超越罚分。通常，如果某台电梯在前方有一台同向运行的电梯，则前方的按钮对后面一台电梯的罚分要加 8 分。

（5）节能罚分。

如果电梯具有节能运行功能，当某台电梯处于节能运行休眠状态时，其对所有按钮的罚分，都要加上 80 分。

针对每一台电梯的每一个召唤按钮，根据以上原则累计一个总的罚分。每一个召唤按钮对应每台电梯都有一个罚分，相互比较罚分的大小，把该按钮的资格分配给具有最小罚分的电梯。

七、特殊情况下的处理

当群控中某一台电梯发生故障，或由于关电等其他原因，不能正常运行时，群控系统就会自动把该台电梯切除群控，把召唤信号合理分配给剩下的正常运行的电梯，哪怕群控中电梯减少到只有一台，群控系统始终保持调配的连续性和合理性。

如果 SM.GC/C 发生故障，下面的 SM-01 在确认这一情况后，会自动转化为单梯运行，从而保证群内电梯在紧急情况下发挥最大使用效率。

8.3 电梯的控制功能和功能解析

下面按运行控制功能、安全控制功能、应急控制功能、节能控制功能等 4 个方面详细介绍电梯的控制功能。

一、电梯运行控制功能

电梯运行控制功能如表 8-1 所示。

表 8-1　电梯运行控制功能

序号	功能名称	功能解析
1	全集选控制运行	根据轿厢内选层指令和厅外的楼层召唤指令，集中进行综合分析处理，自动选向并顺向依次应答指令的高度自动控制功能。 它能自动登记轿厢内指令和厅外的楼层召唤指令，自动关门启动运行，同向逐一应答，电梯将优先按顺序应答与轿厢运行同一方向的厅外召唤，当该方向的召唤全部应答完毕后，电梯将自动应答相反方向的召唤。 当无召唤指令时，电梯自动关门待机或自动返回基站关门待机，当某一层楼有召唤信号时，再自动启动应答。 全集选控制功能一般作为电梯的标准控制功能，能实现无司机操纵。为适应这种控制特点，电梯在各层站停靠时间可以自动控制，轿门设有安全触板或其他近门保护装置，轿厢设有超载保护装置等

续表

序号	功能名称	功能解析
2	司机操作	通过操纵箱拨动开关可以选择司机操作。司机操作时，电梯没有自动关门功能，电梯的关门是在司机持续按关门按钮的条件下进行的。同时还具有司机选择定向和按钮直驶功能。 由司机对电梯的选层、外呼响应、开关门等进行管理，优先确定电梯的运行方向
3	运行	运行即专用运行，此时电梯不接受外召唤登记，也没有自动关门，其操作方式同司机操作方式相似
4	下行集选	只在下行时具有集选功能，因此厅外只设下行召唤按钮，上行不能截梯。采用下行集选控制时，除底层和基站外，电梯仅将其他层站的下方向呼梯信号集中起来应答。如果乘客欲从较低的层站到较高的层站去，须乘电梯下行到底层或基站后再乘电梯上行到要去的较高的层站
5	满载直驶	在全自动状态下，当轿内处于满载状态（一般为额定负载的80%）时，电梯自动转为直驶运行，此时只执行轿内指令，不应答厅外召唤信号。电梯不响应经过的厅外召唤信号而只响应轿内指令信号
6	自动再平层	轿厢平层是由水平装置自动调整在设定的准确度内，而无须担心由于乘客进出所引起的平层变化
7	再平层	当电梯停靠开门期间，由于负载变化，检测到轿厢地坎与层门地坎平层差距过大时，给人员和货物进出带来不便，这时电梯在开着门的状态下以再平层速度自动运行使轿厢地坎与层门地坎再次平层的功能
8	自动返基站 （空闲返基站）	当无厅外召唤和轿内指令时，电梯将自动返回预先设定的基站。全自动运行时，如果设定自动返基站功能有效，当梯群中无指令和召唤时，电梯在一定时间（时间可通过参数设置）延迟后自动返回基站
9	串行通信	采用总线进行各部件之间的串行数据通信，从而在保证了高速、可靠、大量地传输数据的同时，大大减少了各部件之间的接线，提高了整机的可靠性
10	自动开门	每次平层时，电梯自动开门；本层厅外召唤按钮或开门按钮被按下，轿门和厅门自动打开
11	提前开门	为提高运行效率，在电梯进入开锁区域后平层爬行过程中立即进行开门动作的功能
12	指定泊梯	接通泊梯开关，电梯返回基站后，将使电梯轿厢熄灯、关风扇、关门、电梯停止运行
13	驻停	当启动此功能后，电梯不再响应任何层站召唤，在响应完轿内指令后，自动返回指定楼层停梯
14	锁梯服务	正常运行状态下，锁梯开关被置位后，消除所有召唤登记，只响应轿内指令直至没有指令登记。而后返回基站，自动开门后关闭轿内照明灯和风扇，点亮开门按钮灯，在延时10s后自动关门，而后电梯停止运行。 当锁梯开关复位后电梯重新开始正常运行
15	关门时间保护 （强制关门）	如果电梯门保持打开的时间超过了预定的时间，临时性强制关门功能自动工作，从而关闭电梯门
16	井道资料自学习 （井道数据自学习）	在电梯正式运行前，打开系统的井道学习功能，电梯控制系统能自动学习测量井道层高、保护开关位置、减速开关位置等信息，并永久性保存这些运行数据，以此来保证停梯平层的准确性

续表

序号	功能名称	功能解析
17	电机参数调谐	控制系统可以通过简单的参数设置，在带载和不带载的情况下完成电机相关控制参数的学习
18	错误指令取消	乘客按下指令按钮被响应后，发现与实际要求不符，可在指令登记后连按2次错误指令的按钮，该登记将被取消
19	直接停靠	控制系统自动控制电梯完全按照距离原则减速，平层时无任何爬行，可提高电梯运行效率
20	独立运行（独立操作）	只通过轿内指令驶往特定楼层，专为特定楼层乘客提供服务，不应答其他层站和厅外召唤。电梯不受外界召唤控制，不能自动关机。 在电梯并联或者群控时，为了给一些特定的人士提供特别服务以及运载贵宾或重要货物时，按下独立运行开关，则让电梯脱离并联或群控，独立运行
21	特别楼层优先控制	特别楼层有呼唤时，电梯以最短时间应答。应答前往时，不理会轿内指令和其他召唤。到达该特别楼层后，该功能自动取消
22	楼层位置信号的自动修正	系统运行时，在每个终端开关动作点和每层平层感应器动作点都会对电梯的位置信号以写层时位置脉冲进行修正
23	防捣乱（防止恶作剧）	为避免空梯运行，通过对载重量进行逻辑判断，当检测到轿内选层指令明显异常时，把不正常的指令做消除处理，避免恶作剧和轿内错误指令。 本功能可防止因恶作剧而按下过多的轿内指令按钮。该功能可自动将轿厢载重量（乘客人数）与轿内指令数进行比较，若乘客数过少（一般指小于20%的轻载情况），而指令数过多，则自动取消错误的多余轿内指令
24	连续称量	通过高灵敏度的轿厢载荷连续称量装置可以得到不断变化的轿厢内载荷数据
25	启动补偿	在轿厢内载荷不同时，可自动调整电梯的启动转矩，保证电梯的最佳启动舒适感
26	清除无效指令	清除所有与电梯运行方向不符的轿内指令
27	开门时间自动控制	根据厅外召唤、轿内指令的种类以及轿内情况，自动调整开门时间
28	按客流量控制开门时间	监视乘客的进出流量，使开门时间最短
29	开门时间延长	在某些特殊的应用场合，按下开门时间延长按钮，可延长开门时间，使乘客顺利进出轿厢，按关门按钮可消除
30	开门保持	在自动运行状态下，在轿厢内按开门保持按钮，电梯延时关门，方便货物运输等
31	故障重开门	因故障使电梯门不能关闭时，使门重新打开再尝试关门
32	副操纵箱	在有主操纵箱的同时，在轿厢内左边设置副操纵箱，上面设有各楼层轿内指令按钮，便于乘客较拥挤时使用，乘客可以通过副操纵箱登记轿内指令和进行开关门操作
33	残疾人操纵箱	在轿厢扶手或扶手下方设置残疾人操纵箱，上面设有各楼层轿内指令按钮，便于乘坐轮椅人士操作使用
34	电子触钮	用手指轻触按钮便可完成厅外召唤或轿内指令登记工作
35	灯光报站	电梯将到达时，厅外灯光闪动，并有双音报站钟报站

续表

序号	功能名称	功能解析
36	自动播音	利用大规模集成电路语音合成，播放声音。有多种内容可供选择，包括报告楼层、问好等
37	语音报站	利用微计算机合成声音信号，自动进行电梯报站广播，可进行运行方向、到达楼层及紧急情况（如火灾等）广播
38	到站响钟（轿厢内）	当轿厢将到达选定楼层时，通过音响装置提醒乘客电梯到站的功能。 在全自动操作下，电梯减速平层过程中会鸣响到站钟，以提醒轿厢内乘客或厅外候梯乘客电梯正在平层，轿厢将抵达目的楼层
39	轿内日历、天气等信息显示	在轿厢内设置液晶显示器，为乘客提供当天的日期、新闻、天气预报、通知等信息
40	轿厢内摄像监视	在轿厢内装设监视摄像头，便于大楼管理人员了解轿厢内情况，有效防止违法犯罪的发生
41	厅外到站提示	每层大厅装有上、下到站钟，提醒乘客该电梯即将到站
42	厅外到站预报	每层大厅装有上、下到站预报灯，提醒乘客该电梯即将到站，同时预报该电梯下次运行的方向
43	保持开门时间自动控制	全自动运行时，电梯到站自动开门后，按延时设定的时间自动关门（一般开门时间自动延时设置为6~8s）
44	本层厅外开门	如果本层召唤按钮被按下，轿门自动打开。如果按住按钮不放，电梯门保持打开
45	关门按钮提前关门	全自动状态下，按下关门按钮后，可取消开门保持功能，门开到位之后可以通过关门按钮提前关门，提高效率
46	强迫关门（强制关门）	由于轿厢门口的光电信号或机械保护装置动作使电梯门被阻超过设定时间无法关门时，电梯会进入强迫关门状态，发出报警提示音，并以一定力量慢速强行关门
47	重复关门	为防止门机系统的偶然性故障或异物卡在门中间导致门不能闭合而提供此功能。在上述情况发生时，尝试再次关门
48	门机种类选择	通过参数设置可以选择多种类型的门机，可分为开门力矩保持、关门力矩保持及开关门力矩保持等
49	换站停靠	如果电梯在持续开门超过设定时间后，开门限位尚未动作，电梯就会变成关门状态，并在门关闭后，自动运行到相邻楼层换站停靠开门
50	反向时自动消除指令	当电梯到达远端层站将要反向运行时，将原来所有后方登记的指令全部消除
51	前后门独立控制	乘客可根据需要对前门和后门进行独立控制，分别开关门
52	服务层的任意设置	通过手持操作器可以任意设置电梯在哪些层站停靠，哪些层站不停靠
53	楼层显示字符设置	通过手持操作器可以设置每一层楼显示的字符，如设置地下一楼显示"B"等
54	按钮粘连检查	系统可以识别出层站召唤按钮的粘连情况，自动去除该粘连的召唤，避免电梯由于层站召唤按钮的粘连而无法关门运行
55	电梯IC卡刷卡	在建筑物的受限层，乘客需要刷卡进行权限认证后才能激活按钮，被允许乘坐电梯到达

续表

序号	功能名称	功能解析
56	停梯操作	在夜间、周末或假日，通过停梯开关使电梯停在指定楼层。停梯时，轿门关闭，照明灯、风扇断电，以利于节电和安全
57	并联控制	并联控制时，两台电梯共同处理层站呼梯信号。并联的各台电梯互相通信、互相协调，根据各自所处的楼层位置和其他相关的信息，确定一台最适合的电梯去应答每一个层站的呼梯信号，从而提高电梯的运行效率
58	群控电梯的控制	群控是指将两台以上电梯组成一组，由一个专门的群控系统负责处理群内电梯的所有层站呼梯信号。群控系统可以是独立的，也可以隐含在每一个电梯控制系统中。 群控系统和每一个电梯控制系统之间都有通信联系。群控系统根据群内每台电梯的楼层位置、已登记的指令信号、运行方向、电梯状态、轿内载荷等信息，实时将每一个层站呼梯信号分配给最适合的电梯去应答，从而最大限度地提高群内电梯的运行效率。 群控系统中，通常还可选配上班高峰服务、下班高峰服务、分散待梯等多种满足特殊场合使用要求的操作功能
59	分散待梯	并联控制/群控时，各台电梯分别停在不同的楼层待梯
60	"最大最小"原则	群控系统指定 1 台电梯应召时，使待梯时间最短，并预测可能的最长等候时间，可均衡待梯时间，防止长时间等候
61	优先调度	在待梯时间不超过规定值时，对某楼层的厅外召唤，由已接受该层内指令的电梯应召
62	区域优先控制	当出现一连串召唤时，区域优先控制系统首先检出"长时间等候"的召唤信号，然后检查附近是否有电梯。如果有，则由附近电梯应召，否则由"最大最小"原则控制
63	特别楼层集中控制	包括：①将餐厅、表演厅等存入系统；②根据轿厢负载情况和召唤频度确定是否拥挤；③在拥挤时，调派 2 台电梯专职为这些楼层服务；④拥挤时不取消这些楼层的召唤；⑤拥挤时自动延长开门时间；⑥拥挤恢复后，转由"最大最小"原则控制
64	满载报告	统计召唤情况和负载情况，用以预测满载，避免已派往某一层的电梯在中途又换派 1 台。本功能只对同向信号起作用
65	已启动电梯优先	本来对某一楼层的召唤，按应召时间最短原则应由停层待命的电梯负责，但此时系统先判断若不启动停层待命电梯，而其他电梯应召时乘客待梯时间是否过长。如果不过长，就由其他电梯应召，而不启动待命电梯
66	"长时间等候"召唤控制	若按"最大最小"原则控制时出现了乘客长时间等候情况，则转入"长时间等候"召唤控制，另派 1 台电梯前往应召
67	特别楼层服务	当特别楼层有召唤时，将其中 1 台电梯解除群控，专为特别楼层服务
68	高峰服务	当交通偏向上行高峰或下行高峰时，电梯自动加强需求较大一方的服务
69	运行模式	①低峰模式：交通疏落时进入低峰模式。 ②常规模式：电梯按"心理性等候时间"或"最大最小"原则运行。 ③上行高峰：早上高峰时间，所有电梯均驶向主层，避免拥挤。 ④午间服务：加强餐厅层服务。 ⑤下行高峰：晚间高峰期间，加强拥挤层服务
70	分散备用控制	大楼内根据电梯数量，设低层、中层、高层基站，供无用电梯停靠
71	主层停靠	在闲散时间，保证 1 台电梯停在主层
72	即时预报	按下厅外召唤按钮，立即预报哪台电梯将先到达，到达时再报一次

续表

序号	功能名称	功能解析
73	节能运行	当交通需求量不大，系统又查出候梯时间低于预定值时，即表明服务已超过需求，则将闲置电梯停止运行，关闭照明灯和风扇，或实行限速运行，进入节能运行状态；如果需求量增大，则又陆续启动闲置电梯
74	近距避让	当两电梯轿厢在同一井道的一定距离内，以高速接近时会产生气流噪声，此时通过检测，使电梯彼此保持一定的最低限度距离。避免两电梯轿厢高速接近时的气流冲击
75	监视面板	在控制室装上监视面板，可通过灯光指示监视多台电梯的运行情况，还可以选择最优运行方式
76	群控备用电源运行	开启备用电源时，全部电梯依次返回指定层，然后使限定数量的电梯用备用电源继续运行
77	不受控电梯处理	如果某一台电梯失灵，则将原先的指定召唤转为其他电梯应召
78	故障备份	当群控管理系统发生故障时，可执行简单的群控功能
79	目的楼层选层控制（DSC）	目的楼层选层群控系统以乘客的到达楼层为目标通过计算方法实现电梯的群控调度。目的楼层选层控制器可以帮助乘客更加快捷地到达目的楼层。 目的楼层选层群控制器是一个智能化控制器，它能自动识别上班高峰和下班高峰，在高峰段，目的楼层选层控制器充分利用群组中的电梯动态分布服务区域，以最短的时间响应乘客，分散派梯使乘客待梯时间更短，分配给乘客的电梯按照最短响应时间和最短送达时间进行分配。 目的楼层选层群控系统因为能提前获得乘客的目的楼层信息，尽量把去同一目的楼层的乘客分派进同一电梯轿厢，使得电梯实际停站次数减少，进而提升电梯运送效能，节约乘客的时间，使运输效率大为提高。另一方面，目的楼层群控系统可与各种应用场景（如身份识别、闸机派梯等）结合使用，与门禁系统实现无缝对接
80	第三方系统对接	第三方系统对接功能可用于实现第三方系统与目的楼层控制系统的集成，大大提高大楼安保系统的管理水平和管理效率。常见的第三方系统有安防系统、一卡通系统、公安系统、外部身份识别系统、机器人乘梯系统等

二、电梯安全控制功能

电梯安全控制功能如表 8-2 所示。

表 8-2 电梯安全控制功能

序号	功能名称	功能解析
1	检修运行	系统设置为检修状态后，按慢上或慢下按钮，电梯会以检修速度向上或向下运行，松开按钮后停止，满足系统调试、维护、检修时的使用要求。 电梯检修运行时只能采用复合按键点动操作
2	测试运行	测试运行包括新电梯的疲劳测试运行、内召楼层测试、外召楼层测试、禁止外召响应、禁止开关门、屏蔽端站限位开关、屏蔽超载信号等
3	超载保护（超载报警）	电梯超载时，电梯保持开门并且轿内蜂鸣器响起，显示超载信息，电梯不启动。 当电梯轿厢的载重量超过额定载重量的110%时，电梯进入超载保护，不允许关门启动，在层站平层位置保持开门状态，不能启动运行。在这种状态下要减轻电梯轿厢的载重量，使其小于额定载重量的110%，才可退出超载保护状态，使电梯恢复正常运行

续表

序号	功能名称	功能解析
4	故障数据记录（故障历史记录）	系统能自动地记录发生故障时的详细信息，以备查询，提高维保的效率
5	门光幕保护	关门过程中，当两扇轿门的红外光束探测到中间有物体阻挡时，会导致光幕或安全触板动作，电梯重新开门。光幕保护在消防操作时不起作用。门光幕保护属于非接触式保护
6	安全触板保护（关门保护）	在电梯关门过程中，当有人或物品碰撞到电梯轿门侧的安全触板时，电梯门将立即停止关闭，并重新打开，以防止乘客或物品被门夹住，确保安全；当门开尽后，再自动进行关门操作。本功能用于旁开门电梯时，采用单侧安全触板保护；用于中分门电梯时，采用双侧安全触板保护。安全触板保护属于接触式保护
7	门过载保护、门受阻保护、门电机保护	电梯的门系统中设置有门过载保护开关，当在电梯的开、关门过程中因受阻而导致开、关门动作力矩过大时，门过载保护开关动作，电梯门将往与原动作方向相反的方向运动，从而实现对门电机及障碍物的保护。此功能在消防员操作时不起作用
8	开关门时间超常保护	当电梯门在开关过程中受到阻碍而其阻力又不足以过载保护开关动作时，电梯系统会自动对开关门的时间进行计算，一旦开关门所用时间超出设定时间，电梯门将反向动作以实现对电机及障碍物的保护
9	开门异常自动选层（换站停靠）	当电梯因开门受阻而无法正常打开时，电梯系统会自动对开门时间进行计算，当时间超过设定值时，电梯会自动关门并运行到邻近的服务层尝试再开门，以使当电梯某层发生开门故障时，到该层的乘客能在邻近的楼层离开轿厢，且电梯系统保持正常运行状态，避免某层发生开门故障而影响电梯正常的运行
10	消防（火灾紧急返回运行）	当遇到火灾时，消防开关启用后，所有厅外召唤被取消，电梯只应答轿厢指令。指定电梯立即返回指定层站开门停梯。正在上行的电梯也紧急停车，对于速度≥1.0m/s的电梯要先减速再停车，且停车时不允许开门，电梯返回基站，释放轿内人员；正在下行的电梯，中途不再应答任何外召唤和执行轿内指令而是直接返回基站。 属于消防电梯的，可为消防员提供救援服务
11	电梯的消防状态	电梯进入消防状态后，电梯不再应答轿内指令信号和层站外召唤信号，正在上行的电梯也紧急停车，对于速度≥1.0m/s的电梯要先减速再停车，且停车时不允许开门，电梯返回基站，释放轿内人员；正在下行的电梯，中途不再应答任何外召唤和执行轿内指令而是直接返回基站
12	消防功能与消防电梯的消防操作	电梯的消防功能与消防电梯是两个不同的概念，消防功能是乘客电梯必须具有的功能，当消防开关闭合时，电梯进入消防状态后处于火灾紧急返回运行，电梯返回基站后，开门释放轿内人员，普通电梯停梯。属于消防电梯的，才可为消防员提供救援服务，只能由消防员进行轿内操作
13	地震时紧急操作	通过地震仪对地震的测试，使轿厢停在最近楼层，让乘客迅速离开，以防由于地震使大楼摆动，损坏导轨，使电梯无法运行，危及人身安全
14	初期微动地震紧急操作	检测出地震初期微动，即在主震动发生前就使轿厢停在最近楼层
15	自动修正楼层位置信号	系统运行时，在每个终端开关动作点和每层楼平层感应器动作点都对电梯的位置信号以自学习时得到的位置数据进行修正
16	超速保护	当轿厢的速度超过额定速度时，电梯将自动启动超速监控装置切断安全回路，保护设备和乘客安全

续表

序号	功能名称	功能解析
17	故障自诊断	可以记录最近的故障代码，有利于维修人员及时分析、处理电梯故障
18	终端越程保护	电梯的上下终端都装有终端保护开关，以保证轿厢运行不会越程
19	编码安全系统	本功能用于限制乘客进出某些楼层，只有当用户通过键盘输入事先规定的代码时，电梯才能驶往限制楼层
20	接触器触点检测保护	系统自动检测与运行有关的接触器是否正常释放与吸合，并发出故障报警，异常时则将停止轿厢一切运行并给出精准的故障类型
21	门锁短接保护	开门到位系统检测到门锁短接故障，将停止轿厢一切运行
22	门旁路	为了维护层门、轿门和门锁的触点，可以对控制柜侧层门和轿门的门锁回路做旁路处理。 当进行门旁路操作时，电梯终止包括任何自动门操作在内的正常运行控制，同时在门旁路运行时，轿厢能够发出声音信号，且轿底的闪光灯闪亮
23	门回路检测	当轿厢在开锁区域内，轿门开启并且层门门锁释放时，监测检查轿门关闭位置的电气安全装置、检查层门门锁锁紧位置的电气安全装置和轿门监控信号的正确动作；如果监测到上述装置存在故障，能够防止电梯继续运行
24	防打滑保护（电动机空转保护）	系统检测到钢丝绳打滑将停止轿厢一切运行，直到系统复位才恢复正常运行。 当电梯的轿厢（或对重）受障碍物阻挡而停止下行，会导致电动机空转、曳引绳在曳引轮上打滑。当此故障发生时，控制系统将使电梯立即停止运行并保持停车状态。本功能可以为电梯乘客的人身安全提供可靠的保护。按照国家标准要求：电动机运转时间限制不大于 45s
25	电动机过热保护	控制系统能对电梯电动机的温度进行实时的自动监测，当发现其温度大于设定值时，电梯对此状态立即做出故障记录和处理，使电梯在平层停车后停在门区中并使电梯门保护开启状态；当电梯电动机的温度恢复正常后，电梯自动恢复到正常运行状态
26	调速器故障保护	系统收到调速器故障信号时立即紧急停车，直到调速器修复和系统复位才恢复正常运行
27	轿厢意外移动保护（UCMP）	在层门未被锁住且轿门未关闭的情况下，由于轿厢安全运行所依赖的驱动主机或驱动控制系统的任何单一元件失效引起轿厢离开层站的意外移动，电梯具有防止该移动或使移动停止的功能。 轿厢意外移动保护装置能在电梯厅门、轿门处于打开状态而非正常偏离平层位置时制停轿厢，从而防止人员伤害以及设备损坏的情况发生
28	层门防撞击保护	耐冲击层门系统能使层门系统的耐冲击能力得到进一步加强，有效防止因冲击层门系统而导致的层门损坏而坠入井道危险的发生，从而进一步保障电梯相关人员的安全
29	轿门锁保护	能防止电梯在非开锁区域时轿门被打开而导致乘客坠入井道危险的发生，进一步保障电梯乘客的安全
30	测试运行	这是为测试或考核新梯而设计的功能。将一体化控制器的某个参数设置为测试运行时，电梯就会自动运行。自动运行的总次数和每次运行的间隔时间都可通过参数设置
31	时钟控制	系统内部有实时时钟，因此，记录故障时可记下发生每次故障的确切时间；另外，某些涉及时间控制的功能以此时钟为基准

续表

序号	功能名称	功能解析
32	残疾人服务	按钮上有盲文,有语音报站,设置副操纵箱,设置轿厢扶手,轿厢具有再平层功能等
33	门区外不能开门保护措施	安全起见,在开门区域外,系统设定不能开门
34	开门报警	轿厢运行中或处于平层区域以外时,如果有人在轿内强行扒门,则轿顶蜂鸣器发出连续报警信号。如果继续扒门导致轿厢门被打开,轿厢将保护性停车,直到确认门已关闭后才启动
35	超速电气保护	当电梯的运行速度超过了额定速度,并且已超过设定的限制速度时,限速器的电气开关动作切断电梯的安全回路,切断电梯主回路电源,电梯停车;确保电梯安全运行
36	超速机械保护	当电梯的运行速度超过了额定速度,并且已超过设定的限制速度时,限速器的机械保护装置动作,使电梯立即急停刹车,确保电梯安全运行
37	远程监视	远程监视装置通过有线或无线网络线路等介质,和现场的电梯控制系统通信,监视人员在远程监视装置上能清楚了解电梯的各种运行信息,以便为电梯的安全运行提供保障
38	强制停靠	无论有无召唤信号和轿厢内选,轿厢运行均要在指定层站停靠。此功能可应用于酒店客梯晚上单人乘梯时对陌生人跟随的防备

三、电梯应急控制功能

电梯应急控制功能如表 8-3 所示。

表 8-3 电梯应急控制功能

序号	功能名称	功能解析
1	应急报警	人员被困在轿厢时,通过报警或通信装置能及时通知管理人员实施救援
2	五方通话对讲	当电梯发生故障或意外时电梯内乘客可以通过轿内对讲机与外界进行联络,实现轿厢对电梯机房、轿顶、底坑、控制室的五方通话对讲功能。 电梯的对讲机通信系统主要由安装在轿厢操纵箱中的对讲机子机和安装在机房的控制柜上或其他控制室中设置的对讲机母机构成。乘客在轿厢内可通过按下操纵箱上的紧急呼叫按钮,呼叫机房或其他控制室中设置的对讲母机,电梯管理人员可通过按下对讲母机的选择键,实现与对应的对讲子机通话,从而实现轿厢内与外界的通信功能
3	对讲通信	出现紧急情况时,持续按轿厢内的应急按钮,便可以与轿厢外的管理人员或维保人员进行直接通话,这个功能是有别于五方通话的通信功能,可以与轿厢、机房、轿顶、底坑、监控中心之外的维保人员直接对讲通话,说明情况,进行更有效的沟通,有利于及时解救被困人员
4	故障低速自救运行（低速自救）	电梯发生故障时可能会导致电梯在非平层区域停车,当故障被排除后或该故障并不是重大的安全类故障时,电梯可自动以低速（15m/min）进行自动救援运行,并在最近的服务层停车开门,以防止将乘客困在轿厢中。电梯低速自救运行期间,轿顶蜂鸣器会发出警报声。电梯除在最低层非门区停车,进行故障低速自救运行会向上运行外,一般都会向下低速运行,到最近的服务层平层位置停车开门。 当电梯低速自救运行回到最近的服务层平层位置停车开门后,轿顶蜂鸣器停止响动,若故障已排除,电梯会自动恢复正常运行;若故障未被排除,则电梯保持开门状态,不允许启动运行,等待电梯维修保养人员到来排除故障

续表

序号	功能名称	功能解析
5	自动救援操作	当电梯电源断电时，经短暂延时后，电梯轿厢自动运行到附近层站，开门放出乘客然后停靠在该层站，等待电源恢复正常
6	紧急电源操作（停电紧急操作）	当电梯正常电源断电时，电梯电源自动转接到用户的应急备用电源，用备用电源将电梯运行到指定楼层待机。 群控电梯轿厢按流程运行到设定层站，开门放出乘客后，按设计停运或保留部分运行
7	停车在非门区报警	当电梯因电网停电而停在非门区位置时，电梯操作人员往往需要对电梯进行盘车操作以便将乘客救出轿厢。在此情况下，为使在机房中的操作人员能准确地将轿厢盘车到门区位置，在确认电梯安全回路已断开的情况下，操作人员在盘车前可预先接通机房控制柜中的"救援"开关，这时控制柜内的蜂鸣器发出警报声，以示电梯轿厢未到达门区位置，当操作人员将电梯轿厢盘车至开门区域时，蜂鸣器的警报声停止，表示电梯此时的轿厢已到达门区位置，可开门救出被困的乘客
8	应急照明	在正常照明电源发生故障的情况下，自动接通应急电源照明装置，保持轿厢有连续照明。应急电源应至少供 1W 灯泡用电 1h，且能保证轿厢内有一定的照度
9	警铃报警	当电梯发生故障或意外时，电梯内乘客可以通过警铃来向外界报警求救，乘客在按动对讲机呼叫按钮呼唤母机进行对讲通信的同时，会使安装于轿厢上的警铃作响，以向外界呼救报警，当对讲机接通进行通话时松开呼叫按钮，则警铃停止作响，当对讲机母机无人接听，或通话完毕时继续按动呼叫按钮，则警铃继续作响
10	门的异常检查	轿门在预定时间内应开而不开或不完全开启时，轿厢自动关门，再应答其他呼叫。轿门在预定时间内应关而未能关闭时，将会重复关门动作以清除门坎上的障碍物
11	地震管制	发生地震时，对电梯的运行做出管制，以保障乘客安全的功能

四、电梯节能控制功能

电梯节能控制功能如表 8-4 所示。

表 8-4　电梯节能控制功能

序号	功能名称	功能解析
1	矢量控制	精确、平滑地调整电梯速度，使乘客获得十分完美的乘坐舒适感。矢量控制技术与其他类型交流调速系统相比，运行效率高，可以节能 30%以上
2	关门时间调整	参考客源状况来调整开始关门的等待时间，节省候梯时间，使得整机运行效率进一步得到提高
3	待梯时轿内照明灯、风扇自动断电（轿厢节能）	闲置 3min 时自动熄灯、关风扇。 在全自动状态，如果电梯无指令和外召登记超过 3min（3min 是默认值，此时间可通过参数调整），轿厢内照明灯、风扇自动断电。但在接到指令或召唤信号后，又会自动重新上电投入使用
4	反向取消	电梯转入反向运行时自动取消已选的内呼指令信号，需重新选层，提高运行效率，缩短候梯时间
5	定时开/停电梯	控制柜内的计算机板具有定时功能，可设定特定时间自动开/停梯，节省电梯管理上的人力和时间

【任务总结与梳理】

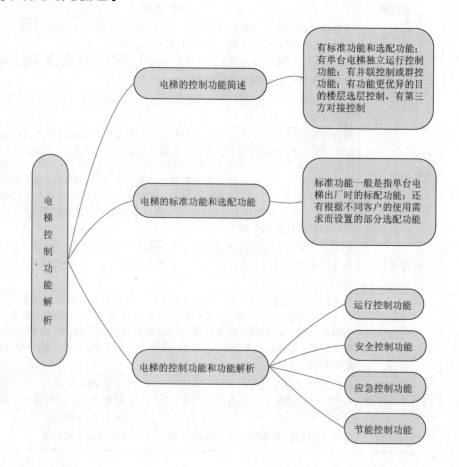

【思考与练习】

一、判断题（正确的填√，错误的填×）

（1）（　　）在自动运行状态下，在轿厢内按开门保持按钮，可使电梯延时关门，方便货物运输等。

（2）（　　）利用微计算机合成声音信号，自动进行电梯报站广播，可进行运行方向、到达楼层及紧急情况（如火灾等）广播的功能叫作语音报站。

（3）（　　）当电梯到达远层站将要反向时，可将原来所有后方登记的指令全部保留。

（4）（　　）电梯超载时，电梯保持开门并且轿内蜂鸣器响起，显示超载信息，电梯慢速启动。

（5）（　　）电梯的基站是指电梯的底层端站。

（6）（　　）电梯进入消防状态后，电梯不再应答轿内指令信号和层站外召唤信号，正在上行的电梯也紧急停车，对于速度≥1.0m/s的电梯要先减速再停车，且停车时不允许开门，电梯返回基站，释放轿内人员。

（7）（　　）电梯进入消防状态后，正在下行的电梯，中途不再应答任何外召唤，但可执行轿内指令。

二、单选题

（1）在正常照明电源发生故障的情况下，自动接通应急电源照明装置，保持轿厢有连续照明。应急电源应至少供 1W 灯泡用电（   ），且能保证轿厢内有一定的照度。

　　A．1 小时　　　　　B．2 小时　　　　　C．3 小时　　　　　D．半小时

（2）为提高运行效率，在电梯进入开锁区域平层爬行过程中立即进行开门动作的功能称为（   ）。

　　A．自动开门　　　　B．自动平层　　　　C．提前开门　　　　D．提前平层

（3）满载直驶功能是在全自动状态下，当轿内处于满载状态时［一般为额定负载的（   ）］，电梯自动转为直驶运行，此时只执行轿内指令，不应答厅外召唤信号。

　　A．60%　　　　　　B．80%　　　　　　C．90%　　　　　　D．100%

（4）当门被阻挡超过一定时间时，发出报警信号，并以一定力量强行关门的功能叫作（   ）。

　　A．自动关门　　　　B．延时关门　　　　C．提前关门　　　　D．强迫关门

（5）一般客梯的开门时间自动延时设置为（   ）。

　　A．3～4s　　　　　B．4～6s　　　　　C．6～8s　　　　　D．8～10s

（6）电梯的轻载一般指小于载荷（   ）的情况。

　　A．10%　　　　　　B．20%　　　　　　C．30%　　　　　　D．40%

三、多选题

（1）检修运行是在检修或调试电梯时使用的操作功能。当符合运行条件时，按下行按钮可使电梯以检修速度（   ）（   ）运行。

　　A．点动　　　　　　B．连续　　　　　　C．向上　　　　　　D．向下

（2）在电梯正式运行前，启动系统的井道学习功能，电梯控制系统能自动学习（   ）、（   ）、（   ）等信息，并永久性保存这些运行数据，以此来保证停梯平层的准确性。

　　A．测量井道层　　　　　　　　　B．保护开关位置

　　C．缓冲器开关位置　　　　　　　D．减速开关位置

附　录

附录1　电气安全术语

根据国家标准 GB/T 4776—2017《电气安全术语》选编。

2.1.1　正常状态 normal condition：所有保护装置均处于未启用状态。

2.1.2　电气事故 electric accident：由电流、电磁场、雷电、静电和某些电路故障等直接或间接造成建筑设施、电气设备毁坏，人、动物伤亡，以及引起火灾和爆炸等后果的事件。

2.1.3　电击 electric shock：电流通过人体或动物躯体而引起的生理效应。

2.1.4　电击防护 protection against electric shock：减小电击危险的防护措施。

2.1.5　电击死亡 electrocution：电击致死。

2.1.6　电灼伤 electric burn：电流经过皮肤或器官表面时所引起的灼伤。

2.1.7　电痕 electric mark：由电弧或通过身体的电流所遗留下的可见痕迹。

2.1.9　短路 short circuit：两个或更多的导电部分之间形成的偶然的或有意的导电通路，迫使这些导电部分之间的电位差等于或接近于零。

2.1.10　绝缘故障 insulation fault：可引起不正常电流穿过绝缘或引起破坏性放电的设备绝缘缺陷。

2.1.11　接地故障 earth fault；ground fault：带电导体与大地之间意外出现导电通路。

2.1.12　导电部分 conductive part：能导电，但不一定承载工作电流的部分。

2.1.13　带电部分 live part：正常运行中带电的导体或可导电部分，包括中性导体，但按惯例不包括 PEN 导体、PEM 导体和 PEL 导体。

2.1.14　外露可导电部分 exposed-conductive-part：设备上能触及的可导电部分，它在正常状况下不带电，但是在基本绝缘损坏时会带电。

2.1.16　直接接触 direct contact：人或动物与带电部分的电接触。

2.1.17　间接接触 indirect contact：人或动物与故障情况下带电的外露可导电部分的电接触。

2.1.19　安全 safety：免除了不可接受的风险。

2.1.20　风险 risk：对伤害的一种综合衡量，包括伤害发生的概率和伤害的严重程度。

2.1.21　伤害 harm：对物质的损伤，或对人体健康、财产或环境的损害。

2.1.23　危险［源］hazard：可能导致伤害的潜在根源。

2.1.25　防护措施 protective measure：降低风险的方法。

注：防护措施包括降低危险的固有安全设计、防护装置、人员防护设备、使用和安装信息以及培训等。

2.1.27　风险分析 risk analysis：系统地运用现有信息确定危险（源）和估价风险的过程。

2.1.35　污染 pollution：使绝缘的电气强度和表面电阻率下降的外来物质（固体、液体或气体）的任何组合。

2.1.38　防护等级 degree of protection：按标准规定的检验方法，确定外壳对人接近危险部件、防止固体异物进入或水进入所提供的保护程度。

2.1.39　IP 代码 IP code：表明外壳对人接近危险部件、防止固体异物或水进入的防护等级，并且给出与这些防护有关的附加信息的代码系统。

2.1.40　绝缘［性能］insula tion：表征一个绝缘体实现其功能的能力的各种性质。

2.1.43　基本绝缘 basic insulation：能够提供基本防护的危险带电部分上的绝缘。

2.1.44　附加绝缘 supplementary insulation：除了用于故障保护的基本绝缘外，另外再设置的独立绝缘。

2.1.45　双重绝缘 double insulation：由基本绝缘和附加绝缘两者组成的绝缘。

2.1.46　加强绝缘 reinforced insulation：设置在危险的带电部分上，提供与双重绝缘相等的电击防护等级的绝缘。

注：加强绝缘可由多层组成，而这些层次不能按基本绝缘或附加绝缘单独地进行试验。

2.1.51　隔离 isolate：用分开的办法对任何带电电路提供规定程度的保护。

2.1.52　安全标志 safety marking：通过颜色与几何形状的组合表达通用的安全信息，并且通过附加图形符号表达特定安全信息的标志。

2.1.53　安全色 safety colour：被赋予安全意义而具有特殊属性的颜色。

2.1.57　电磁干扰 electromagnetic interference；EMI：电磁骚扰引起的设备、传输通道或系统性能的下降。

2.1.58　电磁兼容性 electromagnetic compatibility；EMC：设备或系统在其电磁环境中能正常工作且不对该环境中任何事物构成不能承受的电磁骚扰的能力。

2.1.59　电磁辐射 electromagnetic radiation：

（1）能量以电磁波形式由源发射到空间的现象；

（2）能量以电磁波形式在空间传播。

2.1.61　危险带电部分 hazardous-live-part：在某些条件下能造成伤害性电击的带电部分。

2.1.62　线对地短路 line-to-earth short-circuit：在稳定接地中性系统或阻抗接地中性系统中，线导体和大地之间的短路。

注：例如，可以通过接地导体和接地电极形成线对地短路。

2.1.63　线间短路 line-to-line short-circuit：两根或多根线导体之间的短路，在同一处它可伴随或不伴随线对地短路。

2.1.64　安全技术措施 safety technical measures：所有为了避免危险而采取结构上和／或说明的措施，分为直接、间接和提示性安全技术措施。

2.1.65　专门安全技术措施（手段）professional safety technical measures(measures)：所有在电气设备中，不设附加功能就能达到和保证无危险应用的措施。

2.2.1　过电流 over-current：超过额定电流的电流。

注：对于导体，额定电流可认为等于载流量。

2.2.2　过电压 over-voltage：超过规定限值的电压。

2.2.3　空载 no-load：描述一个器件或电路不供应功率时的一种运行状态。或引申之，描述与该器件或电路相关的某个量的状态。

2.2.4　满载 full load：额定运行条件所规定的负载最高值。

2.2.5　过载 overload：实际负载超过满载的超出量，以其差值表示。

2.2.6 接触电压 touch voltage：人体同时触及的两点之间出现的电压。

注 1：按惯例，此术语仅用在与间接接触保护有关的方面。

注 2：在某些情况下，接触电压可能受到触及这些部分的人的阻抗的明显影响。

2.2.7 接触电位差 contact potential difference：在没有电流的情况下，两种不同的物质的接触面两侧的电位差。

2.2.8 跨步电压 step voltage：大地表面人体步距两点之间的电压。

注：在我国有关跨步电压的规范中，人的步距取 0.8 m。

2.2.9 特低电压 extra-low voltage；ELV：不超过 GB/T 18379—2001 规定的有关 I 类设备的电压限值的电压。

2.2.10 安全特低电压系统 SELV system：电压不能超过特低电压的电气系统。

2.2.11 对地电压 voltage to earth：带电体与大地之间的电位差（大地电位为零）。

2.2.12 对地过电压 overvoltage to earth：高于正常对地峰值电压（对应于最高系统电压），以峰值电压表示的对地电压。

2.2.13 电击电流 shock current：通过人体或动物体并具有可能引起病理、生理效应特征的电流。

2.2.14 故障电流 fault current：由于绝缘损坏而流经故障点的电流。

2.2.15 剩余电流 residual current：同一时刻，在电气装置中的电气回路给定点处的所有带电体电流的代数和。

2.2.16 过载电流（电路的）over load current (of a circuit)：在没有电气故障的情况下电路中发生的过电流。

2.2.17 短路电流 short-circuit current：由于短路而流经电网给定点的电流。

2.2.18 人体总阻抗 total impedance of the human body：人的体内阻抗与皮肤阻抗的矢量和。

2.2.19 安全阻抗 safety impedance：连接于带电部分与易导电部分之间的阻抗，其值可在设备正常使用和可能发生故障的情况下，把电流限制在安全值以内，并在设备的整个寿命期间保持其可靠性。

2.2.20 绝缘电阻 insulation resistance：在规定条件下，用绝缘材料隔开的两个导电元件之间的电阻。

2.2.22 泄漏电流 leakage current：在不希望导电的路径内流过的电流，短路电流除外。

2.2.25 电气间隙 clearance：两导电部件之间在空气中的最短距离。

2.2.26 保护间隙 protective gap：带电部分与地之间用以限制可能发生最大过电压的间隙。

2.2.27 爬电距离 creepage distance：两导电部分之间沿绝缘材料表面的最短距离。

2.2.28 安全距离 safe distance：为防止人体触及或接近带电体，防止车辆或其他物体碰撞或接近带电体等造成的危害所需要保持的距离。

2.2.32 接地故障电流 earth fault current：流向大地的故障电流。

2.2.33 接地短路电流 earth short circuit current：系统接地导致系统发生短路的电流。

2.2.34 剩余动作电流 residual operating current：在规定条件下，使剩余电流动作保护器动作的剩余电流。

2.2.35 剩余不动作电流 residual non-operating current：在规定条件下，使剩余电流动作保护器不动作的剩余电流。

2.2.38 痉挛电流阈值 tetanization threshold-current：对一固定频率和波形的电流，引起肌肉持续、无意识、不可克服地痉挛时的最小值。

2.2.39　摆脱电流阈值 let-go-threshold-current：人体能自主摆脱的通过人体的最大电流。

2.2.40　感知电流阈值 perception-threshold-current：人体或动物能感知的流过其身体的最小电流。

2.3.1.1　TN 系统 TN system：电源系统有一点直接接地、电气设备的外露导电部分通过保护导体连接到此接地点的系统。

2.3.1.2　TT 系统 TT system：电源系统有一点直接接地、电气设备外露导电部分的接地与电源系统的接地电气上无关的系统。

2.3.1.3　IT 系统 IT system：电源系统的带电部分不接地或通过阻抗接地、电气设备的外露导电部分接地的系统。

2.3.1.4　中性点有效接地系统 system with effectively earthed neutral：中性点直接接地或经一低值阻抗接地的系统。

2.3.1.5　中性点非有效接地系统 system with non-effectively earthed neutral：中性点不接地或经高值阻抗接地或谐振接地的系统。本系统也可称为小接地电流系统。

2.3.1.6　保护电路 protective circuit：以保护为目的的特殊电路或控制电路的一部分。

2.3.1.7　限流电路 limited current circuit：通过采取保护措施，在正常情况或某种可能的故障情况下，所流过的电流都不会发生危险的电路。

2.3.2.1　检修接地 inspection earthing：在检修设备和线路时，切断电源，临时将检修的设备和线路的导电部分与大地连接起来，以防止电击事故的接地。

2.3.2.2　工作接地 working earthing：为了电路或设备达到运行要求的接地，如变压器低压中性点的接地。

2.3.2.3　保护接地 protective earthing：为了电气安全，将系统、装置或设备的一点或多点接地。

2.3.2.4　重复接地 iterative earth：保护中性导体上一处或多处通过接地装置与大地再次连接的接地。

2.3.2.5　故障接地 fault earthing：导体与大地的意外连接。

2.3.2.6　功能接地 functional earthing：出于电气安全之外的目的，将系统、装置或设备的一点或多点接地。

2.3.2.7　过电流保护 overcurrent protection：预定在电流超过规定值时动作的一种保护。

2.3.2.8　过电压保护 overvoltage protection：预定当电力系统电压超过规定值时动作的保护。

2.3.2.9　断相保护 open-phase protection：依靠多相电路的一相导线中电流的消失而断开被保护设备，或依靠多相系统的一相或几相失压来防止将电源施加到被保护设备上的一种保护方式。

2.3.2.10　基本防护 basic protection：无故障条件下的电击防护。

2.3.2.11　故障防护 fault protection：单一故障条件下的电击防护。

2.3.2.12　等电位联结 equipotential bonding：为达到等电位，多个可导电部分间的电连接。

2.3.2.13　防尘 dust-protected：防止灰尘进入外壳对电气产品产生有害影响的防护。

2.3.2.14　防溅 protected against splashing water：防止任何方向的溅水进入外壳对电器产品产生有害影响的防护。

2.3.2.18　接地电路 earthed circuit：有一点或几点永久接地的导体的组合。

2.3.2.19　附加防护 additional protection：基本和／或故障防护之外的保护措施。

注：总体上，附加防护用于应对特定条件下的特殊外部影响或区域，例如，通过附加防护可以避免或消除由于用电疏忽导致的严重情况。

2.3.2.20　电气分隔 electrical separation：将危险带电部分与所有其他电气回路和电气部件绝缘以及与局部地绝缘，并防止一切接触的保护措施。

2.3.3.1　0 类设备 class 0 equipment：依靠基本绝缘进行防电击保护，即在易接近的导电部分（如果有的话）和设备固定布线中的保护导体之间没有连接措施，在基本绝缘损坏的情况下便依于周围环境进行防护的设备。

2.3.3.2　Ⅰ类设备 class Ⅰ equipment：不仅依靠基本绝缘进行防电击保护，还包括一个附加的安全措施，即把易电击的导电部分连接到设备固定布线中的保护（接地）导体上，使易触及导电部分在基本绝缘失效时，也不会成为带电部分的设备。

2.3.3.3　Ⅱ类设备 class Ⅱ equipment：不仅依靠基本绝缘进行防电击保护，还包括附加的安全措施（例如双重绝缘或加强绝缘），但对保护接地或依赖设备条件未作规定的设备。

2.3.3.4　Ⅲ类设备 class Ⅲ equipment：依靠安全特低电压供电进行防电击保护，而且在其中产生的电压不会高于安全特低电压的设备。

2.3.3.6　联锁机构 interlocking device：在几个开关电器或部件之间，为保护开关电器或其部件按规定的次序动作或防止误动作而设计的机械连接机构。

2.3.3.7　灭弧装置 arc control device：在开关断开时迅速熄灭电弧，保护开关触点不被电弧烧损的装置。

2.3.3.8　安全隔离变压器 safety isolating transformer：通过至少相当于双重绝缘或加强绝缘的绝缘使输入绕组与输出绕组在电气上分开的变压器。这种变压器是以安全特低电压向配电电路、电器或其他设备供电而设计的。

2.3.3.9　接地导体 earthing conductor；grounding conductor：在系统、装置或设备的给定点与接地极或接地网之间提供导电通路或部分导电通路的导体。

2.3.3.10　保护导体 protective conductor；PE conductor：用于在故障情况下防止电击所采用保护措施的导体。

注：在电气装置中，PE 导体通常也被当作保护接地导体。

2.3.3.11　中性导体 neutral conductor；N：连接到系统中性点上并能传输电能的导体。

2.3.3.12　保护接地中性导体 PEN conductor；PEN：兼有保护接地导体和中性导体功能的导体。

2.3.3.13　保护接地中间导体 PEM conductor；PEM：兼有保护接地导体和中间导体功能的导体。

2.4.6　安全电路和装置 safety circuit and device：为防止在不正常和意外运行时危及人、动物和损坏设备而设计的电路和装置。

2.4.10　熔断体 fuse-link：带有熔体的熔断器部件，在熔断器熔断后可以更换。

2.4.11　端子 terminaI：用以将导线连接到电器附件的导电部件。

2.4.15　过电流保护器 overcurrent protective device：当电气回路中的电流在规定的时间内超过预定值时，能够断开电气回路的器件。

2.4.16　脱扣器（机械式开关装置的）release(of a mechanical switching device)：用来释放保持机构而使开关断开或闭合的，与机械式开关在机械上连接在一起的器件。

2.4.17　主接地端子 main earthing terminal：将保护导体，包括等电位连接导体和工作接地的导体（如果有的话）与接地装置连接的端子或接地排。

2.4.18 保护阻抗器 protective impedance device：部件或部件的组件，其阻抗和结构可以将稳定状态的电流和电荷限定在无危险等级。

2.4.19 避雷针 lightning conductor：安装在构架上、通过引线和接地装置将雷电电流释放到大地中的金属棒或金属线。

2.6.1 专业人员 skilled person：受过专业教育并具备经验，有能力识别风险并能够避免电气危险的人员。

2.6.2 非专业人员 unskilled person：既不是专业人员，也没受过初级训练的人员。

2.6.3 受过培训的人员（电气）instructed person(electrically)：在熟练电气技术人员的建议或监督下，有能力识别风险并能够避免电气危险的人员。

2.6.4 电气作业场所 electrical workplace：主要用于电气设备运行且一般只有专业人员或受过初级训练人员进入的空间或场所。

2.6.5 电气安全工作条件 electrically safe work condition：在导体或导电部件的安装处或其附近，带电部件被隔离、锁定和标识在规定状态，经测试确保现场没有电压并且按规定接地的一种状态。

2.6.6 带电作业 live working：工作人员接触带电部分的作业，或工作人员用操作工具、设备或装置在带电作业区的作业。

2.6.7 限制进入区域 restricted access area：只有熟练电气技术人员和受过培训的电气人员可进入的区域。

附录 2 特种设备安全监督检查办法

特种设备安全监督检查办法

（2022 年 5 月 26 日国家市场监督管理总局令第 57 号公布 自 2022 年 7 月 1 日起施行）

第一章 总则

第一条 为了规范特种设备安全监督检查工作，落实特种设备生产、经营、使用单位和检验、检测机构安全责任，根据《中华人民共和国特种设备安全法》《特种设备安全监察条例》等法律、行政法规，制定本办法。

第二条 市场监督管理部门对特种设备生产（包括设计、制造、安装、改造、修理）、经营、使用（含充装，下同）单位和检验、检测机构实施监督检查，适用本办法。

第三条 国家市场监督管理总局负责监督指导全国特种设备安全监督检查工作，可以根据需要组织开展监督检查。

县级以上地方市场监督管理部门负责本行政区域内的特种设备安全监督检查工作，根据上级市场监督管理部门部署或者实际工作需要，组织开展监督检查。

市场监督管理所依照市场监管法律、法规、规章有关规定以及上级市场监督管理部门确定的权限，承担相关特种设备安全监督检查工作。

第四条 特种设备安全监督检查工作应当遵循风险防控、分级负责、分类实施、照单履职的原则。

第二章 监督检查分类

第五条 特种设备安全监督检查分为常规监督检查、专项监督检查、证后监督检查和其他监督检查。

第六条　市场监督管理部门依照年度常规监督检查计划,对特种设备生产、使用单位实施常规监督检查。

常规监督检查的项目和内容按照国家市场监督管理总局的有关规定执行。

第七条　市级市场监督管理部门负责制定年度常规监督检查计划,确定辖区内市场监督管理部门任务分工,并分级负责实施。

年度常规监督检查计划应当报告同级人民政府。对特种设备生产单位开展的年度常规监督检查计划还应当同时报告省级市场监督管理部门。

第八条　常规监督检查应当采用"双随机、一公开"方式,随机抽取被检查单位和特种设备安全监督检查人员(以下简称检查人员),并定期公布监督检查结果。

常规监督检查对象库应当将取得许可资格且住所地在本辖区的特种设备生产单位和本辖区办理特种设备使用登记的使用单位全部纳入。

特种设备生产单位制造地与住所地不在同一辖区的,由制造地的市级市场监督管理部门纳入常规监督检查对象库。

第九条　市级市场监督管理部门应当根据特种设备安全状况,确定常规监督检查重点单位名录,并对重点单位加大抽取比例。

符合以下情形之一的,应当列入重点单位名录:

(一)学校、幼儿园以及医院、车站、客运码头、机场、商场、体育场馆、展览馆、公园、旅游景区等公众聚集场所的特种设备使用单位;

(二)近两年使用的特种设备发生过事故并对事故负有责任的;

(三)涉及特种设备安全的投诉举报较多,且经调查属实的;

(四)市场监督管理部门认为应当列入的其他情形。

第十条　市场监督管理部门为防范区域性、系统性风险,做好重大活动、重点工程以及节假日等重点时段安全保障,或者根据各级人民政府和上级市场监督管理部门的统一部署,在特定时间内对特定区域、领域的特种设备生产、经营、使用单位和检验、检测机构实施专项监督检查。

第十一条　组织专项监督检查的市场监督管理部门应当制定专项监督检查工作方案,明确监督检查的范围、任务分工、进度安排等要求。

专项监督检查工作方案应当要求特种设备生产、经营、使用单位和检验、检测机构开展自查自纠,并规定专门的监督检查项目和内容,或者参照常规监督检查的项目和内容执行。

第十二条　市场监督管理部门对其许可的特种设备生产、充装单位和检验、检测机构是否持续保持许可条件、依法从事许可活动实施证后监督检查。

第十三条　证后监督检查由实施行政许可的市场监督管理部门负责组织实施,或者委托下级市场监督管理部门组织实施。

第十四条　组织实施证后监督检查的市场监督管理部门应当制定证后监督检查年度计划和工作方案。

证后监督检查年度计划应当明确检查对象、进度安排等要求,工作方案应当明确检查方式、检查内容等要求。

第十五条　市场监督管理部门开展证后监督检查应当采用"双随机、一公开"方式,随机抽取被检查单位和检查人员,并及时公布监督检查结果。

证后监督检查对象库应当将本机关许可的特种设备生产、充装单位和检验、检测机构全部列入。

第十六条 市场监督管理部门应当根据特种设备生产、充装质量安全状况或者特种设备检验、检测质量状况，确定证后监督检查重点单位名录，并对重点单位加大抽取比例。

符合以下情形之一的，应当列入重点单位名录：

（一）上一年度自我声明承诺换证的；

（二）上一年度生产、充装、检验、检测的特种设备发生过事故并对事故负有责任，或者因特种设备生产、充装、检验、检测问题被行政处罚的；

（三）上一年度因产品缺陷未履行主动召回义务被责令召回的；

（四）涉及特种设备安全的投诉举报较多，且经调查属实的；

（五）市场监督管理部门认为应当列入的其他情形。

第十七条 同一年度，对同一单位已经进行证后监督检查的不再进行常规监督检查。

第十八条 市场监督管理部门对其他部门移送、上级交办、投诉、举报等途径和检验、检测、监测等方式发现的特种设备安全违法行为或者事故隐患线索，根据需要可以对特种设备生产、经营、使用单位和检验、检测机构实施监督检查。开展监督检查前，应当确定针对性的监督检查项目和内容。

第三章 监督检查程序

第十九条 市场监督管理部门实施监督检查时，应当有两名以上检查人员参加，出示有效的特种设备安全行政执法证件，并说明检查的任务来源、依据、内容、要求等。

市场监督管理部门根据需要可以委托相关具有公益类事业单位法人资格的特种设备检验机构提供监督检查的技术支持和服务，或者邀请相关专业技术人员参加监督检查。

第二十条 特种设备生产、经营、使用单位和检验、检测机构及其人员应当积极配合市场监督管理部门依法实施的特种设备安全监督检查。

特种设备生产、经营、使用单位和检验、检测机构应当按照专项监督检查工作方案的要求开展自查自纠。

第二十一条 检查人员应当对监督检查的基本情况、发现的问题及处理措施等作出记录，并由检查人员和被检查单位的有关负责人在监督检查记录上签字确认。

第二十二条 检查人员可以根据监督检查情况，要求被检查单位提供相关材料。被检查单位应当如实提供，并在提供的材料上签名或者盖章。当场无法提供材料的，应当在检查人员通知的期限内提供。

第二十三条 市场监督管理部门在监督检查中，发现违反特种设备安全法律法规和安全技术规范的行为或者特种设备存在事故隐患的，应当依法发出特种设备安全监察指令，或者交由属地市场监督管理部门依法发出特种设备安全监察指令，责令被检查单位限期采取措施予以改正或者消除事故隐患。

市场监督管理部门发现重大违法行为或者特种设备存在严重事故隐患的，应当责令被检查单位立即停止违法行为、采取措施消除事故隐患。

第二十四条 本办法所称重大违法行为包括以下情形：

（一）未经许可，擅自从事特种设备生产、电梯维护保养、移动式压力容器充装或者气瓶充装活动的；

（二）未经核准，擅自从事特种设备检验、检测的；

（三）特种设备生产单位生产、销售、交付国家明令淘汰的特种设备，或者涂改、倒卖、出租、出借生产许可证的；

（四）特种设备经营单位销售、出租未取得许可生产、未经检验或者检验不合格、国家明令淘汰、已经报废的特种设备的；

（五）谎报或者瞒报特种设备事故的；

（六）检验、检测机构和人员出具虚假或者严重失实的检验、检测结果和鉴定结论的；

（七）被检查单位对严重事故隐患不予整改或者消除的；

（八）法律、行政法规和部门规章规定的其他重大违法行为。

第二十五条　特种设备存在严重事故隐患包括以下情形：

（一）特种设备未取得许可生产、国家明令淘汰、已经报废或者达到报废条件，继续使用的；

（二）特种设备未经监督检验或者经检验、检测不合格，继续使用的；

（三）特种设备安全附件、安全保护装置缺失或者失灵，继续使用的；

（四）特种设备发生过事故或者有明显故障，未对其进行全面检查、消除事故隐患，继续使用的；

（五）特种设备超过规定参数、使用范围使用的；

（六）市场监督管理部门认为属于严重事故隐患的其他情形。

第二十六条　市场监督管理部门在监督检查中，对有证据表明不符合安全技术规范要求、存在严重事故隐患、流入市场的达到报废条件或者已经报废的特种设备，应当依法实施查封、扣押。

当场能够整改的，可以不予查封、扣押。

第二十七条　监督检查中，被检查单位的有关负责人拒绝在特种设备安全监督检查记录或者相关文书上签字或者以其他方式确认的，检查人员应当在记录或者文书上注明情况，并采取拍照、录音、录像等方式记录，必要时可以邀请有关人员作为见证人。

被检查单位拒绝签收特种设备安全监察指令的，按照市场监督管理送达行政执法文书的有关规定执行，情节严重的，按照拒不执行特种设备安全监察指令予以处理。

第二十八条　被检查单位停产、停业或者确有其他无法实施监督检查情形的，检查人员可以终止监督检查，并记录相关情况。

第二十九条　被检查单位应当根据特种设备安全监察指令，在规定时间内予以改正，消除事故隐患，并提交整改报告。

市场监督管理部门应当在被检查单位提交整改报告后十个工作日内，对整改情况进行复查。复查可以通过现场检查、材料核查等方式实施。

采用现场检查进行复查的，复查程序适用本办法。

第三十条　发现重大违法行为或者严重事故隐患的，实施检查的市场监督管理部门应当及时报告上一级市场监督管理部门。

市场监督管理部门接到报告后，应当采取必要措施，及时予以处理。

第三十一条　监督检查中对拒绝接受检查、重大违法行为和严重事故隐患的处理，需要属地人民政府和有关部门支持、配合的，市场监督管理部门应当及时以书面形式报告属地人民政府或者通报有关部门，并提出相关安全监管建议。

接到报告或者通报的人民政府和其他有关部门依法采取必要措施及时处理时，市场监督管理部门应当积极予以配合。

第三十二条　特种设备安全行政处罚由违法行为发生地的县级以上市场监督管理部门实施。

　　违法行为发生地的县级以上市场监督管理部门依法吊销特种设备检验、检测人员及安全管理和作业人员行政许可的，应当将行政处罚决定抄送发证机关，由发证机关办理注销手续。

　　违法行为发生地的县级以上市场监督管理部门案件办理过程中，发现依法应当吊销特种设备生产、充装单位和特种设备检验、检测机构行政许可的，应当在作出相关行政处罚决定后，将涉及吊销许可证的违法行为证据材料移送发证机关，由发证机关依法予以吊销。

　　发现依法应当撤销许可的违法行为的，实施监督检查的市场监督管理部门应当及时向发证机关通报，并随附相关证据材料，由发证机关依法予以撤销。

第四章　法律责任

　　第三十三条　违反本办法的规定，特种设备有关法律法规已有法律责任规定的，依照相关规定处理；有关法律法规以及本办法其他条款没有规定法律责任的，责令限期改正；涉嫌构成犯罪，依法需要追究刑事责任的，按照有关规定移送公安机关、监察机关。

　　第三十四条　被检查单位无正当理由拒绝检查人员进入特种设备生产、经营、使用、检验、检测场所检查，不予配合或者拖延、阻碍监督检查正常开展的，按照《中华人民共和国特种设备安全法》第九十五条规定予以处理。构成违反治安管理行为的，移送公安机关，由公安机关依法给予治安管理处罚。

　　第三十五条　被检查单位未按要求进行自查自纠的，责令限期改正；逾期未改正的，处五千元以上三万元以下罚款。

　　被检查单位在检查中隐匿证据、提供虚假材料或者未在通知的期限内提供有关材料的，责令限期改正；逾期未改正的，处一万元以上十万元以下罚款。

　　第三十六条　特种设备生产、经营、使用单位和检验、检测机构违反本办法第二十九条第一款，拒不执行特种设备安全监察指令的，处五千元以上十万元以下罚款；情节严重的，处十万元以上二十万元以下罚款。

　　第三十七条　特种设备安全监督检查人员在监督检查中未依法履行职责，需要承担行政执法过错责任的，按照有关法律法规及《市场监督管理行政执法责任制规定》的有关规定执行。

　　市场监督管理部门及其工作人员在特种设备安全监督检查中涉嫌违纪违法的，移送纪检监察机关依法给予党纪政务处分；涉嫌犯罪的，移送监察机关、司法机关依法处理。

第五章　附则

　　第三十八条　特种设备安全监督检查人员履职所需装备按照市场监督管理基层执法装备配备的有关要求执行。

　　第三十九条　特种设备安全监督检查文书格式由国家市场监督管理总局制定。

　　第四十条　本办法自 2022 年 7 月 1 日起施行。

参考文献

[1] 中华人民共和国住房和城乡建设部,国家市场监督管理总局.建筑电气与智能化通用规范:GB 55024—2022[S].北京:中国标准出版社,2022.

[2] 国家市场监督管理总局,国家标准化管理委员会.电梯物联网 企业应用平台基本要求:GB/T 24476—2023[S].北京:中国标准出版社,2023.

[3] 国家市场监督管理总局,国家标准化管理委员会.电梯物联网 监测终端技术规范:GB/T 42616—2023[S].北京:中国标准出版社,2023.

[4] 顾德仁.电梯电气结构与控制[M].南京:江苏凤凰教育出版社,2018.

[5] 余智豪,马莉,胡春萍.物联网安全技术[M].北京:清华大学出版社,2020.

[6] 陈润联,黄赫余.电梯结构与原理[M].北京:人民邮电出版社,2023.

[7] 王兆晶.安全用电[M].6版.北京:中国劳动社会保障出版社,2021.

[8] 陈登峰.电梯控制技术[M].北京:机械工业出版社,2017.

[9] 刘修文.物联网技术应用-智能家居[M].3版.北京:机械工业出版社,2022.

[10] 苏州汇川技术有限公司.NICE3000new 电梯一体化控制器快速调试手册 A02.

[11] 沈阳蓝光新一代技术有限公司.BL6-U 系列串行一体化控制器使用说明书 V2.17.

[12] 上海新时达电气股份有限公司.AS380S 系列电梯一体化驱动控制器操作手册 V2.00.

[13] 佛山市默勒米高电梯技术有限公司.MC-1DRV 电梯一体化控制系统一体机使用手册.